T0224992

Polareuklidische Geometrie

Immo Diener

Polareuklidische Geometrie

Unendlichferne Peripherie und absoluter
Mittelpunkt:
Eine duale Erweiterung der klassischen
Geometrie

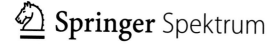

Immo Diener
Bovenden, Deutschland

ISBN 978-3-662-63300-7   ISBN 978-3-662-63301-4 (eBook)
https://doi.org/10.1007/978-3-662-63301-4

Die Deutsche Nationalbibliothek verzeichnet diese Publikation in der Deutschen Nationalbibliografie; detaillierte bibliografische Daten sind im Internet über http://dnb.d-nb.de abrufbar.

Planung/Lektorat: Iris Ruhmann
Springer Spektrum ist ein Imprint der eingetragenen Gesellschaft Springer-Verlag GmbH, DE und ist ein Teil von Springer Nature.
Die Anschrift der Gesellschaft ist: Heidelberger Platz 3, 14197 Berlin, Germany

VORWORT

> Anfangs ist es ein Punkt, der leise zum Kreise sich öffnet,
> aber wachsend umfasst dieser am Ende die Welt.
>
> Friedrich Hebbel

Ich erinnere mich lebhaft, wie ich vor vielen Jahren als Schüler in dem Buch „Was ist Mathematik" von Courant und Robbins, welches ich geschenkt bekommen hatte, vom *Dualitätsprinzip der projektiven Geometrie* las: Jeder Satz bleibt wahr, wenn man „Punkt" durch „Gerade" und „Gerade" durch „Punkt" ersetzt sowie „schneiden" und „verbinden" und „liegt in" und „geht durch" sinngemäß gegeneinander austauscht. So wird aus „Zwei Punkte bestimmen eine Gerade, ihre Verbindungsgerade" der Satz „Zwei Geraden bestimmen einen Punkt, ihren Schnittpunkt". Im Buch dienten folgende Sätze als Beispiel:

SATZ VON PASCAL

Wenn die Ecken eines Sechsecks abwechselnd auf zwei Geraden liegen, dann liegen die Schnittpunkte gegenüberliegender Seiten in einer gemeinsamen Geraden.

SATZ VON BRIANCHON

Wenn die Seiten eines Sechsecks abwechselnd durch zwei Punkte gehen, dann gehen die Verbindungsgeraden gegenüberliegender Ecken durch einen gemeinsamen Punkt.

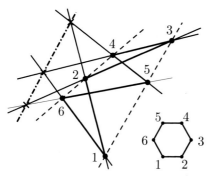

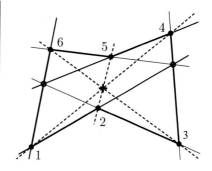

Dabei dürfen sich die Seiten auch überschneiden und müssen gegebenenfalls verlängert werden. Die „gegenüberliegenden" Seiten und Ecken sind an dem schematischen Diagramm rechts unter der linken Zeichnung zu erkennen.

Ich war wie vom Donner gerührt und probierte dieses Dualitätsprinzip sofort an eigenen Beispielen aus. Bald aber mündete meine anfängliche Begeisterung in Enttäuschung, denn ich fand nur wenige Beispiele. Mir war ja nur die Schulgeometrie bekannt, etwa der Satz von der Winkelsumme im Dreieck, der Satz des Thales und der Satz des Pythagoras, alles Sätze mit Winkeln und Streckenlängen. Für solche jedoch, das war in dem Buch auch zu lesen, gilt das Dualitätsprinzip nicht. Das wollte ich nicht akzeptieren! Dieses herrliche, überraschende und rätselhafte Prinzip musste doch auch in der gewohnten, allgemein bekannten Geometrie gelten. Es musste einen Weg geben, es auch in dieser zur Geltung zu bringen.

Später im Mathematikstudium kam dann die projektive Geometrie neben anderen Geometrien vor. Geometrien wurden unter ganz allgemeinen Gesichtspunkten studiert; und ich erfuhr, dass es auch in anderen Gebieten der Mathematik ein „Dualitätsprinzip" gibt. Fortan achtete ich auf Dualitäten in allem, was mir begegnete, und ich bin heute der Überzeugung, dass die geometrische Dualität ein Beispiel für ein fundamentales Prinzip ist, welches *in allen* Lebensbereichen gefunden werden kann.

Eines Tages stieß ich auf das Buch „Projektive Geometrie" von Louis Locher-Ernst ([18]). Es erinnerte mich sofort an mein Jugenderlebnis und befeuerte meine geheime Sehnsucht und Überzeugung, dass auch die euklidische Geometrie irgendwie mit einem Dualitätsprinzip in Zusammenhang gebracht werden könne. Locher-Ernsts Buch zeigt einen Weg auf, der zu gehen wäre. Es enthält erste Ansätze, und ich sah nun, wie man in der erstrebten Richtung weiterkommen könnte.

In den Jahren darauf beschäftigte ich mich immer wieder einmal mit der von Locher-Ernst begründeten *polareuklidischen Geometrie*, bis mir meine Lebensumstände schließlich ein intensiveres Studium und eigene Überlegungen dazu ermöglichten. Dabei stellte sich heraus, dass die geschilderte Idee aus meiner Jugend, das Dualitätsprinzip mit der euklidischen Geometrie in Zusammenhang zu bringen, ein weites Feld neuer geometrischer Anschauungen und auch Anwendungsmöglichkeiten eröffnet.

So habe ich mich entschlossen, meine Gedanken und Ergebnisse zu diesen ungewöhnlichen geometrischen Anschauungen sowie einige Beispiele und Anwendungsmöglichkeiten innerhalb und außerhalb der Mathematik in diesem Buch niederzulegen. Die Aufgabe, die ich mir damit gestellt habe, ist, die sogenannte *polareuklidische Geometrie* einem möglichst breiten Kreis Interessierter bekannt zu machen und dazu anzuregen, diese Geometrie systematisch und in einer solchen Form zu entwickeln, dass sie auch Lehrern und künftigen Schülergenerationen sowie Liebhabern der Geometrie, die keine Fachmathematiker sind, zugänglich wird.

Immo Diener   Basel, April 2021

DANKSAGUNG *Meine Frau Eva* hat getestet, ob der Text für eine kluge und ambitionierte Leserin, jedoch nicht vom Fach, verständlich ist. Sie hat viele meiner Formulierungen verbessert und auf mehr Abbildungen bestanden. *Laurens Wittchow* hat die ersten Kapitel kritisch gelesen und hilfreiche Verbesserungsvorschläge zu Inhalt und Ausdrucksweise gemacht. *Peter Baum, Robert Schaback und Michael Toepell* haben das gesamte Skript kritisch gelesen und dabei einige Ungereimtheiten aufgedeckt. Ihre Vorschläge haben die Darstellung wesentlich verbessert und zu mancher Vereinfachung und Ergänzung beigetragen. *Karl Schmidt* hat den Text auf Rechtschreibung und Formulierung durchgesehen. *Christian Boettger* hat mir in verschiedener Hinsicht mit Rat und Tat beigestanden. Ihnen allen gilt mein herzlicher Dank! Für alle verbleibenden Fehler und Ungenauigkeiten trage ich allein die Verantwortung – schon weil ich den Text bis zuletzt immer wieder verändert habe . . .

Und ganz besonders möchte ich *Iris Ruhmann* und *Stella Schmoll* vom Springer-Verlag für ihren engagierten Einsatz danken, ohne den dieses Buch nicht zustande gekommen wäre!

INHALTSVERZEICHNIS

In dem Raum uns bewegend, leben wir tastend und fühlend,
glauben zu kennen den Raum, den unser Auge durchschweift.

Doch wem der Blick sich erweitert, der wird staunend gewahren,
neu wird der Raum und auch neu seine Geometrie.

Über und unter den Dingen stehet der Mensch in dem Raume,
was im Leben sich trennt, wird nun im Geiste vereint.

EINLEITUNG

1. UNSER VERHÄLTNIS ZUR GEOMETRIE Wir alle haben in der Schule die
Grundbegriffe der Geometrie kennengelernt. Wir haben von Geraden, Strecken,
Dreiecken und Kreisen gehört, haben gelernt, wie man Mittelpunkte konstruiert
und einfache Flächen und Körper berechnet.

Wir wissen, wann Geraden und Ebenen zueinander parallel oder senkrecht
sind. Und wir haben gelernt, dass man sich in der Geometrie nicht auf den
bloßen Augenschein verlässt, sondern ihre Sätze *beweisen* kann. Die Geometrie
aus der Schule bildet also ein Denkgebäude, ein logisches System von Tatsachen,
die sich gegenseitig stützen und deren Grundlagen fest gegründet sind.

Diese altehrwürdige *euklidische Geometrie* ist nach dem griechischen Mathematiker Euklid von Alexandria benannt, der vor über 2000 Jahren gelebt
und das damalige geometrische Wissen in seinem epochemachenden Werk „Die
Elemente" zusammengetragen hat (siehe [10]).

Auch im Alltag wenden wir geometrische Ideen zwanglos an. Mit Begriffen
wie Flächen- und Rauminhalt, der Länge einer Strecke oder dem Winkel zwischen zwei Linien beschreiben wir Verhältnisse zwischen Dingen, die uns durch
Sinneswahrnehmungen gegeben sind. (Beispiel: Ein Weg ist doppelt so lang wie
ein anderer, zwei Wände sind parallel oder bilden einen rechten Winkel.) Geometrische Sätze wie der Satz von der Winkelsumme im Dreieck, der Satz des
Thales oder der Satz des Pythagoras spielen dabei keine Rolle.

In beruflichen Lebenszusammenhängen kann das anders sein. Manche Hand-
werke erfordern geometrische Grundkenntnisse, ein Ingenieur, Maschinenbau-
er, Landvermesser[a] benötigt recht weitgehende Kenntnisse der Geometrie und
auch die Fertigkeit, sie zu handhaben.

---

[a]Die sogenannte Gendersprache wird in diesem Buch nicht verwendet. In Bezug darauf
stimmt der Autor mit Prof. Josef Beyer in seinem Artikel [4] überein. Wenn im Folgenden
„der Leser" oder „die Leser" usw. steht, sind damit Lesende jeden Geschlechts gleichermaßen
gemeint!

© Der/die Autor(en), exklusiv lizenziert durch
Springer-Verlag GmbH, DE, ein Teil von Springer Nature 2021
I. Diener, *Polareuklidische Geometrie*,
https://doi.org/10.1007/978-3-662-63301-4_1

2. GEOMETRIE UND WIRKLICHKEIT Im Alltag wie im Beruf gehen wir bei geometrischen Anwendungen davon aus, dass es eine Entsprechung gibt zwischen den ideellen Objekten der reinen Geometrie, die wir durch bloßes Denken erfassen, und denen der physischen Wirklichkeit, die uns durch unsere Sinne gegeben sind. Anscheinend passt das erdachte Kunstwerk der Geometrie mit den wirklichen Verhältnissen, wie sie sich den Sinnen ergeben, ganz und gar zusammen.[a] Für die allermeisten Menschen ist diese Übereinstimmung eine Selbstverständlichkeit. Sie bedeutet, dass der Raum unserer Erfahrung, in dem wir uns bewegen und der durch die natürlichen und die vom Menschen geschaffenen Dinge strukturiert ist, mit geometrischen Begriffen verstanden und unter Anwendung geometrischer Methoden gestaltet werden kann.

Zu den Lehrsätzen der Geometrie erwarten wir entsprechende Verhältnisse in der sinnenfälligen Welt. Wir erwarten sowohl, dass wir die Geometrie in der Wirklichkeit anwenden können, als auch umgekehrt, dass sich die Wirklichkeit in der Geometrie abbildet: Wenn Arbeiter etwa zwischen zwei Punkten, deren Abstand ein Ingenieur berechnet hat, ein Drahtseil spannen und dann feststellen, dass es zu kurz ist, sind wir uns sicher, dass bei einer Rechnung oder einer Messung ein Fehler gemacht wurde, den man finden kann. Wir würden nicht vermuten, dass hier die Gesetze der Geometrie durch irgendeine „Anomalie des Raumes" verletzt worden seien.

Kurz: Die geometrischen Begriffe und Sätze ermöglichen es uns, auch die Struktur des erlebten Raumes denkend zu durchdringen. Umgekehrt finden wir den tatsächlich erlebten „Anschauungsraum" ideell in den Verhältnissen wieder, welche in der Geometrie rein mathematisch studiert werden. Von beiden Gesichtspunkten aus blicken wir auf das Gleiche: das, was wir „den Raum" nennen.

Das heißt: Unsere Erlebnisse im Raum veranschaulichen uns die im reinen Denken gewonnenen Ergebnisse in der Sinnenwelt. Umgekehrt finden wir die idealisierten sinnlichen Erfahrungen in der Denkwelt der Geometrie.[b] Wir sollten also „hin und her gehen" können, d. h. die im Anschauungsraum erlebten Verhältnisse in der Geometrie wiederfinden und umgekehrt zu den Begriffen und Sätzen der Geometrie Entsprechungen im Anschauungsraum finden.

3. ERWARTUNGEN UND ERFAHRUNG Stimmen diese Erwartungen an die Korrespondenz zwischen euklidischer Geometrie und unserem tatsächlichen Raum-

---

[a]Nur in Extremfällen hat die moderne Physik tatsächlich Abweichungen zwischen der erdachten Geometrie und der gemessenen Wirklichkeit gefunden.

[b]Natürlich hat nicht jede geometrische Eigenschaft eine Entsprechung im Sinnenfälligen. So kann man eine geometrische Strecke beliebig oft halbieren, einen physischen Stab aber nicht. Wenn wir jedoch von geometrischen Verhältnissen, deren Übertragung ins Physische Eigenschaften der Materie entgegenstehen, absehen, dann sollte alles, was sich in der Geometrie als wahr erweist, auch im „Anschauungsraum" eine gewisse Entsprechung haben.

erleben mit unserer Erfahrung überein? Dem genauen Studium zeigen sich Unstimmigkeiten:

1. Die geometrische Beschreibung bezieht sich – wenn man sie mit der erlebten Wirklichkeit vergleicht – nicht auf einen – in der erlebten Wirklichkeit vorhandenen! – Beobachter. Die euklidische Geometrie beschreibt ihre Objekte als „an sich seiend" und nur zueinander im Verhältnis stehend. Ein „Beobachter" ist nicht vorhanden. Ein solcher wäre allenfalls derjenige, für den der geometrische Sachverhalt vorhanden ist, also derjenige, der ihn denkt. Dieser „Beobachter" überschaut alles, schwebt über allem, hat ein *begriffliches* Verhältnis zu den geometrischen Objekten, ist aber nicht Teil der Geometrie.

In der erlebten Wirklichkeit dagegen ist der Beobachter als „Mensch aus Fleisch und Blut", als physisch Inkarnierter, Teil der zu beschreibenden Wirklichkeit. Er bewegt sich darin und nimmt in ihr einen bestimmten Ort ein. Als solcher hat er *auch ein räumliches* Verhältnis zu den Objekten der Wirklichkeit.

In der euklidischen Geometrie fehlt der „Beobachter von innen", der die Dinge aus seiner sich wandelnden Perspektive ansieht. In der erlebten Wirklichkeit dagegen fehlt der „Beobachter von außen", der alles im Überblick vor sich hat. Sowohl in der Geometrie wie in der Wirklichkeit kommt der Beobachter selber *als Objekt* der Beobachtung nicht vor. Er ist dennoch der Bezugspunkt, von dem aus er – so oder so – die Verhältnisse bestimmt.

Beim Übergang vom erlebten „Anschauungsraum" zur euklidischen Geometrie finden wir also ein wesentliches Element des erlebten Raumes nicht wieder.

2. Wie steht es mit dem umgekehrten Prozess, dem Übergang von der Geometrie zum Anschauungsraum? Auch da stellen sich Fragen:

Dringt man tiefer in die Geometrie ein, dann findet man in ihr nämlich einen verborgenen Kern, den Keim, aus dem sie sich entwickeln lässt. Zu diesem Kern gelangt man, indem man gewisse Begriffe der euklidischen Geometrie (nämlich „parallel" und „senkrecht") zunächst einmal weglässt und andere erweitert, gewissermaßen „vervollständigt". Man nennt diesen Kern, gleichsam die strukturelle Essenz der euklidischen Geometrie, die *projektive Geometrie*. Sie ist eine Art „Urgeometrie", aus der sich *alle* Geometrien entfalten.[a] Sie wurde in ihrer vollen Bedeutung erst vor rund 200 Jahren entdeckt.

Diese projektive Geometrie genügt nun einem sehr merkwürdigen Gesetz, dem sogenannten *Dualitätsprinzip*, über das man sich nicht genug wundern kann, vor allem, wenn man die Geometrie mit dem Anschauungsraum zusammenhält. Das erwähnte Prinzip besagt nämlich, dass man *jeder* wahren geometrischen Aussage innerhalb der projektiven Geometrie eine ganz bestimmte

---

[a]Dass es verschiedene Geometrien geben soll, wird für manche Leser eine Überraschung sein. Es wird noch deutlich werden, was damit gemeint ist. Vergleiche dazu auch das Ende von Abschnitt 1.5 sowie Abschnitt 2.1.

zweite gegenüberstellen kann, welche dann ebenso wahr ist. Und diese zweite Aussage ergibt sich aus der ersten einfach dadurch, dass man die Begriffe „Punkt" und „Ebene" miteinander vertauscht und „Gerade" beibehält. Darüber hinaus muss man sinngemäß weitere Begriffe vertauschen, z. B. „schneiden" und „verbinden" sowie „liegen in" und „gehen durch". So stehen sich beispielsweise die folgenden Aussagen links und rechts dual gegenüber:

Je zwei Punkte bestimmen eine Gerade, ihre Verbindungsgerade.	Je zwei Ebenen bestimmen eine Gerade, ihre Schnittgerade.
Je drei Punkte, die nicht in einer Geraden liegen, bestimmen eine Ebene.	Je drei Ebenen, die nicht durch eine Gerade gehen, bestimmen einen Punkt.
Ein Punkt und eine Gerade, die nicht durch den Punkt geht, bestimmen eine gemeinsame Ebene, in der beide liegen, ihre Verbindungsebene.	Eine Ebene und eine Gerade, die nicht in der Ebene liegt, bestimmen einen gemeinsamen Punkt, durch den beide gehen, ihren Schnittpunkt.
Zwei Geraden, die durch einen Punkt gehen, liegen auch in einer Ebene.	Zwei Geraden, die in einer Ebene liegen, gehen auch durch einen Punkt.

Die Ausdrucksweise mag ungewohnt sein, dennoch kann der Leser sich die Situationen sicher bildlich vorstellen (siehe Abbildung) und verstehen, was mit den Aussagen gemeint ist. Und er sieht auch, dass sie *in der euklidischen Geometrie* nicht ohne Ausnahmen gelten, weil, beispielsweise, parallele Ebenen keine Schnittgerade bestimmen und auch zwei Geraden in einer Ebene parallel sein können und dann keinen Schnittpunkt haben.

Vergessen wir diese Einschränkungen für den Moment und richten wir unser Augenmerk auf die Symmetrie, die zwischen den Sätzen auf der linken und der rechten Seite besteht. Offenbar gehen die rechts und links stehenden Aussagen ineinander über, wenn man die Begriffe „Punkt" und „Ebene", „schneiden" und „verbinden" sowie „liegt in" und „geht durch" miteinander vertauscht und „Gerade" stehen lässt. Dass man *alle* Aussagen innerhalb der projektiven Geometrie in dieser Weise einander gegenüberstellen kann, das ist der Inhalt des Dualitätsprinzips. Dieses Prinzip ist etwas sehr, sehr Merkwürdiges. *Alle* geometrischen Eigenschaften, welche Punkte haben, sollen auch Ebenen zukommen, nur eben irgendwie „gespiegelt", „umgedreht" oder wie man das nennen möchte?! Dabei sind Punkt und Ebene für unsere Anschauung doch größtmögliche Gegensätze!

Das Dualitätsprinzip gilt in der euklidischen Geometrie nicht. Es wird in dem Prozess, durch den die projektive Geometrie zur euklidischen Geometrie weiterentwickelt wird, ausgehebelt und ist gewissermaßen nur noch als verdrängter Keim, als unentwickeltes Potential in der euklidischen Geometrie angelegt. Müsste dann aber nicht nach unseren bisherigen Überlegungen ein

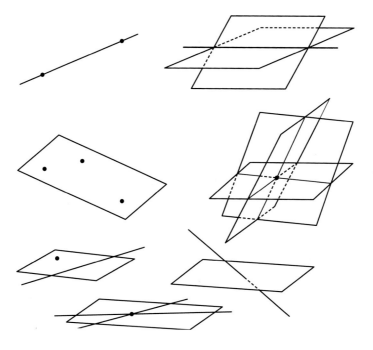

solches verdecktes Symmetrieprinzip auch im Anschauungsraum auszumachen sein? Müsste nicht, entsprechend dem Dualitätsprinzip der projektiven Geometrie, zwischen den anschaulichen Vorstellungen, die wir mit Punkten und Ebenen verbinden, eine ähnliche allumfassende Symmetrie gefunden werden können? Allein, da suchen wir vergebens. Mit den Begriffen, die uns zunächst zur Verfügung stehen, finden wir nichts diesem Prinzip Entsprechendes.

Das Verhältnis der euklidischen Geometrie zur sinnenfälligen Wirklichkeit ist also anscheinend nicht so, wie wir es aufgrund unserer anfänglichen Überlegungen hätten erwarten können. *Geometrie und sinnenfällige Wirklichkeit passen, genau besehen, nicht recht zusammen.*

4. WAS MIT DIESEM BUCH GEZEIGT WERDEN SOLL In diesem Buch soll gezeigt werden: *Die beiden beschriebenen Unstimmigkeiten sind zwei Seiten einer Medaille und lassen sich mit einem einzigen Griff auflösen.* Dazu wird das Hervorgehen der euklidischen Geometrie aus der projektiven Geometrie so gestaltet, dass die erwähnte Symmetrie, das Dualitätsprinzip, erhalten bleibt. Die auf solche Art aus der projektiven Geometrie hervorgehende *polareuklidische Geometrie* enthält die euklidische Geometrie als eine Hälfte. Sie ergänzt sie aber um die ihr bisher fehlende, zu ihr symmetrische, gewissermaßen „spiegelbildli-

che" duale Hälfte zu einem neuen Ganzen. *In der polareuklidischen Geometrie ist das Dualitätsprinzip wiederum gültig. Und die ergänzte Hälfte spiegelt den Aspekt der Wirklichkeit wider, dass ein Bezugspunkt, ein Beobachter vorhanden ist, der für gewisse Urteile über diese Wirklichkeit im wahrsten Sinne des Wortes maßgebend ist.*

Mit der Ergänzung der euklidischen Geometrie zur polareuklidischen Geometrie wird Folgendes erreicht:

Zu den geometrischen Aussagen der euklidischen Geometrie (die von keinem Bezugsobjekt abhängen) treten Aussagen, welche sich auf einen innerhalb der euklidischen Geometrie gelegenen, buchstäblich maßgebenden Bezugspunkt stützen. Diese neuen geometrischen Aussagen stehen zu denen der euklidischen Geometrie in einem festen Symmetrieverhältnis: Beide sind dual zueinander. D. h., dass jeder einzelnen Aussage der euklidischen Geometrie eine ganz eindeutig bestimmte Aussage der dualeuklidischen Geometrie gegenübersteht und umgekehrt. Die geometrischen Objekte erscheinen demnach in zweifacher Weise zueinander gruppiert:

- Einmal von einem Gesichtspunkt aus, der sich außerhalb der Objekte, in der Peripherie, befindet, der alle Objekte und Verhältnisse überschaut, über allem schwebt, die Verhältnisse „von außen" beurteilt.

- Zum anderen vermittels eines variablen Bezugspunktes, eines Gesichtspunktes, von dem die Betrachtung abhängt und der sich mitten unter den Objekten, gleichsam in deren Zentrum befindet, gewissermaßen eine Beurteilung „von innen".

Diese beiden Aspekte der polareuklidischen Geometrie korrespondieren mit zwei Arten, wie die sinnenfällige Wirklichkeit in räumlicher Hinsicht uns durch die Sinne gegeben ist.

- Die euklidische Geometrie korrespondiert mit dem Tastsinn. Tasten können wir nur Objekte, die uns ganz nah sind, einschließlich unseres eigenen Körpers, den wir als Maß annehmen. Als bloß Tastende ist unser Verhältnis zu den Objekten gewissermaßen immer gleich: Sie sind da, wo wir selber sind. In unserer Vorstellung stellen wir uns dann den Objekten gegenüber, sie sind im Prinzip alle von uns abgesondert. Wir sind nicht unter ihnen, sondern gleichsam in der Peripherie und überschauen sie von da alle gleichermaßen.

- Die zur euklidischen duale Geometrie korrespondiert eher mit dem Sehsinn. Sehen können wir nur Objekte, die uns fern sind. Als Sehende ist unser Verhältnis zu den Objekten variabel. Was wir sehen, hängt davon ab, wo wir uns befinden. Aber wir befinden uns stets im Zentrum, in der Mitte unseres Gesichtskreises.

5. VEREINIGUNG DER GEGENSÄTZE Die euklidische und die zu ihr duale Geometrie erscheinen für sich genommen mathematisch wie zwei getrennte Welten. Aber der Mensch ist das denkende Wesen, das einerseits weit in die Welt blicken kann, andererseits einen begrenzten, mit einem Tastsinn ausgestatteten Körper hat, mit dem er seine unmittelbare Umgebung ertasten kann.[a] Für uns Menschen fallen die Begriffe, die wir aus diesen beiden Raumerlebnissen gewinnen, in eine einzige Raumidee zusammen. Diese Tatsache findet geometrisch ihren Ausdruck in der *„polareuklidischen Geometrie"* (PEG).

Durch die Gültigkeit des Dualitätsprinzips in der polareuklidischen Geometrie kommen geometrische Wahrheiten ans Licht, die sich in der euklidischen und in der zu ihr dualen Geometrie alleine gar nicht formulieren lassen. *Die polareuklidische Geometrie ist Ausdruck der Tatsache, dass der Mensch als das Wesen, das im Denken seine Seheindrücke und seine Tasteindrücke zu einem Ganzen ineinanderwebt, die bloße Dualität der rein geometrischen Tatsachen zu einer einheitlichen Raumidee gestaltet.* Die in diesem Buch dargestellte polareuklidische Geometrie ist, nach der Ansicht des Autors, dem Menschen gemäßer als die bloße euklidische Geometrie, welche nur einen Raumaspekt berücksichtigt.

6. EIN NEUER RAUM Gewisse alltägliche Raumerfahrungen werden uns verständlich, wenn wir sie mit den Begriffen der vertrauten euklidischen Geometrie zusammenbringen. Wir *erkennen* dann Gesetzmäßigkeiten, nach denen wir uns vorher bloß gerichtet haben. Das Studium der euklidischen Geometrie bringt also, neben allfälligen Anwendungsmöglichkeiten, einen *Erkenntnisgewinn* und damit einen *höheren Grad an Bewusstheit* in die Alltagserfahrung.

Die polareuklidische Geometrie vermittelt eine *neue* Raumidee und damit ein neues Verhältnis zum Raum, welches in vielerlei Weise fruchtbar werden kann. Beispielsweise ist unser gewöhnliches Raumempfinden ganz einseitig, punkthaft, auf begrenzte Dinge konzentriert, weshalb wir Strukturen, die den lokalen Raum übergreifen, oft nicht bemerken. Das neue Raumverständnis vermittelt uns eine ungewohnte Sicht auf Raumverhältnisse, indem es auch Beziehungen in Rechnung stellt, *die den ganzen Raum umspannen und von einem Bezugspunkt abhängen, der unser Blickpunkt sein kann.* Dadurch rücken wissenschaftliche Anwendungen in den Bereich des Möglichen, die klassischen geometrischen Methoden nur schwer oder gar nicht zugänglich sind, z. B. in der Biologie, wo Lebewesen sich bewegen, wachsen und ihre Gestalt verändern.

---

[a]Er hat natürlich noch weitere Sinne, mit denen er die Außenwelt erlebt, doch in diesem Buch beschränken wir uns auf die Raumerlebnisse, welche wir, wie oben ausgeführt, durch die euklidische Geometrie und die dualeuklidische Geometrie beschreiben.

Im Ergebnis fördert die polareuklidische Geometrie damit eine neue Sicht auf die räumlichen Strukturen und Zusammenhänge in unserer Welt und damit eine neue Raumvorstellung und eine neue Idee des Raumes.

7. DIE POLAREUKLIDISCHE ERHELLT DIE EUKLIDISCHE GEOMETRIE   Für mathematisch vorgebildete Leser sei noch gesagt: In diesem Buch soll auch gezeigt werden, wie man das Dualitätsprinzip für die *euklidische Geometrie*, also die übliche Geometrie, die man in der Schule gelernt hat und in der Technik anwendet, fruchtbar machen kann (siehe Anmerkung 1 im Anhang). Beispielsweise kann man geometrische Aussagen der euklidischen Geometrie innerhalb der polareuklidischen Geometrie dualisieren und das Ergebnis wieder in der euklidischen Geometrie ausdrücken. So kann man das Dualitätsprinzip mit der gewohnten Schulgeometrie zusammenbringen und deren Sätze dualisieren.

Das Dualitätsprinzip der polareuklidischen Geometrie kann für die euklidische Geometrie andererseits als Ordnungsprinzip dienen, indem es Sätze miteinander in einen dualen Zusammenhang bringt, die vorher scheinbar nichts miteinander zu tun hatten. Das bringt Symmetrie und Schönheit in den Aufbau der Geometrie. Und es schafft andererseits auch Ökonomie, weil nur einer von zwei dualen Sätzen bewiesen werden muss. Dass aus Sätzen über Kreise beim Dualisieren Sätze über Kegelschnitte werden, birgt für die Schule überdies die Möglichkeit, den Schülern Sätze über Parabeln und Ellipsen aus der Dualität heraus zu begründen, die sich sonst nur aufwendig beweisen ließen (siehe dazu z. B. Abschnitt 4.5.2).

Das Dualitätsprinzip in der polareuklidischen Geometrie hat also weitreichende Konsequenzen für die Geometrie selber und für das mit ihrer Hilfe gewonnene Raumverständnis. Es stehen sich ja nicht nur die einfachsten Verhältnisse bei den Grundelementen Punkt, Gerade und Ebene dual gegenüber, sondern in der Konsequenz auch alle darauf aufbauenden, viel komplizierteren geometrischen Beziehungen, die sich dann auch in der Natur um uns herum widerspiegeln.

Die Darstellungen in diesem Buch sind aus der Sicht der euklidischen Geometrie gegeben, womit gemeint ist, aus der Sicht eines Menschen, dem die euklidische Geometrie vertraut ist und der Raumverhältnisse mit den ihm vertrauten euklidischen Begriffen beschreibt. Angesichts von ungewohnten Phänomenen werden wohl *neue Begriffe* hinzukommen, aber *neue Anschauungen* gewinnt man nicht so schnell. Erst allmählich, schrittweise und sehr vorläufig wird der aufmerksame und ambitionierte Leser beginnen, zu den neuen Begriffen, welche Verhältnisse beschreiben, die er bisher noch nicht studiert hat, auch neue Anschauungen zu gewinnen, sich neue geometrische Vorstellungen zu bilden.

Dabei wird ihm manch Altbekanntes in neuem Licht erscheinen. Und die neuen Begriffe und Vorstellungen haben Rückwirkungen auf seine alten.

Insgesamt ist die neue Geometrie ein noch weitgehend unerforschtes Terrain, in dem es viel zu entdecken gibt. Insbesondere der Schweizer Mathematiker *Louis Locher-Ernst* (1906–1962) hat einen Weg gewiesen, auf dem man in dieses Terrain gelangt, und anfängliche Erkundungen dort unternommen, insbesondere in der ebenen, der zweidimensionalen Geometrie. Aber es gibt noch viel, viel mehr zu entdecken. Und: Im Raum wird alles noch viel spannender als in der Ebene!

Dieses Buch wurde geschrieben, um die Idee der polareuklidischen Geometrie bekannt zu machen und andere dazu anzuregen, sie weiter zu untersuchen und auszubauen; und dabei das erweiterte Raumverständnis für Anwendungen nutzbar zu machen. Nach Ansicht des Autors ist es an der Zeit, das jahrtausendealte Begriffssystem der euklidischen Geometrie um die fehlende duale Hälfte zur polareuklidischen Geometrie zu ergänzen und damit eine Geometrie einzuführen, welche sowohl widerspiegelt, wie der Mensch den Dingen gegenübersteht, als auch, wie sie durch ihn bestimmt werden.

Manche Inhalte, besonders die Verhältnisse in der räumlichen polareuklidischen Geometrie, werden nach Kenntnis des Autors in diesem Buch erstmals beschrieben. Der Autor weiß, dass er vieles erst anfänglich verstanden hat und noch nicht bis zum tiefsten Grund vorgedrungen ist. Einiges ist nur angerissen, manches fehlt ganz. Die meisten Namen für neuentdeckte Objekte und Beziehungen sind als vorläufig zu verstehen, und manche Begriffsbildungen müssen vielleicht noch verfeinert oder abgewandelt werden. Die ganze polareuklidische Geometrie befindet sich eben noch in der Entwicklung. Nur zu, liebe Leserin und lieber Leser, machen Sie mit, machen Sie weiter!

Strenge mathematische Beweise wurden, um das Buch auch für mathematisch nicht versierte Leser lesbar zu halten, nur wenige aufgenommen. Stattdessen wurden nachvollziehbare, möglichst anschauliche Begründungen gegeben. Es wird sich noch herausstellen, dass die durch die erwähnte Dualisierung von bereits bewiesenen Sachverhalten der euklidischen Geometrie gewonnenen Sätze im Prinzip keines Beweises bedürfen. Dass diese Sätze richtig sind, wird sich aus dem „Dualitätsprinzip der polareuklidischen Geometrie" ergeben, welches wir in diesem Buch aufstellen wollen. Im Übrigen sind strenge Beweise der hier behaupteten Tatsachen nicht schwer und können von geübten Mathematikern mit wenig Mühe erbracht werden.

Das Buch wendet sich überwiegend an die Anschauung. Koordinaten werden nicht benutzt. Alles, was hier entwickelt wird, lässt sich von dem Kundigen ohne Weiteres mit Koordinaten durchführen. Locher-Ernst ([18], Kap. III) gibt Hinweise, welche Koordinaten hierzu geeignet sind.

Das Buch ist für Leser geschrieben, die keine speziellen mathematischen Vorkenntnisse haben müssen. Die Schulmathematik, auch wenn man vieles davon vergessen hat, sollte ausreichen. Aber das Buch ist im Wesentlichen ein Buch über Mathematik. Es lässt sich daher nicht wie ein Roman lesen, sondern setzt voraus, dass die Leser sich manches mühevoll erarbeiten, selber nachdenken und sich eigene Skizzen oder sogar Zeichnungen anlegen. Der Autor hat sich bemüht, sie für diese Mühe durch einen spannenden Inhalt zu belohnen.

Teile für mathematisch vorgebildete Leser sind mit * markiert, hochgestellte Zahlen beziehen sich auf die Anmerkungen am Schluss des Buches, und Zahlen zwischen eckigen Klammern weisen auf Literatur hin.

Wer ungeduldig ist und über die nötigen Voraussetzungen verfügt, kann versuchsweise gleich zu Kapitel 3 auf Seite 61 springen – so lange dauert es, bis die notwendige Vorarbeit so geleistet ist, dass alle Leser mitkommen können. Für mathematisch ausreichend vorgebildete Leser wird die Konstruktion der polareuklidischen Geometrie im Anhang im Überblick beschrieben.

TEIL I

GRUNDLAGEN

1 Die euklidische Geometrie und die unendlichferne Ebene

1.1 Komplementäre Aspekte des Raumes

In zweifacher Weise sehen wir als Menschen uns in den Raum gestellt. Zum einen bewegen wir uns darin und ertasten die Gegenstände unserer unmittelbaren Umgebung, zum anderen orientieren wir uns im Raum durch das Sehen. Die Erfahrungen, die wir durch den Tastsinn und den Sehsinn machen, sind jedoch grundverschieden. Im Tasten erfahren wir die Gegenstände als hart oder weich, rau oder glatt, trocken oder feucht. Im Sehen als glänzend oder matt, durchsichtig oder undurchsichtig, von dieser oder jener Farbe und so weiter. Aber nicht diese Wahrnehmungsqualitäten künden uns vom Raum, sondern vom Raum künden uns allein *die Verhältnisse*, welche die wahrgenommenen Gebilde zueinander und zu uns als Beobachter haben. Diese hier gemeinten Verhältnisse sind ganz äußerliche, die auf die Art der wahrgenommenen Gegenstände gar nicht eingehen, sondern nur darauf, dass die Objekte der Wahrnehmung voneinander verschieden sind. Sie werden beschrieben z. B. durch sogenannte „lokale Präpositionen" wie „zwischen", „neben", „unter", „über". Diese Verhältnisse sind der bloßen Anschauung nicht gegeben, sondern sie werden begrifflich bestimmt. *Der Raum ist also eine Idee*; eine Idee, durch welche unser Geist die Dinge der Außenwelt in eine Einheit fasst.[2]

Die Raumvorstellung, welche wir aufgrund unserer Tasterfahrungen und der Möglichkeiten, uns zu bewegen, aufbauen, ist durchaus eine andere als diejenige, welche wir uns als Sehende bilden. Wir wollen auf die beiden mit den Worten „Tastraum" und „Sehraum" hindeuten.

Direkt können im Tastraum Längen und Winkelmaße verschiedener Gegenstände nur miteinander verglichen werden, wenn die Objekte, zu denen sie gehören, sich „am gleichen Ort" befinden. Starre Maßstäbe (für Längen oder Winkel) müssen für eine direkte Messung durch Vergleich an die Gegenstände angelegt werden. Dazu muss sich auch der Messende an diesem Ort befinden. Sein Raumverhältnis zu den Gegenständen ist also immer gleich: Er muss sich im Prinzip am Ort der ertasteten Gegenstände befinden. Und weil sein eigenes Verhältnis zu den Tastdingen immer das gleiche ist, spielt dieses Verhältnis

© Der/die Autor(en), exklusiv lizenziert durch
Springer-Verlag GmbH, DE, ein Teil von Springer Nature 2021
I. Diener, *Polareuklidische Geometrie*,
https://doi.org/10.1007/978-3-662-63301-4_2

für die raumartigen Attribute wie Größe, Abstand, Winkel usw., welche er den Gegenständen zuschreibt und mit denen er deren Beziehungen untereinander bestimmt, keine Rolle. Für ihn sind die Gegenstände immer so, wie er sie ertastet, wenn er sich an ihrem Ort befindet. Das Gesamtbild des Raumes ist also für ihn so, als sei er selbst an all den Orten gleichzeitig.

Im Sehraum verhält es sich völlig anders. Hier bestimmt der Sehende neben den Verhältnissen der Sehdinge untereinander (darüber, dazwischen, ...) vornehmlich deren Verhältnis zu sich selbst: Wie weit sind die Dinge von ihm entfernt, wie groß erscheinen sie ihm? Alle diese Verhältnisse ändern sich, während er sich bewegt, also seinen Ort im Tastraum ändert. Von hier aus ist das Haus höher als der Baum, von dort aus ist es umgekehrt. Die Gegenstände erscheinen ihm mit zunehmender Tastentfernung kleiner, die aus Tasterlebnissen gewonnenen Winkel ändern sich mit seinem Blickpunkt. Z. B. sieht ein Winkel, der durch Anlegen eines Winkelmessers als rechter Winkel bestimmt wurde, beim Peilen aus einiger Entfernung, je nach Standort des Betrachters, stumpf oder spitz aus. Beim Sehen werden diese Bestimmungen „aus der Ferne" vorgenommen. Die Gesetze der Perspektive finden Anwendung. Der Sehende befindet sich, vom Tastenden aus beurteilt und ganz im Gegensatz zu diesem, nicht am gleichen Ort wie die Dinge, sondern er ist fern von ihnen.

Wir wollen diese beiden Raumaspekte noch genauer charakterisieren. Beim Sehen blicken wir von einem bestimmten Punkt aus auf die Dinge. Längen und Winkel ändern sich, wenn wir uns bewegen, und zwar umso stärker, je näher wir den betrachteten Dingen sind. Parallele Linien scheinen zusammenzulaufen. Wenn wir, was wir sehen, realistisch zeichnen wollen, nehmen wir die sogenannte *Zentralperspektive*, d. h. die „Sehstrahlen", also die Linien zwischen dem Auge des Betrachters und den angeblickten Gegenständen, laufen auf das Auge als Zentrum zu. Je weiter wir uns von den Gegenständen entfernen, desto geringer ist der Einfluss unseres genauen Standpunktes auf die Größenverhältnisse unter den gesehenen Dingen. Die Zentralperspektive wird immer mehr zur sogenannten *Parallelperspektive*, d. h., die „Sehstrahlen" werden parallel. Im Grenzfall, wenn der Beobachtungspunkt „im Unendlichen" läge, müssten die Größenverhältnisse sich so ergeben wie beim Tasten! Nur die Richtung, aus der wir auf die Szene blicken, spielte dann noch eine Rolle. Wollten wir auch diesen Einfluss eliminieren, müssten wir uns einen Beobachter denken, der gewissermaßen „aus der Unendlichkeit" und aus allen Richtungen gleichzeitig, gleichsam als „Peripherie des Weltraums", nach innen blickt. Seltsamerweise stellten sich einem solchen Blick die geometrischen Verhältnisse also so dar, wie sie sich einem Tastenden ergeben.

Neben der Unterscheidung der Raumerfahrungen danach, ob sie dem Tasten oder dem Sehen nahestehen, könnten wir demnach auch die Unterscheidung treffen zwischen dem Blick aus der Nähe und dem Blick aus der Ferne oder dem Blick aus dem Mittelpunkt, dem Zentrum und dem Blick aus der unendlichen Ferne, der Peripherie.

Zusammengefasst stehen sich zwei Aspekte gegenüber: Auf der einen Seite der Tastaspekt mit dem Bezug zur „Unendlichkeit", der „Peripherie des Raumes" und der zeichnerisch-künstlerischen Darstellung durch die Parallelperspektive, auf der anderen Seite der visuelle Aspekt mit dem Bezug auf einen Referenzpunkt, einem „Zentrum des Raumes" und der zeichnerisch-künstlerischen Darstellung durch die Parallelperspektive.

Die zu diesen Aspekten der Raumerfahrung jeweils passenden geometrischen Strukturen sind völlig verschieden. Das Instrumentarium für die geometrischen Begriffe, die mit Tasterfahrungen zusammenhängen, stellt die altehrwürdige euklidische Geometrie bereit, die man aus der Schule kennt. Sie handelt von Punkten, Strecken, Winkeln, Kreisen usw. und von der Kongruenz, also von der Möglichkeit, geometrische Figuren (z. B. Dreiecke) zur Deckung zu bringen. Länge liegt wiederholtes Abtragen einer Messstrecke (eines Maßstabes) zugrunde und Parallelität eine Eigenschaft von Kanten, bei denen entsprechende Punkte gleich weit voneinander entfernt liegen. Alle diese Begriffe hängen eng mit Tasterlebnissen zusammen und müssten andererseits von „der unendlichen Ferne" bestimmt sein.[a]

Ein entsprechendes Gegenstück für die Erlebnisse im Sehraum fehlt merkwürdigerweise. Beim Sehen kommt es auf ganz andere Verhältnisse an, als beim Tasten, z. B. darauf, ob zwei Punkte in einer Sichtlinie liegen, einer den anderen „verdeckt". Oder darauf, unter welchem Winkel(abstand) zwei Objekte gesehen werden. Perspektivische Darstellungen, mit denen räumliche Ansichten zweidimensional festgehalten werden können, finden sich zwar ansatzweise schon vor Tausenden von Jahren, und die oben erwähnte Zentralperspektive wird seit der frühen Renaissancezeit entwickelt und angewandt. Ihre Gesetze sind wohlbekannt, eine „Geometrie" indes sind sie nicht.[3] Anfang des 19. Jahrhunderts wurde die *projektive Geometrie* entwickelt, die zur Beschreibung mancher Eigenschaften des Sehraums hilfreich ist, gleichwohl ist sie keine Maßgeometrie, d. h., in ihr kommen keine Längen und Winkel vor und sie enthält auch nicht das für die Seherlebnisse entscheidende Element der Abhängigkeit vom Betrachter. Eine „Sehgeometrie" müsste doch als wesentliches Element den Bezug auf einen besonderen Punkt enthalten, einen Bezugspunkt, in dem der Beobachter gedacht werden könnte.

---

[a]Wir werden noch sehen, welchen Sinn man mit dieser Aussage verbinden kann!

1.2 Der mathematische Raum der Geometrie

Mathematik handelt nicht von Dingen, die wir mit unserem Alltagsbewusstsein erfassen. Ein mathematischer Punkt ist kein kleiner Fleck, eine Gerade kein Strich, sei er auch noch so dünn, und auch einen mathematischen Kreis gibt es nicht unter den Sinnendingen. Ebenso wenig eine Zahl; niemand hat je eine 5 gesehen, getastet, geschmeckt, gehört. „5" ist nur ein Zeichen, wie „V", „Five", „Cinq" oder „|||||". Alle diese Zeichen können für die Zahl 5 stehen, aber sie *sind* nicht die Zahl 5. Auch fünf Dinge sind nicht die 5. Die 5 der Mathematik, ebenso wie alle anderen mathematischen Objekte, ist kein mit den Sinnen wahrnehmbares Ding, sondern die mathematischen Objekte gibt es nur in unserer „inneren Welt", wir können sie nur im Denken erfassen, aber nicht ertasten oder anschauen.

Die Begriffe der Mathematik deuten also auf Objekte, die nur im Denken erfasst werden können. Die Geometrie handelt folglich auch nicht von sinnlichen Dingen, nicht von Bleistiftstrichen oder -punkten, nicht von mit dem Zirkel oder dem Lineal gezogenen Linien. Mathematische Ebenen und Flächen sind keine dünnen Blätter, eine mathematische Kugelfläche ist nicht aus Glas oder sonst einem Material.

Was sind dann die mathematischen Objekte? Es sind *gedachte* Objekte, die bestimmte *charakteristische Beziehungen zueinander* haben.[4] So wird in der Geometrie von Punkten, Geraden und Ebenen gesprochen. Die Punkte sind durch gewisse Eigenschaften charakterisiert, beispielsweise bestimmen je zwei verschiedene Punkte genau eine (d. h. eine und nur eine) Gerade, ihre *Verbindungsgerade*. Man sagt dann, diese Gerade *geht durch* die beiden Punkte, und die beiden Punkte *liegen in* (oder *auf*) der Geraden. Und je drei verschiedene Punkte bestimmen genau eine Ebene. Man sagt dann wieder, die Ebene *geht durch* die Punkte und die Punkte *liegen in* (oder *auf*) der Ebene. Es wird nicht gesagt, dass ein Punkt „unendlich klein" sei oder keine Ausdehnung habe; es wird überhaupt nicht gesagt, wie ein Punkt vorzustellen ist, es wird nur gesagt, wie er sich zu den anderen Objekten der Geometrie verhält.

Genauso ist es mit den Geraden und Ebenen. Auch sie werden durch charakteristische Beziehungen zueinander und zu den Punkten charakterisiert. Es wird nicht näher erklärt, worin die „Geradheit" einer Gerade besteht, noch dass eine Gerade „unendlich dünn" oder „unendlich lang" sei. Ebenso wenig wird bestimmt, dass eine Ebene keine Dicke habe und „ganz flach" sei.

Wir halten also fest: *In der modernen Mathematik werden die Objekte* nur *durch ihre Beziehungen zueinander definiert. Es wird niemals gesagt, wie man sich die Objekte vorzustellen habe.*[5]

Wer kein Mathematiker ist und sich diese Dinge noch nie überlegt hat, für den sind sie gewiss überraschend und erklärungsbedürftig. In der Tat werden dadurch viele Fragen über das Wesen der Mathematik aufgeworfen, die wir hier aber nicht besprechen wollen. Uns geht es hier vielmehr um den Zusammenhang der mathematischen Disziplin Geometrie mit dem, was wir als Raumvorstellung aus unseren Sinneserlebnissen aufbauen. In der Tat kann man sich ja Geometrie ohne jegliche Anschauung schwerlich vorstellen.

Wenn man geometrisch arbeiten will, ist es durchaus geboten und oft notwendig, sich bildhafte Vorstellungen von den geometrischen Konfigurationen zu machen, etwa Bleistiftskizzen, genaue Tuschezeichnungen oder, je nach individuellen Fähigkeiten, auch bloß innerlich vorgestellte, eventuell sogar bewegte Bilder. Einen Quader kann man mit einer Schachtel in Verbindung bringen und eine Ellipse mit einem schräg angeblickten Tellerrand. Auf diese Weise bringt man eine sinnenfällige Situation und eine geometrische Konfiguration miteinander in Verbindung und es ist klar, dass die geometrische Konfiguration nur gewisse Aspekte der „realen" Situation „modelliert" und umgekehrt die geometrischen Schlüsse, die man nun ziehen kann, sich nur bedingt in die reale Situation zurückübersetzen lassen. Dennoch zeigt die Erfahrung, dass solche geometrische Modellierung realer Gegebenheiten nützlich zum Verständnis und zur Handhabung realer Situationen ist. Die geometrischen Beweise können sich zwar nicht auf Sinnenfälliges stützen, ebenso wenig wie die realen Konstruktionen eines Ingenieurs sich allein auf die Mathematik stützen können. Es trifft sich gleichwohl gar nicht so selten, dass eine neue Begriffsbildung innerhalb der Mathematik die außermathematische Anschauung unterstützen kann, ebenso wie gewisse Aspekte „realer" Verhältnisse dazu motivieren können, in der Mathematik nach entsprechenden Begriffsbildungen zu suchen.

Wenn wir also im Folgenden eine neuartige Geometrie entwickeln, so bewegen wir uns dabei innerhalb der Mathematik. Aber wir verbieten uns nicht, die Bedeutung der neuen Begriffsbildungen für das reale Erleben herauszustellen, und auch nicht, Erfahrungen im Sehraum und im Tastraum zum Anlass zu nehmen, nach mathematischen Entsprechungen zu suchen.

1.3 Zwei grundlegende Beobachtungen

1.3.1 Durchlaufen eines Ebenenbüschels

Wir denken uns eine Gerade im Raum, nennen wir sie a. Um etwas Konkretes vor Augen zu haben, stelle man sich eine waagerechte Gerade vor. Nun gibt es unbegrenzt viele Ebenen, welche a als gemeinsame Gerade haben, in denen also a liegt oder, wie man auch sagt, die durch a gehen. Sie sind gewissermaßen um a herum angeordnet, mit a als gemeinsamer Achse, und bilden so eine Art Fächer. Ein solches Gebilde nennt man ein *Ebenenbüschel*, und die Gerade ist ihr *Träger*.

Wir können uns nun denken, wie eine bewegliche Ebene dieses Büschel *durchläuft*, das heißt, wie sich eine Ebene um a als Achse dreht, so dass sie nacheinander mit allen Ebenen des Büschels einmal zur Deckung kommt. Nach einem Umlauf wiederholt sich der Vorgang.[a] Das lässt sich recht gut vorstellen. Wir wollen uns dieses Durchlaufen *gleichmäßig* denken, so dass die bewegliche Ebene in gleichen Zeiten gleiche Winkel durchläuft. So erhalten wir einen ganz gleichmäßig ablaufenden Prozess, der sich periodisch wiederholt.

1.3.2 DURCHLAUFEN EINER PUNKTREIHE

Nun denken wir uns eine andere Gerade im Raum, nennen wir sie g. Um etwas Konkretes vor Augen zu haben, stelle man sich diesmal eine senkrechte Gerade vor. Es gibt unbegrenzt viele Punkte, die g als gemeinsame Gerade haben, die also in g liegen oder, wie man auch sagt, durch die g geht. Sie sind gewissermaßen auf g angeordnet, mit g als „Leitschnur", und bilden eine dichte Folge von Punkten. Man nennt das eine *Punktreihe*, und die Gerade ist ihr *Träger*.

Eine solche Punktreihe kann man nicht so „durchlaufen" wie ein Ebenenbüschel. Dazu müsste ein beweglicher Punkt sich die Gerade entlang bewegen und dabei nacheinander mit allen ihren Punkten einmal zur Deckung kommen. Der bewegliche Punkt müsste seine Bewegung irgendwo beginnen und sich dann in eine Richtung bewegen, im Beispiel nach oben oder unten. Dabei würde er nie an ein Ende gelangen und auch nicht zurück zum Anfang. Die Punkte in der anderen Richtung vom Anfangspunkt würde er nie treffen.

Nun denken wir uns eine Ebene, welche, wie im letzten Abschnitt beschrieben, ein Ebenenbüschel gleichmäßig durchläuft. Dessen Trägergerade, stellen wir sie uns wieder waagerecht vor, möge g nicht schneiden. Dann bildet die bewegliche Ebene einen beweglichen Schnittpunkt mit g, und dieser Schnittpunkt „durchläuft" tatsächlich ganz g. Allerdings geschieht dies in anderer Art als das Ebenenbüschel von der Ebene durchlaufen wird: Die Geschwindigkeit des Schnittpunktes nimmt mit zunehmender Entfernung von der Achse des Büschels mehr und mehr, über jedes Maß hinaus zu, und schließlich verschwindet der Schnittpunkt für den Moment, in dem die bewegliche Ebene parallel zu g ist, um sofort „auf der anderen Seite" wieder aufzutauchen und, langsamer werdend, zu seinem Anfangspunkt zurückzukehren.

Insgesamt hat der Punkt dabei tatsächlich die ganze Gerade durchlaufen und ist dabei mit jedem ihrer Punkte einmal zur Deckung gekommen; allerdings hat

---

[a]Oder bereits nach einem halben, je nachdem, wie man die Sache betrachtet.

er seine Geschwindigkeit zwischendurch über jedes Maß hinaus gesteigert und einen merkwürdigen „Sprung" auf die andere Seite gemacht. Während dieses Sprunges war er, genau genommen, gar nicht vorhanden, denn in dem Moment waren ja Gerade und Ebene parallel, es gab also gar keinen Schnittpunkt.

Im Folgenden wollen wir uns diesen geschilderten Vorgang denken, wenn davon die Rede ist, dass ein Punkt eine Punktreihe durchläuft.

In den obigen Übungen wird die „Doppelnatur" der Geraden sichtbar: als Träger einer Punktreihe und als Achse eines Ebenenbüschels. Einmal liegen viele Punkte in einer einzigen Geraden, das andere Mal gehen viele Ebenen durch eine einzige Gerade. Dazu gehören verschiedene Bewegungen, einmal eine lineare, das andere Mal eine Drehbewegung. Die Gerade entsteht gewissermaßen aus diesen beiden Bewegungen heraus.

1.4 Zwei Metamorphosen

Wir betrachten nun bewegte Konfigurationen, besonders sogenannte Metamorphosen, worunter wir hier stetige Gestaltveränderungen verstehen wollen, und schildern bestimmte Erfahrungen, die mit der Parallelität zusammenhängen.

1.4.1 Eine Kugel verwandelt sich

Hält man den Mittelpunkt einer Kugel fest und macht die Kugel immer größer, so nimmt die Krümmung ihrer Oberfläche immer weiter ab, und das Innere der Kugel umfasst einen immer größeren Teil des Raumes. *Jeder* Raumpunkt liegt offenbar irgendwann im Inneren der Kugel. Müsste da nicht „irgendwann", oder zumindest „im Grenzfall", das Kugelinnere den ganzen Raum umfassen und die Krümmung der Oberfläche 0 sein, also gar keine Krümmung mehr vorhanden sein? Die Oberfläche einer solchen „unendlich großen Kugel" wäre dann kein bisschen gekrümmt. Müsste diese Oberfläche dann nicht eine Ebene sein?!

Dagegen könnte man gewiss einwenden, der Prozess des „Weitens" der Kugel käme ja nie zum Ende, denn jede Kugel kann man noch ein bisschen größer machen. Der fragliche Fall würde also nie eintreten.

Machen wir die Sache konkreter! Dazu denken wir uns eine Gerade g im Raum und einen Punkt P, welcher die Gerade wie im Abschnitt „Durchlaufen einer Punktreihe" beschrieben durchlaufen möge (Abb. 1.1).

Dieser Punkt wandert, wie beschrieben, immer schneller werdend auf g „nach außen", verschwindet für einen Moment und kommt dann sehr schnell, aber langsamer werdend, „von der anderen Seite" wieder, bis er seine Anfangslage wieder erreicht. Dieser Punkt P soll nun die Verwandlung der Kugel folgendermaßen „antreiben":

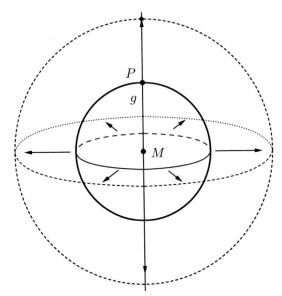

ABB. 1.1: Eine Kugel verwandelt sich

Wir denken uns einen festen Mittelpunkt M der Kugel in der Geraden g, und die Kugeloberfläche soll stets bis zu dem beweglichen Punkt P reichen. Dann nimmt dieser Punkt die Kugeloberfläche bei seiner Bewegung mit: Die Kugel wird zum Punkt, wenn P mit M zusammenfällt, und weitet sich danach immer mehr, bis zu dem Moment, in dem P „springt", also für einen Moment („im Unendlichen") verschwindet. Sodann kommt P wie beschrieben „auf der anderen Seite" wieder, und die Kugel wird kleiner, bis sie wieder zu einem Punkt zusammengeschrumpft ist und der Prozess sich wiederholt.

Nun kommt das „Weiten" der Kugel durchaus zu einem Ende, nämlich in dem Moment, in dem P „springt". Just da ist P aber anscheinend gar nicht mehr vorhanden, und die Kugel ist nicht mehr definiert.[6]

1.4.2 ZUGEORDNETE PUNKTREIHEN

Betrachten wir ein weiteres Beispiel. In einer festen Ebene (der „Zeichenebe-ne") seien zwei Geraden gegeben, die nicht parallel sein mögen, und weiter ein Strahl[a], der *gleichmäßig* um einen Drehpunkt rotieren möge, welcher nicht auf

---

[a]Für uns ist „Strahl" nur ein anderes Wort für „Gerade", ein Strahl und eine Gerade sind also dasselbe.

den beiden Geraden liegt. Um sich etwas Konkretes vorzustellen, wähle man die Geraden senkrecht und waagerecht und den Drehpunkt im gleichen Abstand von beiden Geraden. Der bewegliche Strahl schneidet gewöhnlich beide Geraden. Die beiden Schnittpunkte durchlaufen die beiden Geraden genauso wie beim „Durchlaufen einer Punktreihe" beschrieben, nur dass sich der Prozess jetzt in einer Ebene abspielt, in welcher sich ein Strahl dreht und dabei ein sogenanntes *Strahlenbüschel* durchläuft statt eine Ebene ein Ebenenbüschel. Wir ordnen die Schnittpunkte einander zu. Auf diese Weise haben wir jedem Punkt der einen Geraden einen Punkt der anderen zugeordnet. Nur wenn der Strahl parallel zu einer der Geraden ist, entsteht eine „Lücke": Je einem Punkt auf jeder Geraden ist kein Punkt der anderen zugeordnet! (Vgl. Abb.1.2.)

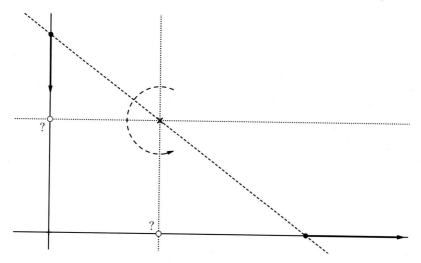

ABB. 1.2: Der sich drehende Strahl ordnet die Punkte in der senkrechten und der waagerechten Geraden einander zu

Betrachten wir den Vorgang genauer. Indem sich der Strahl gleichmäßig dreht, durchlaufen die zwei Schnittpunkte die beiden Geraden, jedoch keineswegs gleichmäßig. Die Geschwindigkeit jedes Punktes nimmt mit seiner zunehmenden Entfernung vom Drehpunkt immer schneller zu. Wenn der Strahl fast parallel zu einer der Geraden ist, bewegt sich der zugehörige Schnittpunkt mit unvorstellbarer und doch noch zunehmender Geschwindigkeit „nach außen", verschwindet in dem Moment, in dem Strahl und Gerade parallel sind, und kommt dann von der anderen Seite, mit unvorstellbarer Geschwindigkeit, aber schnell langsamer werdend, wieder „herein". Das gilt für die Bewegung auf beiden Geraden, nur findet diese „versetzt" gegeneinander statt, die beiden Punkte machen ihren „Sprung auf die andere Seite" nicht zur gleichen Zeit.

Wie sieht nun die Zuordnung der Punkte der einen Geraden zu jenen der anderen aus? Alles ist ganz einfach, nur die beiden Lücken sind irritierend, weil hier je einem Punkt auf jeder Geraden kein Punkt der anderen Geraden zugeordnet ist. Können wir nicht die beiden Punkte in den Lücken einander zuordnen? Dann würde die Zuordnung in den Lücken einen ganz unglaublichen Sprung machen, sie würde „unstetig", wozu die Konstruktion keinerlei Anlass gibt. Außerdem entspräche diese Zuordnung nicht dem aufgestellten Gesetz, dass die Verbindungsgerade einander zugeordneter Punkte durch den Drehpunkt des Strahles geht und durch den rotierenden Strahl vermittelt wird. Eigentlich sollte jede Gerade auch dann einen, *wohlgemerkt einen und nur einen*, Punkt mit dem Strahl gemein haben, wenn Gerade und Strahl parallel sind! Dann würde alles aufgehen.

1.5 Tücken der Parallelität und eine neue Auffassung der Geometrie

Es gibt viele solche Metamorphosen von geometrischen Gebilden, die eigentlich einem einfachen Gesetz folgen, aber plötzlich einen „Sprung" machen, weil zwei Geraden oder Ebenen – für einen Moment nur! – parallel werden und dabei ein Schnittpunkt oder eine Schnittgerade für einen Moment „verschwindet", also unter den geometrischen Elementen nicht vorhanden ist. Diese Metamorphosen lassen sich dann nicht vollständig und ohne Unterbrechung im euklidischen Raum durchführen.

Wenn man solche Metamorphosen *in Gedanken* vollzieht, erlebt man sich in einem Prozess, der sich eigentlich geschmeidig über „die Lücken" hinweg fortsetzen lässt. Man kann sagen, was in diesen Momenten passieren wird, auch wenn es sich manchmal nicht mit der gewohnten Vorstellung umspannen lässt.

Bei der ersten Metamorphose etwa wird man aus dem Durchdenken heraus dazu kommen zu sagen, dass in dem „Sprungmoment" die Kugelfläche tatsächlich zu einer Ebene geworden sein muss, auf „deren Innenseite" alle Punkte des Raumes liegen. Und, mehr noch, dass sich die Kugel beim Durchgang durch diese Fläche irgendwie „umstülpen" muss.

Bei der zweiten Metamorphose wird man sagen müssen, dass zwei parallele Geraden tatsächlich einen Punkt gemein haben müssen und zwar nur einen, welcher „links" und „rechts" der gleiche ist. Man erlebt ja nur *einen* „Umschlagpunkt". Die Gerade muss also, als Bewegungsgebilde angeschaut, irgendwie geschlossen sein, wie ein Kreis.

Das Problem ist, dass diese Aussagen nicht zur euklidischen Geometrie passen! Und auch nicht zu unseren gewohnten Vorstellungen. Parallele Geraden haben eben keinen Punkt gemein, und die Punkte der gefundenen Fläche sind keine Raumpunkte, sind im Raum gar nicht vorhanden. Sie fehlen gewissermaßen in der Geometrie. Da, wo sie sein sollten, ist eine „Lücke". Ihr Abstand vom Mittelpunkt der Kugel, sogar von jedem Punkt des Raumes, müsste unendlich sein. Unendlich ist jedoch keine Zahl, und unendliche Abstände gibt es nicht in der euklidischen (und auch keiner anderen) Geometrie.

Die Parallelität hat noch weitere unschöne Seiten. Sie bewirkt nämlich, dass viele Ausnahmen von simplen Gesetzen aufgestellt werden müssen. Beispiele (welche der Leser sich gut klarmachen sollte):

- Je zwei verschiedene Ebenen haben genau eine Schnittgerade, die in beiden Ebenen liegt, *außer* wenn die Ebenen parallel sind, dann haben sie keine gemeinsame Schnittgerade.

- Zwei verschiedene Geraden, die in einer Ebene liegen, haben genau einen Schnittpunkt, *außer* wenn sie parallel sind, dann haben sie keinen Schnittpunkt.

- Vier verschiedene Geraden in einer Ebene, von denen keine drei durch einen Punkt gehen, haben sechs Schnittpunkte, *außer* wenn einige Geraden untereinander parallel sind, dann können sie auch fünf, vier, drei oder keinen Schnittpunkt haben (Abb. 1.3).

- Eine Ebene und eine Gerade, die nicht in der Ebene liegt, haben genau einen Schnittpunkt, der in beiden liegt, *außer* wenn die Gerade und die Ebene parallel sind, dann haben sie keinen gemeinsamen Punkt.

- Zwei verschiedene Geraden im Raum bestimmen entweder einen gemeinsamen Punkt und eine gemeinsame Ebene oder keines von beiden (dann nennt man sie windschief), *außer* wenn die Geraden parallel sind, dann haben sie zwar eine Ebene, aber keinen Punkt gemein.

Das Wörtchen „außer" weist in allen diesen Beispielen auf die beschriebene „Lücke" hin.

Die angeführten und weitere derartige Feststellungen haben nach langen Geisteskämpfen und philosophischen Auseinandersetzungen in der Neuzeit schließlich dazu geführt, die Geometrie anders aufzufassen, als sie über rund zwei Jahrtausende aufgefasst worden war. Langsam beginnend in der Renaissance, dann stärker im 17. Jahrhundert bis schließlich zum Anfang des 19. Jahrhunderts rang man sich zu der Auffassung durch, dass die Geometrie keine ein für alle Mal gott- oder sonstwie, jedenfalls *gegebene* und nur in einer Art denkmögliche Sache ist, sondern dass es verschiedene Geometrien gibt, in dem Sinne, dass sie widerspruchsfrei denkmöglich sind und dass man in der Physik sehen muss, welche Geometrie den Beobachtungen angemessen ist. Heute

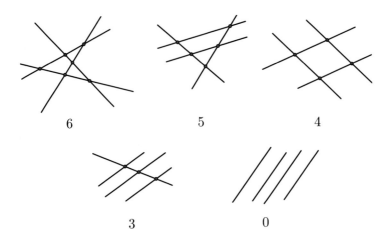

ABB. 1.3: Unter vier Geraden sind in der euklidischen Geometrie sechs, fünf, vier oder drei Schnittpunkte möglich oder gar keiner

werden die projektive Geometrie und die sogenannten nichteuklidischen Geometrien in der Wissenschaft vielfach eingesetzt, auch wenn man in der Schule – leider! – meist nichts davon hört.

1.6 DIE FERNELEMENTE

Wir werden nun sehen, welche Schlüsse wir aus den bisher betrachteten Tatsachen für unsere Zwecke in Bezug auf die gewohnte euklidische Geometrie ziehen können. Wir wollen diese Geometrie „erweitern", und zwar um eine zusätzliche, neuartige Ebene samt den ihr angehörenden Punkten und Geraden. Diese zusätzliche Ebene mit ihren Punkten und Geraden soll zu den bestehenden geometrischen Elementen hinzugefügt werden. Damit sollen die beschriebenen „Lücken" in der euklidischen Geometrie (oder im Denken, wenn man so will) geschlossen werden. Ansonsten soll alles bleiben, wie wir es gewohnt sind, alle Beziehungen und Sätze der euklidischen Geometrie bleiben erhalten.

Wir gehen in drei Schritten vor. Als Erstes ordnen wir jeder Geraden einen zusätzlichen, neuen Punkt zu, einen Punkt, der unter den bereits bestehenden Punkten nicht vorhanden ist. Wir erfinden diese Punkte ganz neu. Zur Unterscheidung von den bereits bekannten nennen wir sie *ideelle Punkte* und die altbekannten Punkte einfach weiterhin Punkte, oder wenn die Unterscheidung betont werden soll, *alte* oder *euklidische Punkte*. Wir fügen diese neuen ideellen Punkte gewissermaßen den bisherigen alten oder euklidischen Geraden hinzu und erhalten dadurch *erweiterte Geraden*. Die den bisherigen Geraden so hinzugefügten ideellen Punkte betrachten wir als den so erweiterten Geraden angehörend: Die ideellen Punkte liegen in den erweiterten Geraden. Nun erhält aber nicht jede alte Gerade einen anderen ideellen Punkt, sondern wir gestalten die Sache so, dass allen (alten) Geraden, die untereinander parallel sind (einer parallelen Schar), *derselbe* ideelle Punkt zugeordnet wird. Das heißt, die erweiterten Geraden, die aus *untereinander parallelen* bisherigen Geraden durch das Hinzufügen eines ideellen Punktes hervorgehen, haben nun alle einen Punkt gemein: den ihnen hinzugefügten ideellen Punkt. Wir sagen auch, die erweiterten Geraden *gehen durch* diesen Punkt oder *schneiden sich* in diesem Punkt. Die erweiterten Geraden, die aus den bisherigen Geraden einer parallelen Schar hervorgegangen sind, sind also, streng genommen, nicht untereinander parallel. Wir erlauben uns indessen in Bezug auf erweiterte Geraden auch weiterhin von parallelen Geraden zu sprechen, wenn sie lediglich einen ideellen Punkt gemein haben. Das Wort „parallel" bekommt also, angewandt auf erweiterte Geraden, eine neue Bedeutung.

Mit diesen Vereinbarungen können wir formulieren: *Zwei erweiterte Geraden sind genau dann parallel, wenn sie einen ideellen Punkt gemein haben.* Und: *Parallele erweiterte Geraden schneiden sich in einem ideellen Punkt.*

Als Zweites betrachten wir eine Ebene im Raum und die (alten) Geraden, die in dieser Ebene liegen. Wir ergänzen alle diese Geraden in der beschriebenen Weise durch ideelle Punkte zu erweiterten Geraden. Dann nehmen wir diese ideellen Punkte auch zu der gewählten Ebene hinzu und betrachten sie als ihr angehörig. Dadurch wird aus der alten, euklidischen Ebene eine *erweiterte Ebene*.

Nun fassen wir die ideellen Punkte, die einer erweiterten Ebene angehören, als Gesamtheit, als eigenes Gebilde, in den Blick. Was für eine Struktur hat das aus diesen ideellen Punkten bestehende Gebilde? Jede erweiterte Gerade der Ebene hat mit diesem Gebilde genau einen Punkt gemein, nämlich den der Geraden angehörenden ideellen Punkt. Wenn wir uns fragen, welche geometrischen Objekte in einer Ebene *mit allen Geraden* der Ebene jeweils *genau einen Punkt* gemein haben, dann finden wir: Nur eine Gerade der Ebene hat diese Eigenschaft. Wir schließen also: Das Gebilde, welches aus allen ideellen Punkten sämtlicher Geraden einer Ebene bzw. aus den ideellen Punkten der erweiterten Ebene besteht, hat selber die Struktur einer Gerade. Als Punktreihe besteht diese Gerade also nur aus ideellen Punkten, genauer: aus allen ideellen Punkten, die in einer erweiterten Ebene liegen. Wir nennen eine solche Gerade eine *ideelle Gerade*. In jeder erweiterten Ebene des Raumes liegt eine solche Gerade, *die ideelle Gerade der Ebene*.

Denken wir uns zwei parallele alte, euklidische, also nicht erweiterte Ebenen. Zu jeder Schar paralleler alter Geraden in einer dieser Ebenen gibt es auch parallele alte Geraden in der anderen Ebene. Zu jeder solchen Schar gehört ein idealer Punkt. Dieser liegt dann also in beiden Ebenen, zu denen die alten erweitert werden. Das heißt aber, *alle* ideellen Punkte einer Ebene liegen auch in jeder zu dieser parallelen Ebene. Mit anderen Worten: Die beiden erweiterten Ebenen, die aus zwei parallelen alten Ebenen entstanden sind, haben die gleiche ideelle Gerade gemein. Ähnlich wie bei den Geraden erlauben wir uns auch bei erweiterten Ebenen, sie parallel zu nennen, wenn sie nur eine ideelle Gerade gemein haben.

Mit diesen Vereinbarungen können wir also formulieren: *Erweiterte Ebenen sind genau dann parallel, wenn sie eine ideelle Gerade gemein haben.* Und: *Parallele erweiterte Ebenen schneiden sich in einer ideellen Geraden.* Auch hier bekommt also das Wort „parallel", wenn es auf neue Ebenen angewandt wird, eine neue Bedeutung.

Schließlich fassen wir, drittens, die Gesamtheit aller ideellen Elemente, also aller ideellen Punkte und Geraden, durch welche wir den Raum gewissermaßen zu einem *neuen Raum* ergänzt haben, als eigenständiges Gebilde ins Bewusstsein. Hat dieses Gebilde irgendeine besondere Struktur?

Dieses Gebilde enthält Geraden und Punkte. Jede erweiterte Gerade des Raumes hat mit ihm genau einen Punkt gemein, nämlich ihren ideellen Punkt. Und jede erweiterte Ebene des Raumes hat mit dem Gebilde genau eine Gerade gemein, nämlich ihre ideelle Gerade. Wenn wir uns fragen, welches geometrische Gebilde im Raum mit jeder Geraden genau einen Punkt und mit jeder Ebene genau eine Gerade gemein hat, dann finden wir: Nur eine Ebene hat diese Eigenschaften! Von daher erscheint es berechtigt, das fragliche Gebilde als eine Ebene anzusehen. Wir nennen sie *die ideelle Ebene* des Raumes.

Der ideellen Ebene des Raumes gehören also alle ideellen Punkte und alle ideellen Geraden an: Sie liegen in ihr. Die erweiterten Geraden schneiden diese Ebene in ideellen Punkten, und die erweiterten Ebenen schneiden sie in ideellen Geraden.

Wir fassen zusammen: Der vertraute euklidische Raum wird durch neuartige, sogenannte ideelle Punkte und Geraden ergänzt, welche zusammen eine Ebene bilden, die sogenannte ideelle Ebene des Raumes. Die alten Geraden und Ebenen des euklidischen Raumes werden durch ideelle Punkte und Geraden erweitert, und zwar so, dass parallele Geraden um denselben ideellen Punkt und parallele Ebenen um dieselbe ideelle Gerade ergänzt werden.

Unter den ideellen Elementen sowie zwischen ihnen und den anderen Punkten, Geraden und Ebenen sind keinerlei Maßbeziehungen definiert, keine Längen und keine Winkel. Bei der Bestimmung der Maßbeziehungen zwischen erweiterten Geraden und Ebenen werden die ideellen Elemente nicht berücksichtigt. Die Maßbestimmung findet also wie im ursprünglichen Raum mit den nicht erweiterten Geraden und Ebenen statt. Wir nennen den um die ideellen Punkte und Geraden und die ideelle Ebene ergänzten Raum mit den erweiterten Ebenen und Geraden *den vervollständigten* oder *vollständigen euklidischen Raum.*[a] Die Elemente dieses Raumes sind: die gewöhnlichen (alten) Punkte, die erweiterten Geraden und Ebenen sowie die ideellen Punkte und Geraden und die eine ideelle Ebene.

Man kann sich die Sache so denken, dass die ideellen Elemente schon immer vorhanden gewesen sind – nur war man blind für sie. Nun aber „wurden unsere Augen aufgetan", und wir sehen, was wir vorher nicht gesehen haben. Und indem wir so sehend geworden sind, zeigen sich die Raumverhältnisse in einem neuen Licht, die ganze Geometrie erscheint als in einen neuen Kontext eingebettet.

Im vollständigen euklidischen Raum kann ein Punkt eine (erweiterte) Gerade ohne den in Abschnitt 1.3.2 beschriebenen Sprung durchlaufen. Die „Lücke" wurde durch den ideellen Punkt der Geraden geschlossen. Eine (erweiterte) Gerade erscheint von der „Bewegungsgestalt" her als geschlossenes Gebilde, wie ein Kreis. Bei der in Abschnitt 1.4.1 beschriebenen Kugelmetamorphose füllt die ideelle Ebene den beschriebenen Sprung. Und bei der Zuordnung der Punktreihen in Abschnitt 1.4.2 treten die beschriebenen Schwierigkeiten auch nicht mehr auf, weil sich die beiden Lücken durch ideelle Punkte geschlossen haben. Alle diese Metamorphosen lassen sich in dem vervollständigten euklidischen Raum ohne jede Unterbrechung kontinuierlich durchführen, weil immer da, wo durch Parallelität ein „Sprung" auftrat, eine „Definitionslücke", die „Kluft" durch ein ideelles Element geschlossen wurde.

Die ideellen Elemente des vollständigen euklidischen Raumes haben je nach Autor unterschiedliche Namen. Die ideelle Ebene des Raumes (es gibt nur eine!) heißt auch ausgezeichnete Ebene, unendlichferne, uneigentliche, absolute oder auch Fern- oder Grenzebene. Adams nennt sie in [1] die „Weltenperipherie". Diese Namen sind von gewissen Vorstellungen inspiriert, die man mit der ideellen Ebene verbindet. Auch für uns wird es sich im Folgenden als zweckmäßig erweisen, die ideellen Elemente anders zu benennen. Wir wollen die ideelle Ebene künftig die *Fernebene* nennen, oder auch die *unendlichferne Ebene* (u. E.). Ihre Punkte, die bisherigen ideellen Punkte, heißen dann *Fernpunkte* oder manchmal auch *unendlichferne Punkte* und ihre Geraden *Ferngeraden* oder *unendlichferne Geraden*. Die Fernebene, die Ferngeraden und die Fernpunkte bezeichnen wir zusammen als die *Fernelemente*; die geometrischen Elemente, die nicht zu den Fernelementen gehören, nennen wir *gewöhnlich*. Ganz allgemein benutzen wir das Adjektiv „gewöhnlich" im Folgenden im Sinne von „wie aus der euklidi-

---

[a]In der Mathematik spricht man auch vom *projektiven Abschluss* des Raumes.

schen Geometrie bekannt" oder „wie in der euklidischen Geometrie üblich".

Der Grund dafür, die ideellen Elemente nicht gleich so zu nennen, liegt darin, dass *für diese Einführung* die durch die Bezeichnung Fernebene, Ferngerade und Fernpunkt bzw. unendlichferne Ebene usw. nahegelegten Vorstellungen *gerade nicht* angeregt werden sollten. *Für das, was folgt,* erweisen sich diese Bezeichnungen indessen als angemessen und hilfreich.

Erwähnt werden soll noch, *dass der Begriff „parallel" auf die Ferngeraden und die Fernebene selber keine Anwendung findet.* Er wird ja nun gewissermaßen durch diese bestimmt.

Wenn im Folgenden vom euklidischen Raum die Rede ist, dann ist in der Regel der vollständige euklidische Raum mit seinen Punkten, erweiterten Geraden und erweiterten Ebenen, den Fernpunkten, Ferngeraden und der Fernebene gemeint. Wir können uns darin genauso gedanklich bewegen wie im gewohnten euklidischen Raum, werden aber zwanglos, wenn es hilfreich ist, von den Fernelementen sprechen und sie zur Beschreibung euklidischer Sachverhalte heranziehen. Den „alten Raum", den klassischen euklidischen Raum ohne ideelle Elemente, benötigen wir nicht mehr, *weil die gewohnten Sätze auch in dem neuen Raum entsprechend gelten und die Vorstellungen, die wir uns bisher von den geometrischen Elementen gemacht haben, auch weiter verwendet werden können* (Gerade als „Strich", Punkt als „Fleck" etc.). Nach einer gewissen Gewöhnung ist es viel angenehmer, im vollständigen euklidischen Raum zu arbeiten als im altgewohnten, weil viele Ausnahmen wegfallen und Metamorphosen keine „Lücken" mehr haben. Man kann sich auch fragen, ob der alte Raum ohne ideelle Elemente, der unbestimmt ins Endlose „verfließt", überhaupt als Ganzes gedacht werden kann …

Übrigens: Falls den Leser das Gefühl beschleicht, die „unendlichferne Peripherie" des Raumes, von der im Abschnitt 1.1 noch nebelhaft gesprochen wurde, könnte mit der Fernebene etwas zu tun haben – dann liegt er ganz richtig! Wir werden sehen …

1.7 Wie kann man sich die Fernelemente vorstellen?

Wer mit den Fernpunkten, den Ferngeraden und der Fernebene noch nicht vertraut ist, vielleicht sogar zum ersten Mal davon hört, dem stellt sich in der weiteren Arbeit damit meist eine große Schwierigkeit entgegen: Er kann sich nämlich die unendlichfernen Punkte und Geraden und die ganze Fernebene *nicht vorstellen.*

Mathematiker gehen über diese Schwierigkeit manchmal einfach hinweg, indem sie sagen, das sei keine wirkliche Schwierigkeit, man müsse sich da nichts vorstellen, es käme nur auf die Eigenschaften der unendlichfernen Elemente an, nicht darauf, wie man sie sich vorstelle. Das ist ganz im Sinne dessen, was wir in Abschnitt 1.2 ausgeführt haben, indessen berücksichtigt es nicht, dass man *für die konkrete mathematische Arbeit* sich doch irgendwie geartete Vorstellungen machen muss. Wohl jeder Mathematiker macht das, wenn auch seine Vorstellungen variabel sein mögen und sich dem Zweck und der geometrischen Situation anpassen, doch ganz ohne Vorstellungen kommt auch er nicht aus. Diese Vorstellungen dürfen in die mathematischen Beweise nicht eingehen, aber sie sind die Grundlage für die nötigen Intuitionen, welche der Mathematiker für seine schöpferische Arbeit braucht. Es ist ja auch nicht verboten, sich Vorstellungen zu machen, solange man das Vorgestellte nicht mit dem wahren Gegenstand der Betrachtung, der mathematischen Idee, verwechselt.

Die bezeichnete Schwierigkeit ist eine echte, weil sich die Fernelemente tatsächlich nicht in die gewohnten Vorstellungen einordnen lassen. So soll bei einer waagerecht vorgestellten Geraden nach links und rechts *derselbe* Fernpunkt liegen, nicht zwei Punkte „im Unendlichen", nur einer! Eine Gerade soll demnach ein geschlossenes Gebilde sein, welches von einem Punkt stetig durchlaufen werden kann!? Das passt mit der gewohnten Vorstellung definitiv nicht zusammen!

Allein, die Übungen aus dem Abschnitt 1.4 legen nahe, welche Vorstellungen man sich machen könnte. Man muss nur nicht an diesen Vorstellungen kleben, sondern sie der konkreten geometrischen Situation anpassen: Stellt man sich zwei parallele Geraden in gewohnter Weise vor, so hat man auch eine Vorstellung von ihrer Richtung. Die Richtung einer Geraden (also etwa die Nord-Süd-Richtung oder die vertikale Richtung) kann man dann für den Fernpunkt der Geraden nehmen. Mit anderen Worten: Unter dem Fernpunkt einer Geraden kann man sich die Richtung der Geraden vorstellen. Wenn man es konkreter will, kann man etwa einen Stern in dieser Richtung durchaus als momentane Vorstellung für den gemeinsamen Fernpunkt der beiden Geraden gebrauchen. Auf diesen Stern kann man hindeuten, und *man weiß*, dass in der „Gegenrichtung" derselbe Punkt zu sehen wäre.

In perspektivischen Bildern von räumlichen Konfigurationen sind die *Fluchtpunkte* zeichnerische Darstellungen von Fernpunkten. In Wirklichkeit parallele Linien laufen im perspektivischen Bild in den Fluchtpunkten zusammen.

Abb. 1.4 zeigt einen Quader oben in sogenannter *Einpunkt-* und unten in *Zweipunktperspektive*. Oben sind die vier nach hinten laufenden Quaderkanten in Wirklichkeit parallel, laufen also in einem Fernpunkt zusammen. In der Zeichnung laufen sie in dem Fluchtpunkt F zusammen, welcher damit ein Bild des genannten Fernpunktes ist. Unten ist die strichpunktierte Linie, welche die beiden Fluchtpunkte verbindet, der sogenannte Horizont, das perspektivische Bild der Ferngeraden der waagerechten Ebene.

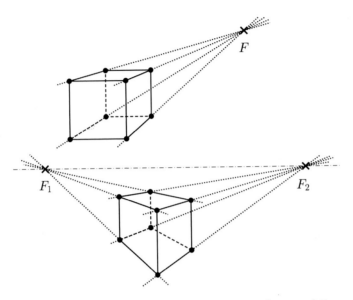

ABB. 1.4: Quader in Einpunkt- und in Zweipunktperspektive

Man kann die Fernpunkte und die Ferngerade in Skizzen auch durch noch abstraktere Zeichen andeuten, wie in Abb. 1.5.

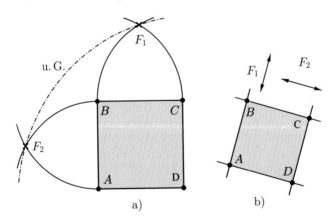

ABB. 1.5: Abstrakte Darstellungen von Fernelementen in der Ebene

In a) ist ein Quadrat in der Ebene gezeigt. Die Seiten AB und CD sind parallel und schneiden sich, als Geraden betrachtet, in dem Fernpunkt F_1. Entsprechend bei F_2. Die Verbindungsgerade der beiden Fernpunkte F_1, F_2 ist die Ferngerade (abgekürzt u. G., für unendlichferne Gerade) der Zeichenebene, die als strichpunktierter Bogen dargestellt ist. In b) sind die Fernpunkte F_1 und F_2 als Doppelpfeile dargestellt, welche die *Richtung der Fernpunkte* andeuten. Diese Doppelpfeile können an jede beliebige Stelle gezeichnet werden, nur ihre Richtung ist wichtig. Diese Darstellung wird im Weiteren oft verwendet.

Jede Ebene zeichnet sich an der Himmelskugel durch einen Großkreis ab, den man etwa mit einem Arm mit Schwung nachzeichnen kann. Das heißt, die Stellung einer Ebene im Raum kann für die Ferngerade dieser Ebene stehen. Auch der genannte Großkreis am Himmel kann als momentane Vorstellung für die Ferngerade dieser Ebene gebraucht werden. Der Horizont versinnbildlicht die Ferngerade der Ebene, auf welcher der Beobachter senkrecht steht. Und die Himmelskugel selber vertritt die Fernebene.

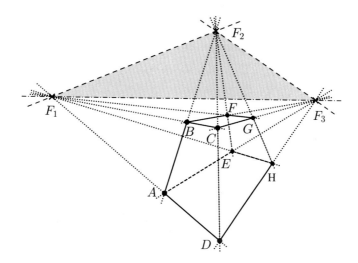

ABB. 1.6: Quader in Dreipunktperspektive

In Abb. 1.6 ist ein Quader in sogenannter Dreipunktperspektive dargestellt. Die vier Kanten AD, BC, EH und FG sind parallel und gehen, als Geraden, durch einen gemeinsamen Fernpunkt, dessen perspektivisches Bild F_1 ist. Ebenso gehen die parallelen Kanten AE, BF, CG und DH durch den Fernpunkt, der hier als F_3 eingezeichnet ist. Und die parallelen Kanten AB, EF, GH und CD gehen durch den Fernpunkt F_2. Weiter sind die obere und die untere Fläche des Quaders parallel, also die Ebenen $AEHD$ und $BFGC$. Diese haben also eine gemeinsame Ferngerade. Deren Bild ist die strichpunktierte Gerade F_1F_3. Entsprechend gehen die Ebenen $ABFE$ und $DCGH$ durch die Ferngerade F_2F_3 und die Ebenen $ABCD$ und $EFGH$ durch die Ferngerade F_1F_2. Das schattier-

te Dreieck steht für die Fernebene des Raumes, in der die Fernpunkte F_1, F_2
und F_3 sowie deren drei Verbindungsgeraden, alles Ferngeraden, liegen.

Auch für die Darstellungen räumlicher Verhältnisse samt den Fernelementen lassen sich noch abstraktere Darstellungen verwenden. Als Beispiel ist in Bild 1.7 nochmals ein Würfel mit Mittelpunkt und Achsen samt allen mit ihm verbundenen Fernpunkten, Ferngeraden und der Fernebene des Raumes visualisiert.

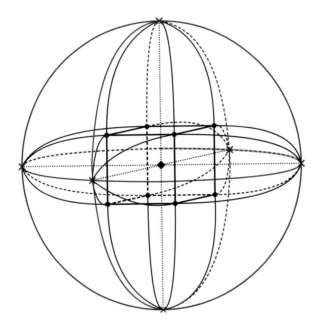

ABB. 1.7: Würfel samt den zu ihm gehörenden Fernelementen

In Abb. 1.7 liegen die roten Punkte und Geraden (als Kreis- bzw. Ellipsenbögen dargestellt) in der Fernebene des Raumes, welche hier als die umfassende rote Kugelfläche symbolisiert ist. Gegenüberliegende rote Punkte und Geraden fallen zusammen und sind nur der Symmetrie des Bildes halber doppelt gezeichnet. Das Bild vermittelt den Eindruck, als schwebe der Würfel frei im Raum und werde durch die roten Strukturen (die Fernelemente) bestimmt und gehalten. Es wird sich erweisen, dass dieser Eindruck gar nicht so phantastisch ist, wie er zunächst anmuten mag.

Mit derartigen Vorstellungen lässt sich durchaus arbeiten, und manches wird durch sie verständlich. Übung macht den Meister! Mit der Zeit stellt sich mit solchen Übungen ein ganz neues „Raumgefühl" ein, die Fernelemente werden einem immer vertrauter. Die Gefahr, dass man die Vorstellungen mit den wirklichen Objekten verwechselt, ist nicht größer als die, eine Gerade mit einem Bleistiftstrich zu verwechseln.

Eine weitere Schwierigkeit für Nichtmathematiker ist oft, dass sie fragen, ob man „das darf", ob man einfach jeder Geraden einen zusätzlichen Punkt („im Unendlichen") hinzufügen darf, ob der denn „wirklich existiere". Sie verfallen mit derartigen Bedenken in eine (jedenfalls in der Mathematik!) überwundene Geisteshaltung vergangener Zeiten und nehmen an, es müsse doch, jenseits unseres Denkens, die Gerade eine bestimmte Struktur *haben*, welche man als Denker herausfinden müsse. Wir haben schon in Abschnitt 1.2 Grundlegendes dazu ausgeführt: Es gibt keine „Realität" jenseits des Denkens. Jedenfalls wird in der Mathematik Realität im Denken geschaffen.[7] Nur müssen sich die Begriffe ohne innere Widersprüche zusammenfügen. Wenn der Mathematiker sagt: „Es sei $\alpha = 90°$.", dann *ist* fortan α gleich 90 Grad! Das ist wie in der Bibel: Gott sprach: Es werde Licht. Und es ward Licht.

1.8 PASST ALLES ZUSAMMEN?[a]

Abgesehen von den Maßbeziehungen sollen sich die Fernelemente mit den gewohnten geometrischen Elementen zu einer Einheit zusammenschließen, in der alles zueinander „passt". Es muss im Einzelnen nachgewiesen werden, dass alles zusammenpasst und die neuen Elemente sich nach den geometrischen Regeln verhalten, sofern wir von Maßbeziehungen einmal absehen. Sehen wir uns zum Beispiel die Ausnahmen aus Abschnitt 1.5 in dem durch die Fernelemente erweiterten Raum an:

- Je zwei verschiedene Ebenen haben genau eine Schnittgerade, die in beiden Ebenen liegt, *außer* wenn die Ebenen parallel sind; dann haben sie keine gemeinsame Schnittgerade.

Das gilt nun ohne die Ausnahme, denn parallele Ebenen, von denen keine die Fernebene ist, haben eine Ferngerade als Schnittgerade, und die Fernebene hat mit jeder anderen Ebene deren Ferngerade gemein.

- Zwei verschiedene Geraden, die in einer Ebene liegen, haben genau einen Schnittpunkt, *außer* wenn sie parallel sind; dann haben sie keinen Schnittpunkt.

---

[a]Dieses Kapitel kann beim ersten Lesen übersprungen werden.

Parallele gewöhnliche[a] Geraden haben einen Fernpunkt als Schnittpunkt. Ferngeraden können nicht parallel sein und haben immer einen Fernpunkt als Schnittpunkt. Und schließlich: Wenn eine gewöhnliche Gerade und eine Ferngerade in einer Ebene liegen, dann ist die Ferngerade die Ferngerade dieser Ebene und hat mit der gewöhnlichen Geraden deren Fernpunkt gemein.

- Vier verschiedene Geraden in einer Ebene, von denen keine drei durch einen Punkt gehen, haben sechs Schnittpunkte, *außer* wenn einige untereinander parallel sind; dann können sie auch fünf, vier, drei oder keinen Schnittpunkt haben.

Vier verschiedene Geraden in einer gewöhnlichen Ebene, von denen keine drei durch einen Punkt gehen und keine die Ferngerade der Ebene ist, haben immer sechs Schnittpunkte, von denen eventuell einer oder zwei Fernpunkte sind. Wenn eine der Geraden die Ferngerade der Ebene ist, haben die vier Geraden untereinander drei gewöhnliche und drei Fernpunkte als Schnittpunkte. Der Fall, dass drei Geraden untereinander parallel sind, ist ausgeschlossen, weil sie dann durch einen gemeinsamen Punkt (einen Fernpunkt) gehen. Wenn die vier Geraden alle in der Fernebene liegen, haben sie sechs Fernpunkte als Schnittpunkte.

- Eine Ebene und eine Gerade, die nicht in der Ebene liegt, haben genau einen Schnittpunkt, der in beiden liegt, *außer* wenn die Gerade und die Ebene parallel sind; dann haben sie keinen gemeinsamen Punkt.

Wenn die Ebene und die Gerade parallel sind, haben sie auch einen Punkt gemein, nämlich einen Fernpunkt. Die Fernebene und eine Gerade haben den Fernpunkt der Geraden gemein, denn dieser liegt in der Geraden und auch in der Fernebene, weil alle Fernpunkte (und nur diese) in der Fernebene liegen. Und eine Ferngerade hat mit einer gewöhnlichen Ebene auch einen Punkt gemein, nämlich den Schnittpunkt der gegebenen Ferngeraden mit derjenigen Ferngeraden, in welcher die gewöhnliche Ebene die Fernebene schneidet.

- Zwei verschiedene Geraden im Raum bestimmen entweder einen gemeinsamen Punkt und eine gemeinsame Ebene oder keines von beiden (dann nennt man sie windschief), *außer* wenn die Geraden parallel sind; dann haben sie zwar eine Ebene, aber keinen Punkt gemein.

Wenn die Geraden parallel sind, haben sie einen Fernpunkt gemein. Wenn eine Gerade eine gewöhnliche, die andere eine Ferngerade ist, und beide einen Punkt gemein haben, dann kann dieser nur ein Fernpunkt sein. Die beiden

---

[a]Zur Erinnerung: „Gewöhnlich" nennen wir Punkte und Geraden, die nicht in der Fernebene liegen, sowie die von der Fernebene verschiedenen Ebenen.

Geraden liegen dann auch in einer gewöhnlichen Ebene, in welcher auch die Ferngerade liegt.

Wir haben nun gesehen: Zwei Ebenen bestimmen eine Gerade, eine Ebene und eine Gerade bestimmen einen Punkt, und zwei Geraden bestimmen einen Punkt und eine Ebene oder sind windschief. Es fehlt noch, dass eine Gerade und ein Punkt eine Ebene und dass zwei Punkte eine Gerade bestimmen:

Eine Gerade und ein nicht in ihr gelegener Punkt bestimmen eine Ebene, in der beide liegen. Das gilt, wenn Gerade und Punkt gewöhnliche Elemente sind. Wenn die Gerade eine Ferngerade ist und der Punkt ein gewöhnlicher, dann ist die Ebene jene unter der Schar paralleler Ebenen, die alle durch die Ferngerade gehen und in welcher der Punkt liegt. Wenn der Punkt ein Fernpunkt ist und die Gerade eine gewöhnliche, dann ist die Ebene jene aus dem Büschel aller Geraden, die durch die Gerade gehen, welche die Richtung zu dem Fernpunkt enthält. Und wenn Gerade und Punkt in der Fernebene liegen, dann bestimmen sie die Fernebene selber als gemeinsame Ebene.

Auch dass zwei verschiedene Punkte genau eine Gerade bestimmen, gilt in dem durch die Fernebene erweiterten Raum. Für zwei gewöhnliche Punkte, also solche, die keine Fernpunkte sind, ist das sowieso klar. Ein Fernpunkt und ein gewöhnlicher Punkt werden durch eine gewöhnliche Gerade verbunden, welche die Richtung hat, die zu dem Fernpunkt gehört. Und auch zwei Fernpunkte liegen in einer gemeinsamen Geraden, einer Ferngeraden: Man nehme zu jedem der beiden Fernpunkte eine gewöhnliche Gerade, die durch ihn geht, die also die entsprechende Richtung hat. Dann verschiebe man eine davon parallel (wonach sie immer noch durch den gleichen Fernpunkt geht!), bis sie die andere schneidet. Dann liegen die beiden Geraden in einer Ebene und deren Ferngerade geht durch die beiden Fernpunkte.

Damit erfüllen die Fernelemente alle Bedingungen, welche auch die gewöhnlichen Ebenen, Punkte und Geraden der euklidischen Geometrie erfüllen, sofern es dabei nur um das Ineinanderliegen geht und nicht um Längen oder Winkel.

1.9 Was haben wir mit den Fernelementen gewonnen?

Allein um nur die (genannten und weitere) Ausnahmen zu beseitigen und um Metamorphosen, welche den ganzen Raum umspannen, ohne „Lücken" durchführen zu können, hat sich die Einführung der Fernelemente gelohnt! Und wir haben damit noch mehr erreicht:

Wir haben uns damit die Möglichkeit geschaffen, die Eigenschaft „parallel" der euklidischen Geometrie durch eine geometrische Beziehung zur Fernebene auszudrücken. Statt „die beiden Geraden sind parallel" können wir sagen, „die beiden Geraden schneiden sich in einem Fernpunkt" oder „haben einen Fernpunkt gemein". Entsprechend können wir statt von parallelen Ebenen von Ebenen sprechen, welche eine Ferngerade (als *Schnittgerade*) gemein haben. Und eine Gerade und eine Ebene sind parallel, wenn der Fernpunkt der Geraden in der Ferngeraden der Ebene liegt.

Das heißt, *wir können in der durch die Fernelemente erweiterten euklidischen Geometrie den Begriff „parallel" vollständig vermeiden und diesbezügliche Sachverhalte stets durch ein Verhältnis zur Fernebene ausdrücken.* Oder andersherum: Die euklidische Geometrie erscheint (abgesehen von den Maßbeziehungen) als eine Geometrie, innerhalb der man eine Ebene, nämlich die unendlichferne samt den in ihr liegenden Punkten und Geraden, „vergessen" hat, von diesen Elementen gar nicht mehr spricht und, falls sie benötigt werden, die entsprechenden Beziehungen durch das Wort „parallel" ausdrückt. An die vielen Ausnahmen, die durch dieses Vergessen auftreten, welche also die Folge davon sind, dass eine Ebene samt ihren Elementen fehlt, hat man sich gewöhnt. Was man durch das Vergessen gewinnt, ist die Möglichkeit, sich die Punkte, Geraden und Ebenen in der gewohnten Art vorzustellen, wobei man sich auch dann immer nur endliche[a] Ausschnitte vorstellt.

Die Ersetzung der Begriffs „parallel" durch einen Bezug auf die Fernebene mag wie ein bloßes Wortspiel erscheinen, mit dem nichts Bedeutendes erreicht ist. Aber wir werden sehen, dass diese Einschätzung ganz und gar nicht zutrifft.

Wer als Leser den Eindruck hat, die Fernelemente noch nicht wirklich verstanden zu haben, sollte sich dadurch nicht entmutigen lassen und frohgemut weiterlesen. Diese neuartigen geometrischen Gebilde kommen im Folgenden in so vielen verschiedenen Zusammenhängen immer wieder vor, dass sowohl ihre Berechtigung, ja Notwendigkeit, als auch ihre Möglichkeit hoffentlich immer klarer und der Umgang mit ihnen immer gewohnter werden wird.

---

[a]„Endlich" heißt hier „kein Element der unendlichfernen Ebene enthaltend"

2 Das Dualitätsprinzip und die projektive Geometrie

Es ist für manche Leser vielleicht irritierend, wenn der Begriff „Geometrie" in ungewohntem Sinne gebraucht und von verschiedenen Geometrien gesprochen wird. Daher eine kurze Erläuterung:

2.1 Mehrere Geometrien?

Was ist Geometrie? Das Wort kommt aus dem Griechischen und bedeutet „Erdvermessung". Die allermeisten Menschen verstehen darunter das, was sie in der Schule als Geometrie gelernt haben: die Lehre von Dreiecken, dem Kreis und vielleicht räumlichen Körpern und die zugehörigen mathematischen Sätze. Diese Geometrie ist altehrwürdig. Wir nennen sie heute die euklidische Geometrie, nach dem griechischen Mathematiker Euklid von Alexandria, der vor rund 2300 Jahren das Wissen seiner Zeit in seinem berühmten Werk „Elemente" zusammengefasst hat. Bis in die neuere Zeit dachte man, diese Geometrie beschreibe die Welt so, wie sie eben sei. Und deshalb wäre es unsinnig, eine „andere Geometrie" auch nur in Erwägung zu ziehen.

Mit der heraufziehenden Neuzeit änderte sich die Haltung, alles sei gottgegeben und müsse einfach hingenommen werden. Einzelne wagemutige Denker fassten in der Geometrie neue Gedanken, welche die herkömmlichen, seit Jahrtausenden fest gefügten „ewigen Wahrheiten" in Frage stellten. Man begann einzusehen, dass die Grundlagen der Geometrie, die Axiome, von denen Euklid ausgegangen war, nicht gottgegeben waren, und fing an zu untersuchen, was passiert, wenn man sie abwandelte oder ganz neue Axiome an ihre Stelle setzte.

Im 19. Jahrhundert sah man dann, dass solche Veränderungen jedenfalls *denkmöglich* sind, d. h. sich wieder zu einem in sich widerspruchslosen Ganzen zusammenfügen. Und sie waren auch *praktisch möglich*, denn die Aussagen der neuen, sogenannten „nichteuklidischen Geometrien" stimmen in „hinreichend kleinen" Raumbereichen (welche sehr groß sein können, etwa unser Sonnensystem) mit der euklidischen Geometrie im Rahmen der erreichbaren Messgenauigkeit überein.

I. Diener, *Polareuklidische Geometrie*,
https://doi.org/10.1007/978-3-662-63301-4_2

Die neue Sichtweise war nun die: Es gibt mehrere denkmögliche Beschreibungen geometrischer Zusammenhänge (Geometrien), neben der euklidischen auch weitere, nichteuklidische. Welche mathematischen Strukturen zur Beschreibung des physikalischen Raumes tatsächlich angemessen sind, steht nicht a priori fest, sondern muss durch physikalische Untersuchungen festgestellt werden.

Übrigens entzündete sich die ganze Beschäftigung mit neuen Geometrien an der Frage nach der Existenz von Parallelen: Gibt es zu einer Geraden und einem nicht in ihr gelegenen Punkt in einer Ebene eine und nur eine, keine oder mehrere parallele Geraden? Früher war klar: Es gibt eine und nur eine. Heute weiß man: Alle diese Fälle sind denkmöglich! (Wer sich für die Historie interessiert, dem sei das Buch [9] von Engel und Stäckel empfohlen.)

Auch die *projektive Geometrie* (PG) wurde im 19. Jahrhundert entdeckt. Sie liegt den sogenannten Maßgeometrien (den Geometrien, in denen man Längen und Winkel messen kann, der euklidischen und den nichteuklidischen Geometrien) logisch zugrunde, denn diese können aus der projektiven Geometrie entwickelt werden, indem der projektiven Geometrie weitere Axiome hinzu gefügt werden. Die projektive Geometrie steckt also gewissermaßen *in* den anderen Geometrien darin. Sie ist eine Art Urgeometrie oder Geometrie des Ur-Raumes. Ich spreche von Ur-Raum, weil der Raum, von dem die PG handelt, bloß denknotwendige Strukturen trägt, nur solche also, ohne die man wohl von einem Raum gar nicht sprechen würde. Wir haben im Abschnitt 1.1 gesagt: Wenn man vom Raum spricht, ist die Natur der Dinge im Raum nicht Gegenstand der Betrachtung.[a] Vielmehr geht es allein um die Verhältnisse, welche die Dinge zueinander haben. Und die PG handelt von den allereinfachsten derartigen Verhältnissen, die man sich überhaupt denken kann: von den Beziehungen des Ineinanderliegens. In der zweidimensionalen oder ebenen PG gibt es zwei, in der dreidimensionalen oder räumlichen projektiven Geometrie drei verschiedene Arten von Objekten. Man nennt sie Punkte und Geraden, bzw. Punkte, Geraden und Ebenen. Diese Benennungen sind traditionell, und sie sind mit gewissen Vorstellungen verbunden, aber auf diese kommt es gar nicht an.

In der PG gibt es, wie gesagt, keine Längen, keine Abstände, keine Parallelen, keine rechten Winkel, ja, überhaupt keine Winkel. Und daher gibt es auch keine Winkelhalbierenden, keine Flächen- und Rauminhalte, keine Formen wie Kreise, Quadrate, Rechtecke, Parallelogramme und so weiter, keine Höhen und keine Schwerpunkte im Dreieck, keine Mittelpunkte zwischen zwei Punkten, also nichts von alledem, was üblicherweise die Geometrie ausmacht!

Es ist ganz berechtigt, wenn Sie nun fragen: Ja, was gibt es denn dann? Wovon handelt dann die PG, wenn es das alles in ihr nicht gibt?

---

[a] Der berühmte deutsche Mathematiker David Hilbert soll einmal gesagt haben: „Man muss jederzeit an Stelle von 'Punkt, Gerade, Ebene' 'Tische, Stühle, Bierseidel' sagen können."

Die Antwort ist schlicht: Die PG handelt von Punkten, Geraden und, im Raum, von Ebenen und wie diese ineinanderliegen. Nur davon.[8*] Nun denken Sie vielleicht, das sei ja wohl langweilig, und fragen sich, ob man zwischen Punkten, Geraden und Ebenen überhaupt interessante oder wenigstens nennenswerte Beziehungen der genannten Art aufstellen kann! Ich kann verstehen, wenn Ihnen keine einzige einfällt, weil das in den allermeisten Schulen nicht drankommt. Indes seien Sie versichert: Die PG ist ein sehr ausgedehntes und höchst interessantes mathematisches Gebiet mit vielfältigen Anwendungen, und es gibt darin sehr viele schöne Sätze und schwierige Probleme. Einen kleinen Eindruck davon können Sie auf den folgenden Seiten erhalten.

Wir wollen hier aber nicht die PG studieren. Der Grund, warum wir ihr in diesem Buch ein Kapitel widmen, ist: Die PG ist der Hort des bereits erwähnten Dualitätsprinzips: *Jede wahre geometrische Aussage geht in eine richtige Aussage über, wenn man in ihr überall statt Punkt Ebene und statt Ebene Punkt setzt und Gerade stehen lässt.* Dass dieses Prinzip in der euklidischen Geometrie nicht gilt, bildete ja die Motivation für die in diesem Buche geschilderten Untersuchungen. Indem wir studieren, wie man von der projektiven Geometrie zur euklidischen Geometrie gelangt, werden wir sehen, wo und warum das Dualitätsprinzip verloren geht und wie wir es anstellen können, dass es doch erhalten bleibt.

2.2 Die projektive Geometrie

Die projektive Geometrie lässt sich nach unseren Vorbereitungen ganz einfach einführen: Ihre Elemente sind die Punkte, Geraden und Ebenen der um die Fernelemente erweiterten euklidischen Geometrie. Als Beziehungen zwischen den Elementen werden nur Inzidenzbeziehungen betrachtet, das heißt Beziehungen des Ineinanderliegens und gewisse Stetigkeits- und Anordnungsbeziehungen, aber keinerlei Maßbeziehungen. In Abschnitt 1.8 haben wir gesehen, dass sich die Fernelemente dann nahtlos in die euklidische Geometrie einfügen. Das heißt, rein mathematisch, also ohne sich auf eine Vorstellung zu beziehen und ohne die Maßbeziehungen der euklidischen Geometrie anzuwenden, kann man die Fernelemente von den „gewöhnlichen" Elementen nicht unterscheiden! In der projektiven Geometrie gibt es also streng genommen keine unendlichfernen Punkte und Geraden und keine unendlichferne Ebene. Alle Punkte sind gleichartig, alle Geraden sind gleichartig und auch alle Ebenen. Zwischen diesen Grundelementen gelten im Raum folgende Beziehungen, die wir nun ohne jede Ausnahme formulieren können:

Je zwei verschiedene Punkte bestimmen genau eine Gerade, ihre *Verbindungsgerade*, die durch beide Punkte geht.

Je zwei verschiedene Ebenen bestimmen genau eine Gerade, ihre *Schnittgerade*, die in beiden Ebenen liegt.

Ein Punkt und eine Gerade, die nicht durch den Punkt geht, bestimmen genau eine Ebene, ihre *Verbindungsebene*, die durch den Punkt und die Gerade geht.

Eine Ebene und eine Gerade, die nicht in der Ebene liegt, bestimmen genau einen Punkt, ihren *Schnittpunkt*, der in der Ebene und der Geraden liegt.

Zwei verschiedene Geraden bestimmen

entweder sowohl

einen Schnittpunkt, der in beiden liegt, als auch eine Verbindungsebene, die durch beide geht,

oder

weder einen Schnittpunkt noch eine Verbindungsebene.

Eine solche symmetrische Gegenüberstellung ist nur in der projektiven Geometrie möglich, nicht dagegen in der gewöhnlichen, euklidischen. Denn da können, wie wir gesehen haben, Geraden und Ebenen auch parallel sein und keine gemeinsamen Elemente bestimmen.

Neben der dreidimensionalen projektiven Geometrie im Raum gibt es auch eine *projektive Geometrie in der Ebene* (oder im Feld) und sogar eine *projektive Geometrie im Punkt* (oder im Bündel).[9] Die projektive Geometrie in der Ebene handelt von den Punkten und Geraden in einer festen Ebene, der „Zeichenebene". Hier gibt es im Wesentlichen nur zwei Gesetze:

Je zwei Punkte bestimmen genau eine Gerade, ihre Verbindungsgerade.

Je zwei Geraden bestimmen genau einen Punkt, ihren Schnittpunkt.

In keiner dieser Geometrien gibt es also Parallelen. Die beiden letzten Geometrien gehen auf einfache Weise aus der projektiven Geometrie im Raum hervor. Wir gehen im Folgenden nur auf die räumliche und die ebene Geometrie ein.[10]

2.3 BEISPIELE PROJEKTIV GEOMETRISCHER SÄTZE UND BEGRIFFE

Nun sollen einige Beispiele für Sätze und Begriffsbildungen in der projektiven Geometrie angeführt werden, weil den Lesern möglicherweise nur Sätze aus der Schulgeometrie bekannt sind, die Längen und Winkel enthalten. Wer die folgenden Beispiele zum ersten Mal zur Kenntnis nimmt, mag überrascht sein, *dass es überhaupt geometrische Sätze gibt, in denen keine Längen und Winkel*

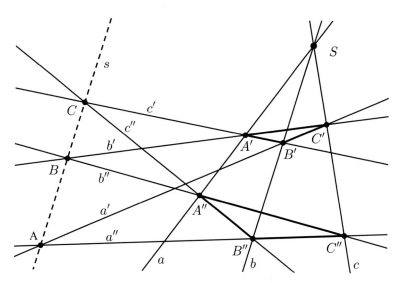

ABB. 2.1: Der Satz von Desargues im Raum und in der Ebene

vorkommen! Sich mit diesen Sätzen zu beschäftigen ist hilfreich, um zu verstehen, dass die projektive Geometrie eine Art „Urgeometrie" ist, aus der die anderen Geometrien hervorgehen, und auch um wirklich zu sehen, wie hilfreich die Fernelemente sind und wie elegant man damit umgehen kann.[a]

Noch eine Anmerkung zur Notation: Wir bezeichnen, wie in der Geometrie üblich, Punkte mit Großbuchstaben $A, B, C, \ldots$ und Geraden mit Kleinbuchstaben $a, b, c, \ldots$ Die Verbindungsgerade zweier Punkte P und Q bezeichnen wir mit PQ, und für den Schnittpunkt zweier Geraden u und v schreiben wir uv.

2.3.1 DER SATZ VON DESARGUES

Der folgende Satz ist einer der ältesten Sätze der projektiven Geometrie. Er wurde formuliert, schon bevor es eine projektive Geometrie im eigentlichen Sinne gab.

SATZ (vgl. Abb. 2.1) *Gegeben seien drei Geraden a, b, c durch einen Punkt S sowie zwei Punkte in jeder Geraden, A', A'' in a, B', B'' in b und C', C'' in c. Dann bestimmen die Verbindungsgeraden $A'B'$ und $A''B''$ einen Schnittpunkt C, die Verbindungsgeraden $A'C'$ und $A''C''$ einen Schnittpunkt B sowie die Verbindungsgeraden $B'C'$ und $B''C''$ einen Schnittpunkt A, und diese drei Punkte A, B und C liegen in einer gemeinsamen Geraden s.*

---

[a]Ein früher Leser fand: Die PG „repariert" die EG, weil diese „sich selbst belügt" in Bezug auf das Unendliche. Die PG „heilt" die EG; auch aus diesem Grund kann man sie die „Urgeometrie" nennen.

Die Formulierung des Satzes lässt nicht erkennen, ob er in der räumlichen oder der ebenen Geometrie gedacht ist. In der Tat gilt der Satz im Raum und in der Ebene. Als Satz der ebenen projektiven Geometrie muss man nur a, b und c in der Zeichenebene denken. In Abb. 2.1 ist eine Illustration des Satzes gegeben, welche man sowohl räumlich als auch eben interpretieren kann. (In der Abbildung sind auch Bezeichnungen eingetragen, die erst später eine Rolle spielen werden.)

Wenn $A''B''$ und $A'B'$ parallel sind, ist C ein Fernpunkt, und ebenso kann B ein Fernpunkt sein, wenn $A''C''$ und $A'C'$ parallel sind. Dann ist s eine Ferngerade und, so sagte der Satz, A liegt auch in s, ist also ein Fernpunkt. D. h., $B''C''$ und $B'C'$ sind dann auch parallel. Dies ist in Abb. 2.2 illustriert.

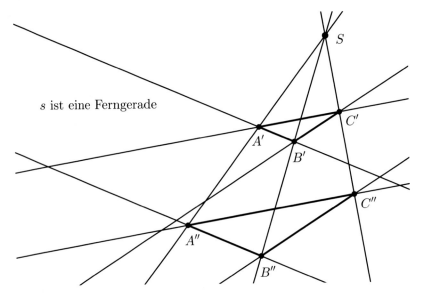

ABB. 2.2: Der Satz von Desargues mit s als Ferngerade

2.3.2 DIE SÄTZE VON PASCAL UND BRIANCHON

Die Sätze von Pascal und Brianchon wurden schon im Vorwort angeführt[11] :

SATZ VON PASCAL

Wenn die Ecken eines Sechsecks abwechselnd in zwei Geraden liegen, dann liegen die Schnittpunkte gegenüberliegender Seiten in einer gemeinsamen Geraden.

SATZ VON BRIANCHON

Wenn die Seiten eines Sechsseits abwechselnd durch zwei Punkte gehen, dann gehen die Verbindungsgeraden gegenüberliegender Ecken durch einen gemeinsamen Punkt.

Gegenüber dem Vorwort haben wir jetzt in dem rechten Satz „Sechsseit" statt „Sechseck" geschrieben. Genauer besehen handelt es sich bei dem Sechseck, von dem im Satz von Pascal die Rede ist, *nicht* um das, was man üblicherweise darunter versteht, und ein Sechs*seit* kennt man gewöhnlich gar nicht. Bei den hier gemeinten Gebilden kommt es gar nicht auf ihre Form oder Fläche an, sondern es besteht ein

Sechseck einfach aus sechs Punkten, die irgendeiner Reihe nach, jeder mit dem nächsten sowie der letzte mit dem ersten, eine Verbindungsgerade haben. Diese Geraden sind die Seiten des Sechsecks. Die erste Seite

Sechsseit einfach aus sechs Geraden, die irgendeiner Reihe nach, jede mit der nächsten sowie die letzte mit der ersten, einen Schnittpunkt haben. Diese Punkte sind die Ecken des Sechsseits. Die erste Ecke

liegt dann der vierten gegenüber, die zweite der fünften und die dritte der sechsten. Insbesondere können sich die Seiten auch überschneiden.

Wenn wir die Ecken des Sechsecks der Reihe nach mit A, B', C, A', B, C' bezeichnen, so dass gegenüberliegende Ecken mit dem gleichen Buchstaben bezeichnet werden, dann können wir den linken Satz wie in Abb. 2.3 illustrieren. Die gegenüberliegenden Seiten des Sechsecks sind AB' und $A'B$ sowie AC' und $A'C$ und BC' und $B'C$. Zu beachten ist, dass die Seiten Geraden sind, nicht Strecken, die Schnittpunkte also weit weg liegen können.

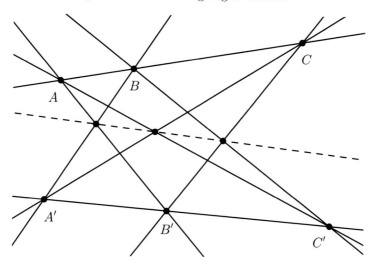

ABB. 2.3: Spezialfall des Satzes von Pascal

Beim Satz von Brianchon bezeichnen wir die Seiten des Sechsseits der Reihe nach mit a, b', c, a', b, c', so dass gegenüberliegende Seiten mit dem gleichen Buchstaben bezeichnet werden. Abb. 2.4 zeigt eine mögliche Illustration des

Falles, dass die Seiten (Geraden) a', b' und c' parallel sind, also alle durch einen Fernpunkt gehen. Die gegenüberliegenden Ecken sind die Schnittpunkte ab' und $a'b$ sowie ac' und $a'c$ und bc' und $b'c$.

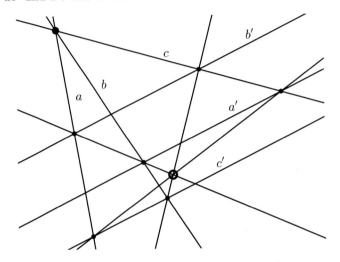

ABB. 2.4: Spezialfall des Satzes von Brianchon

Wieder sei dem Leser empfohlen, selber ein paar solche Illustrationen zu zeichnen! Für Anfänger ist es gar nicht einfach, die Zeichnungen so anzulegen, dass alle Punkte auf das Blatt zu liegen kommen, doch diese Schwierigkeit lässt sich mit etwas Probieren wohl meistern.

2.3.3 EINANDER TRENNENDE PAARE

Bei den Ebenen eines Ebenenbüschels ist es nicht sinnvoll, davon zu sprechen, dass eine Ebene „zwischen" zwei anderen liege. Denn zwei seiner Ebenen teilen das Büschel in zwei gleichberechtigte *Winkelräume* (oder *Sektoren*). Jede Büschelebene, die keine der beiden teilenden Ebenen ist, liegt in genau einem der beiden Winkelräume. Was sollte es nun heißen, dass eine dritte Ebene des Büschels „zwischen" den beiden ersten liegt? *Jede* weitere Ebene liegt „zwischen" den ersten beiden.

Statt zu sagen, dass eine Ebene eines Büschels „zwischen" zwei anderen liege, spricht man in der projektiven Geometrie von *einander* oder *sich trennenden* Ebenenpaaren eines Ebenenbüschels. Anschaulich kann man sagen, dass eine Ebene eines Büschels durch zwei Büschelebenen von einer anderen Büschelebene getrennt wird, wenn man die erste nicht durch „Drehung" im Büschel, also um die Trägergerade des Büschels, in letztere bewegen kann, ohne dass sie zwischendurch mit einer der beiden trennenden Ebenen zusammenfällt.

Das Wesentliche können wir so zusammenfassen: Sind drei beliebige Ebenen eines Ebenenbüschels gegeben, so gibt es immer solche Ebenen des Büschels, die von irgendeiner der gegebenen Ebenen durch die beiden anderen getrennt werden. Ferner gilt[12*]:

SATZ 2.3.1 *Vier Ebenen eines Ebenenbüschels sind in zwei und nur zwei einander trennende Ebenenpaare geordnet; jede der Ebenen ist also von genau einer der übrigen getrennt, anders ausgedrückt: Jede Ebene liegt zwischen genau zwei Ebenen bezüglich der mit ihr gepaarten Ebene.*

Wir werden den wichtigen Begriff einander trennender Paare alsbald auf Punkte einer Punktreihe und Strahlen eines Strahlenbüschels ausweiten. (Es sei noch einmal daran erinnert, dass für uns „Strahl" nur ein anderes Wort für „Gerade" ist! Diese Bezeichnung ist in der projektiven Geometrie üblich und erlaubt Wortverbindungen, die besser klingen, als wenn sie mit „Gerade" gebildet werden.)

2.4 DAS DUALITÄTSPRINZIP DER PG

Nun kommen wir endlich zu dem grandiosen Prinzip, welches letztlich für dieses Buch den Anstoß gegeben hat: zum *Dualitätsprinzip der projektiven Geometrie.* Für die Geometrie im Raum lautet es:

> Jede richtige Aussage der projektiven Geometrie geht in eine richtige Aussage über, wenn man in ihr überall statt Punkt Ebene und statt Ebene Punkt setzt und Gerade stehen lässt.

Mit „Aussage der projektiven Geometrie" ist, um dies noch einmal zu betonen, eine geometrische Aussage gemeint, die allein von Inzidenzbeziehungen zwischen Punkten, Geraden und Ebenen handelt und gewissen Anordnungseigenschaften, aber nicht von Längen oder Winkeln. Beispiele haben wir in Kapitel 2.3 kennengelernt. Außerdem muss man bei der üblichen Ausdrucksweise noch weitere offenbare Vertauschungen gemäß folgender Liste vornehmen:

liegen in	gehen durch
schneiden	verbinden
ein Punkt durchläuft eine Gerade	eine Ebene dreht sich um eine Gerade
Ecke	Seite

Weitere Ersetzungen ergeben sich sinngemäß von selber, sobald man die Vertauschung von „Punkt" und „Ebene" vornimmt und „Gerade" stehen lässt.

Auch für die Geometrie in der Ebene besteht ein Dualitätsprinzip, das ganz Entsprechendes besagt. *Nur muss man in der Geometrie der Ebene „Punkt"* und *„Gerade" miteinander vertauschen,* „Ebene" kommt in Aussagen der ebenen Geometrie nicht vor.

Geometrische Aussagen, die durch eine solche Vertauschung auseinander hervorgehen, nennt man zueinander *dual.* Man spricht auch von dualen *Begriffen,* beispielsweise davon, dass (in der ebenen Geometrie) die Begriffe „Sechseck" und „Sechsseit" dual zueinander seien. Es ist ohne Weiteres klar, was damit gemeint ist. Dagegen spricht man nicht von dualen *Objekten,* also nicht davon, dass *dieses* Sechseck dual zu *jenem* Sechsseit sei.[13]

In vielen Büchern über projektive Geometrie schreibt man duale Aussagen in zwei Spalten möglichst genau entsprechend umgebrochen nebeneinander, wie wir das bei den Sätzen von Pascal und Brianchon getan haben, welche in der ebenen projektiven Geometrie offensichtlich dual zueinander sind.

Das Dualitätsprinzip ist kein gewöhnlicher Satz der projektiven Geometrie, weil es keine Aussage über Inzidenzen zwischen Punkten, Geraden und Ebenen trifft. Stattdessen macht es Aussagen *über* geometrische Aussagen, nämlich dass *alle* richtigen Aussagen richtig bleiben, wenn man in ihnen bestimmte Ersetzungen vornimmt. Es ist also in gewissem Sinne eine Meta-Aussage. Deshalb spricht man meist von einem *Prinzip* statt von einem Satz.

Der Grund für die Gültigkeit des Dualitätsprinzips liegt in der schon erwähnten *vollkommenen Symmetrie der* am Anfang dieses Kapitels (Seite 40) angegebenen *Beziehungen zwischen den Grundelementen.* Diese Beziehungen sind nämlich alles Wesentliche, was zum Aufbau der projektiven Geometrie benötigt wird[14], und schon in ihnen sind Punkt und Ebene gegeneinander austauschbar. Diese Symmetrie überträgt sich auf die Beweise: Jede dualisierte Aussage kann durch den dualisierten Beweis der ursprünglichen Aussage bewiesen werden. In der euklidischen Geometrie sind die Beziehungen zwischen den Grundelementen dagegen unsymmetrisch, und deshalb gilt das Dualitätsprinzip dort nicht.[15*]

2.4.1 Einführende Beispiele zum Dualitätsprinzip

Zunächst beschäftigen wir uns mit dem *Dualitätsprinzip der räumlichen projektiven Geometrie.* Betrachten wir als erstes Beispiel folgende Aussage: „Drei Punkte, die nicht in einer gemeinsamen Geraden liegen, bestimmen genau eine Ebene." Um die duale Aussage zu gewinnen, müssen wir „Punkt" durch „Ebene" und „Ebene" durch „Punkt" ersetzen und „Gerade" stehen lassen. Das ergäbe: „Drei Ebenen, die nicht in einer gemeinsamen Geraden liegen, bestimmen genau einen Punkt." Mathematiker drücken sich tatsächlich manchmal so aus, aber um die übliche Ausdrucksweise zu erhalten, müssen wir noch „liegen in" durch „gehen durch" ersetzen, wie ja auch obige Liste angibt. Die duale Aussage lautet also: „Drei Ebenen, die nicht durch eine gemeinsame Gerade gehen, bestimmen genau einen Punkt." Wir stellen dieses und weitere Beispiele in einer Liste zusammen:

Drei Punkte, die nicht in einer gemeinsamen Geraden liegen, bestimmen genau eine Ebene.	Drei Ebenen, die nicht durch eine gemeinsame Gerade gehen, bestimmen genau einen Punkt.
Haben je zwei von drei Geraden, die nicht alle durch einen Punkt gehen, einen Schnittpunkt, so liegen alle drei in einer Ebene. Sie bilden ein *Dreiseit*.	Haben je zwei von drei Geraden, die nicht alle in einer Ebene liegen, eine Verbindungsebene, so gehen alle drei durch einen Punkt. Sie bilden ein *Dreikant*.
Drei Geraden, die durch einen Punkt gehen, aber nicht in einer Ebene liegen, bilden zusammen mit ihren drei Verbindungsebenen ein *Dreikant*.	Drei Geraden, die in einer Ebene liegen, aber nicht durch einen Punkt gehen, bilden zusammen mit ihren drei Schnittpunkten ein *Dreiseit*.
Alle Strahlen, die durch einen Punkt gehen, bilden zusammen ein *Strahlenbündel*.	Alle Strahlen, die in einer Ebene liegen, bilden zusammen ein *Strahlenfeld*.
Vier Punkte, die nicht alle in einer Ebene liegen, bestimmen mit ihren sechs Verbindungsgeraden und ihren vier Verbindungsebenen ein *Tetraeder*.	Vier Ebenen, die nicht alle durch einen Punkt gehen, bestimmen mit ihren sechs Schnittgeraden und ihren vier Schnittpunkten ein *Tetraeder*.

Der Begriff „Tetraeder" ist also *selbstdual*. Zu beachten ist gegenüber den gewohnten Vorstellungen, dass die Kanten des Tetraeders hier Geraden sind, keine Strecken, und seine Seitenflächen Ebenen, keine begrenzten Flächenstücke (siehe Abb. 2.5).

Sich von der folgenden Tatsache eine Vorstellung zu bilden, ist eine anspruchsvolle Übung:

Zu je drei windschiefen Geraden gibt es weitere Geraden, die mit jeder der drei Geraden einen Schnittpunkt haben.	Zu je drei windschiefen Geraden gibt es weitere Geraden, die mit jeder der drei Geraden eine Verbindungsebene haben.

Inhaltlich steht links und rechts das Gleiche, weil je zwei Geraden im Raum ja entweder einen Schnittpunkt *und* eine Verbindungsebene haben oder keines von beiden.[a]

---

[a]Die Geraden bilden eine gekrümmte Fläche, eine sogenannte *Regelfläche*, genau genommen ein (einschaliges) Hyperboloid.

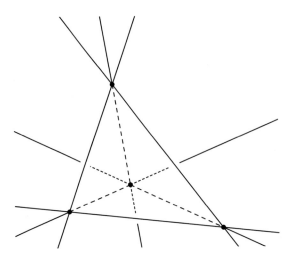

ABB. 2.5: Ein Tetraeder im projektiven Raum. Die Zeichnung ist räumlich gemeint.

Nun wenden wir uns der *projektiven Geometrie der Ebene* zu:

Alle Strahlen durch einen Punkt bilden zusammen ein *Strahlenbüschel.*	Alle Punkte in einer Geraden bilden zusammen eine *Punktreihe.*

Die Begriffe „Strahlenbüschel" und „Punktreihe" sind also in der ebenen Geometrie dual zueinander. Im Raum bildeten dagegen alle Strahlen durch einen Punkt ein Strahlen*bündel*, welches zu einem Strahlenfeld dual war, bestehend aus allen Strahlen in einer Ebene.

Drei Punkte, die nicht in einer gemeinsamen Geraden liegen, bilden ein *Dreieck.* Die Punkte heißen Ecken des Dreiecks. Die drei Verbindungsgeraden der Ecken untereinander heißen Seiten des Dreiecks.	Drei Geraden, die nicht durch einen gemeinsamen Punkt gehen, bilden ein *Dreiseit.* Die Geraden heißen Seiten des Dreiseits. Die drei Schnittpunkte der Seiten untereinander heißen Ecken des Dreiseits.

Ein Dreieck und ein Dreiseit sind also das Gleiche, nur verschieden aufgefasst. Aber das ist nur bei drei Elementen so. Bei vier Punkten oder Geraden gelangt man zu verschiedenen Gebilden. Bei der folgenden Definition eines sogenannten *vollständigen Vierecks* sei der Leser gewarnt, dass es sich keineswegs um das handelt, was er gewöhnlich unter einem Viereck versteht.

Vier Punkte, von denen keine drei in einer Geraden liegen, bestimmen zusammen mit ihren sechs Verbin-	Vier Geraden, von denen keine drei durch einen Punkt gehen, bestimmen zusammen mit ihren sechs Schnitt-

dungsgeraden ein *vollständiges Viereck*. Die Verbindungsgeraden heißen die Seiten des vollständigen Vierecks. Diese haben untereinander drei weitere Schnittpunkte, die Nebenecken des vollständigen Vierecks.

punkten ein *vollständiges Vierseit*. Die Schnittpunkte heißen die Ecken des vollständigen Vierseits. Diese haben untereinander drei weitere Verbindungsgeraden, die Nebenseiten des vollständigen Vierseits.

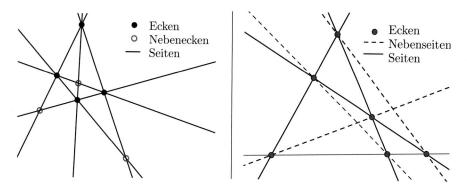

ABB. 2.6: Vollständiges Viereck und Vierseit mit Nebenecken bzw. Nebenseiten

Das Viereck heißt *vollständig*, weil seine Seiten eben nicht nur aus vier, sondern allen sechs Verbindungsgeraden zwischen den Ecken bestehen. (In Abbildung 2.6 sind links die vier Ecken des vollständigen Vierecks ausgefüllt und die drei Nebenecken hohl. Rechts beim Vierseit sind die durchgezogenen vier Geraden die Seiten und die gestrichelten die drei Nebenseiten.) Ein vollständiges Viereck kann auch ganz anders aussehen, wenn unter den Ecken Fernpunkte vorkommen.

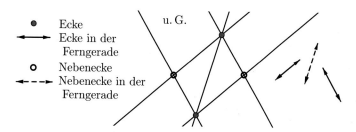

ABB. 2.7: Viereck, bei dem zwei Ecken und eine Nebenecke Fernpunkte sind. Die sechste Seite ist die Ferngerade u. G., der gestrichelte Fernpunkt ist die dritte Nebenecke.

In Abb. 2.7 sind zwei Ecken Fernpunkte. Die vier Seiten sind zu je zweien parallel, ihre Schnittpunkte sind daher Fernpunkte. Diese sind durch zwei *Dop-*

pelpfeile symbolisiert, welche die zugehörige Richtung angeben. Da parallele Doppelpfeile alle den gleichen Fernpunkt angeben, kann man die Doppelpfeile an jede beliebige Stelle zeichnen. Eine der sechs Seiten ist dann die Ferngerade u. G. Eine Nebenecke ist ein Schnittpunkt der Ferngeraden mit einer Seite und daher ebenfalls ein Fernpunkt. Ihr Doppelpfeil ist gestrichelt dargestellt.

Und bei einem vollständigen Vierseit kann eine Seite auch die Ferngerade sein (Abb. 2.8). Dann sind die drei Ecken, die auf dieser Seite liegen, Fernpunkte.

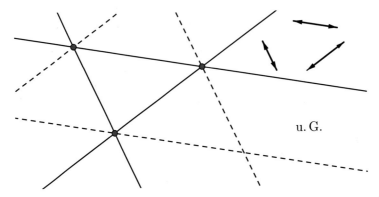

ABB. 2.8: Vierseit, bei dem eine Seite die Ferngerade u. G. ist. Dann sind drei der sechs Ecken Fernpunkte. Die Nebenseiten sind gestrichelt.

Mit diesen Beispielen wird deutlich geworden sein, wie das Dualisieren im Raum und in der Ebene vor sich geht.[a]

2.4.2 DUALISIERUNG DES SATZES VON DESARGUES[b]

Wir wollen nun ein komplizierteres Beispiel angeben und dualisieren dazu den schon in Abschnitt 2.3.1 formulierten Satz von Desargues in der Ebene. Wir verwenden die gleiche Formulierung und schreiben die Dualisierung daneben:

SATZ 2.4.1

Gegeben seien drei Geraden a, b, c durch einen Punkt S sowie zwei Punkte in jeder Geraden: A' und A'' in a, B' und B'' in b und C' und C'' in c.	*Gegeben seien drei Punkte A, B, C in einer Geraden s sowie zwei Geraden durch jeden Punkt: a' und a'' durch A, b' und b'' durch B und c' und c'' durch C.*

[a]Ein Beispiel zur Dualisierung in der in Anmerkung 9 erwähnten *projektiven Geometrie im Punkt* findet sich in Anmerkung 16.

[b]Dieser Abschnitt kann beim ersten Lesen übersprungen werden.

Dann bestimmen die Verbindungsgeraden $A'B'$ und $A''B''$ einen Schnittpunkt C, die Verbindungsgeraden $A'C'$ und $A''C''$ einen Schnittpunkt B sowie die Verbindungsgeraden $B'C'$ und $B''C''$ einen Schnittpunkt C, und es gilt:
Die drei Punkte A, B und C liegen in einer gemeinsamen Geraden s.

Dann bestimmen die Schnittpunkte $a'b'$ und $a''b''$ eine Verbindungsgerade c, die Schnittpunkte $a'c'$ und $a''c''$ eine Verbindungsgerade b sowie die Schnittpunkte $b'c'$ und $b''c''$ eine Verbindungsgerade c, und es gilt:
Die drei Geraden a, b und c gehen durch einen gemeinsamen Punkt S.

Mit der folgenden naheliegenden Vereinbarung lässt sich der Satz auch kürzer aussprechen:

Zwei Dreiecke kann man in eine Beziehung zueinander bringen, indem man jeder Ecke des einen Dreiecks eine Ecke des anderen wechselweise zuordnet. Durch die Zuordnung der Ecken ist auch eine Zuordnung der Seiten gegeben.

Zwei Dreiseite kann man in eine Beziehung zueinander bringen, indem man jeder Seite des einen Dreiseits eine Seite des anderen wechselweise zuordnet. Durch die Zuordnung der Seiten ist auch eine Zuordnung der Ecken gegeben.

Nun können wir sagen:

Satz 2.4.2

Gehen die Verbindungsgeraden sich entsprechender Ecken zweier einander zugeordneter Dreiecke durch einen Punkt, dann liegen die Schnittpunkte sich entsprechender Seiten in einer Geraden.

Liegen die Schnittpunkte sich entsprechender Seiten zweier einander zugeordneter Dreiseite in einer Geraden, dann gehen die Verbindungsgeraden sich entsprechender Ecken durch einen Punkt.

Die Dreiecke sind in den Abbildungen 2.1 und 2.2 durch stärkere Linien hervorgehoben.

Aufgrund eines besonderen strukturellen Zusammenhangs der Sätze links und rechts (der in Anmerkung 17 näher beschrieben wird) kann man zur Illustration des Satzes und seiner Dualisierung die gleiche Figur nehmen, etwa die Abbildungen 2.1 und 2.2.

2.4.3 Einander trennende Punkt- und Strahlenpaare

In Abschnitt 2.3.3 haben wir den Begriff einander trennender Paare für Ebenen eines Büschels eingeführt. Wenn wir die beiden charakterisierenden Beschreibungen aus jenem Abschnitt im Raum dualisieren, erhalten wir:

Sind drei verschiedene Ebenen eines Ebenenbüschels gegeben, so gibt es immer solche Ebenen des Büschels, die von einer gegebenen der drei Ebenen durch die beiden anderen getrennt werden. (Trennen zwei Ebenenpaare einander, so können keine der vier Ebenen zusammenfallen.)

Sind drei verschiedene Punkte einer Punktreihe gegeben, so gibt es immer solche Punkte der Reihe, die von einem gegebenen der drei Punkte durch die beiden anderen getrennt werden. (Trennen zwei Punktepaare einander, so können keine der vier Punkte zusammenfallen.)

und

Vier Ebenen eines Ebenenbüschels sind in zwei und nur zwei einander trennende Ebenenpaare geordnet; jede der Ebenen ist also von genau einer der übrigen getrennt, anders ausgedrückt: Jede Ebene liegt zwischen genau zwei Ebenen bezüglich der mit ihr gepaarten Ebene.

Vier Punkte einer Punktreihe sind in zwei und nur zwei einander trennende Punktepaare geordnet; jeder der Punkte ist also von genau einem der übrigen getrennt, anders ausgedrückt: Jeder Punkt liegt zwischen genau zwei Punkten bezüglich dem mit ihm gepaarten Punkt.

Die Bedeutung der Begriffsbildung „einander trennende Punktepaare" liegt darin, dass sie den euklidischen Begriff „zwischen" ersetzt. Mit den euklidischen Vorstellungen fällt es anfangs schwer, einzusehen, dass der Begriff „zwischen" für drei Punkte in einer projektiv gedachten Geraden nicht anwendbar ist. Man muss eben bedenken, dass man die Punkte „über den unendlichfernen Punkt hinaus auf die andere Seite schieben" kann.

ABB. 2.9: Ein Punktwurf mit einander trennenden Punktepaaren A, C und B, D

In Abb. 2.9 trennen die Punktepaare A, C und B, D einander. A liegt zwischen B und D bezüglich C, B liegt zwischen A und C bezüglich D sowie C zwischen B und D bezüglich A und schließlich D zwischen A und C bezüglich B.

Um noch den Begriff einander trennender Strahlen eines Strahlenbüschels zu erhalten, dualisieren wir den Begriff einander trennender Punktepaare einer Punktreihe *in der ebenen Geometrie* und erhalten:

Vier Punkte einer Punktreihe sind in zwei und nur zwei einander trennende Punktepaare geordnet; je-

Vier Strahlen eines Strahlenbüschels sind in zwei und nur zwei einander trennende Strahlenpaare geordnet; jeder der Punkte ist also von genau einem der übrigen getrennt, anders ausgedrückt: Jeder Punkt liegt zwischen genau zwei Punkten bezüglich des mit ihm gepaarten Punkts.

der der Strahlen ist also von genau einem der übrigen getrennt, anders ausgedrückt: Jeder Strahl liegt zwischen genau zwei Strahlen bezüglich des mit ihm gepaarten Strahls.

2.4.4 HARMONISCHE WÜRFE

Unter einem *Wurf* versteht man in der Geometrie eine Gruppe von vier Punkten, Strahlen oder Ebenen, die bestimmten Bedingungen unterliegen. Ein *Punktwurf* besteht aus vier Punkten in einer Trägergeraden, die in zwei einander trennende Punktepaare P, Q und N, M gruppiert sind. Die Punkte des einen Punktepaares nennt man die Grundpunkte des Wurfes, die Punkte des anderen seine Teilpunkte. Welches Paar die Grundpunkte sind und welches die Teilpunkte, ist egal, es kommt nur darauf an, die beiden Paare unterscheiden zu können.

Ein Punktwurf mit Grundpunkten P, Q und Teilpunkten N, M in einer Trägergeraden heißt ein *harmonischer Punktwurf*, wenn es in einer Ebene der Trägergeraden ein vollständiges Viereck gibt, von dem P, Q Nebenecken sind und N, M die Schnittpunkte der Verbindungsgeraden PQ mit den beiden nicht durch diese Nebenecken gehenden Viereckseiten (Abb. 2.10). Einen solchen harmonischen Punktwurf bezeichnen wir durch $PQ \cdot NM$.

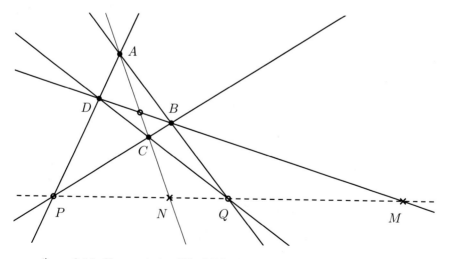

ABB. 2.10: Harmonischer Wurf $PQ \cdot NM$ aus dem vollständigen Viereck $ABCD$. Die Nebenecken des Vierecks sind hohl dargestellt, die Trägergerade des Punktwurfs ist gestrichelt.

In der ebenen Geometrie ist zu einem harmonischen Punktwurf ein *harmonischer Strahlenwurf* dual. Wir stellen beide Würfe dual gegenüber:

Zwei Nebenecken eines vollständigen Vierecks und die Schnittpunkte ihrer Verbindungsgeraden mit den beiden nicht durch diese Nebenecken gehenden Viereckseiten bilden einen harmonischen Punktwurf.	*Zwei Nebenseiten eines vollständigen Vierseits und die Verbindungsgeraden ihres Schnittpunkts mit den beiden nicht durch diese Nebenecken gehenden Vierseitecken bilden einen harmonischen Strahlenwurf.*

Das vollständige Viereck und Vierseit haben wir in Abschnitt 2.4.1 auf Seite 48 besprochen (und eine Skizze dazu findet sich in Abbildung 2.6). Zu den beiden Würfen geben wir noch die folgenden Skizzen in Abb. 2.11 und möchten den Lesern ans Herz legen, sich die Konstruktionen recht klar zu machen.

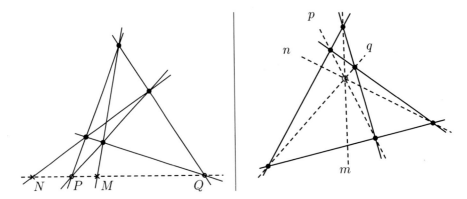

ABB. 2.11: Harmonischer Punktwurf $PQ \cdot NM$ und Strahlenwurf $pq \cdot nm$. Die Ecken des Vierecks sind als volle Punkte gezeichnet, die Seiten des Vierseits als durchgezogene Geraden.

Die beiden Grundelemente und die beiden Teilelemente (Punkte oder Strahlen) eines harmonischen Wurfs trennen einander stets. Bei einander trennenden Paaren spricht man von einer *harmonischen Trennung*, wenn die einander trennenden Paare die Grund- und Teilelemente eines harmonischen Wurfs sind.

Harmonische Würfe sind eine für die projektive Geometrie sehr wichtige und grundlegende Begriffsbildung und wir werden sie auch für den Aufbau der neuen Geometrie benötigen. Daher wollen wir uns kurz mit einigen ihrer Grundeigenschaften beschäftigen.

Ein harmonischer Wurf ist durch zwei Grundelemente und ein Teilelement bereits vollständig bestimmt, das zweite Teilelement lässt sich dann eindeutig konstruieren.

Als Beispiel konstruieren wir den vierten Punkt M eines harmonischen Punktwurfs $PQ \cdot NM$, von dem in einer Trägergeraden die Grundpunkte P, Q und ein
Teilpunkt N gegeben sind. Wir müssen also ein vollständiges Viereck finden,
von dem P, Q zwei Nebenecken sind und von dem eine nicht durch P oder Q
gehende Seite die Verbindungsgerade PQ in N schneidet. Dann ist der gesuchte Punkt M der Schnittpunkt von PQ mit der anderen nicht durch P oder Q
gehenden Seite des vollständigen Vierecks.

Die Konstruktion kann folgendermaßen in der Zeichenebene ausgeführt werden (Abb. 2.12 oberhalb der gestrichelten Trägergeraden): Man zeichnet je eine
Gerade durch P, Q und N (die nicht alle durch einen Punkt gehen). Dabei entstehen Schnittpunkte A, C der Geraden durch N mit den Geraden durch P
bzw. Q. Dann verbindet man P mit C und Q mit A. Schließlich schneidet man
die Verbindungsgerade der beiden noch unverbundenen Schnittpunkte B, D, in
denen sich die Geraden durch P und Q treffen, mit der Trägergeraden PQ. Der
Schnittpunkt ist dann der gesuchte Punkt M.

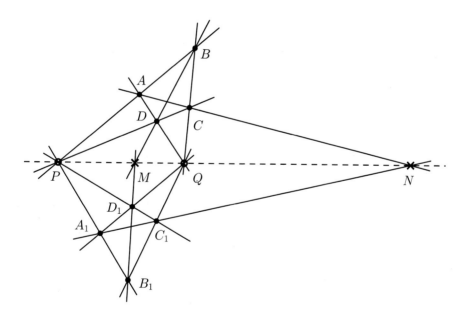

ABB. 2.12: Zwei verschiedene Konstruktionen eines harmonischen
Punktwurfs $PQ \cdot NM$. Angegeben sind Konstruktionen von M, bei gegebenen Grundpunkten P, Q und dem Teilpunkt N.

Zum Merken ist folgende Beschreibung besser geeignet: Lege Geraden durch
P, Q und N, welche untereinander drei Schnittpunkte bilden. Verbinde dann

die beiden nicht bereits mit P, Q verbundenen Schnittpunkte mit P und Q; das ergibt einen weiteren Schnittpunkt. Verbinde diesen mit dem einzigen noch nicht benutzten Schnittpunkt, dem der beiden zuerst durch P und Q gelegten Geraden. Der Schnittpunkt dieser Verbindungsgerade mit der Trägergerade PQ ist der gesuchte Punkt M.

Trotz aller Freiheiten, welche die Konstruktion bietet, gilt nun der folgende erstaunliche Satz:

SATZ 2.4.3 *Zu zwei Grundpunkten P, Q und einem Teilpunkt N wird durch die Konstruktion immer derselbe zweite Teilpunkt M bestimmt, egal, wie die Konstruktion im Einzelnen ausgeführt wird.*

In Abb. 2.12 sind beispielhaft zwei Konstruktionen von M gezeigt (wobei der Deutlichkeit halber die Geraden verkürzt dargestellt sind). Eine Konstruktion ist über, die andere unter der Trägergeraden gezeichnet. Die Konstruktion lässt sich allein mit dem Lineal ausführen. *Der Leser probiere die Sache unbedingt selber an eigenen Beispielen aus. Dabei nutze man alle Freiheiten aus; was nicht verboten ist, ist erlaubt!* Nur wenn man eigene Beispiele zeichnet, erlebt man das höchst Erstaunliche an der Tatsache, dass sich bei zwei gegebenen Grundpunkten und einem gegebenen Teilpunkt *immer derselbe vierte Punkt ergibt*, obwohl die Wahl des vollständigen Vierecks weitgehend willkürlich ist. Es werden keine Maße verwendet, keine Längen, keine Winkel, alles ist frei und beweglich. Und dennoch ergibt die (doch recht einfache!) Konstruktion immer denselben vierten Punkt! Ist das nicht eine geradezu wunderbare Eigenschaft des Raumes?[a]

Wir werden harmonische Würfe später dazu verwenden, die Mitte zwischen zwei Punkten oder Ebenen zu konstruieren – und zwar ganz ohne zu messen! Wenn nämlich N der Fernpunkt der Geraden PQ ist, dann ist M der gewöhnliche euklidische Mittelpunkt zwischen P und Q. Eine mögliche Konstruktion für diesen Fall ist in Abbildung 2.13 gezeigt. (Sie entsteht aus Abb. 2.12, indem man dort den Punkt N immer weiter nach rechts wandern lässt.) Der Fernpunkt N der Geraden PQ ist durch einen Doppelpfeil angedeutet, welcher die Richtung der Geraden hat. Dass eine Gerade durch diesen Punkt geht, bedeutet, dass sie parallel zu PQ ist.

Abschließend sei noch eine praktische Begriffsbildung eingeführt und auf einen Satz der projektiven Geometrie hingewiesen, den wir später benötigen: Ein *Schein* ist, dual zu einem *Schnitt*, die Verbindung mit einem festen Punkt oder mit einer festen Geraden. Beispiele: Der Schein eines Dreiecks von (oder *mit*) einem nicht in der Ebene des Dreiecks gelegenen Punkt P aus besteht aus den drei Verbindungsgeraden der Dreiecksecken mit P sowie aus den drei Verbindungsebenen der Dreiecksseiten mit P. Der Schein einer Punktreihe mit

---

[a] * Der Beweis gelingt durch dreimalige Anwendung des Satzes 2.4.2 von Desargues.

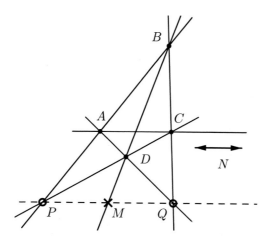

ABB. 2.13: Konstruktion des Mittelpunktes M zwischen P und Q. N ist der Fernpunkt der Trägergeraden.

einem nicht in ihr liegenden Punkt ist ein Strahlenbüschel mit P als Träger, und der Schein eines Strahlenbüschels mit einem nicht in dessen Ebene gelegenen Punkt ist ein Ebenenbüschel. Der Schein einer Punktreihe mit einer zu ihr windschiefen Geraden ist ebenfalls ein Ebenenbüschel.

Bei dem Satz handelt es sich um einen für die projektive Geometrie fundamentalen Satz, dessen Beweis man z. B. in [18] findet:

SATZ 2.4.4 *Harmonische Würfe gehen bei Schein- und Schnittbildung wieder in harmonische Würfe über.*

Beispielsweise erhält man, wenn man den Schein der vier Punkte eines harmonischen Punktwurfs mit einem festen Punkt bildet, der nicht mit den Punkten in einer Geraden liegt, einen harmonischen Strahlenwurf. Oder man erhält, wenn man den Schein derselben Punkte mit einer zu ihrem Träger windschiefen Gerade bildet, einen harmonischen Ebenenwurf, dem räumlich dualen Gegenstück zu einem harmonischen Punktwurf.

2.4.5 ZUR BEDEUTUNG DES DUALITÄTSPRINZIPS

Das Dualitätsprinzip hat innerhalb der projektiven Geometrie unzählige Anwendungen. Aber seit seiner Entdeckung im frühen 19. Jahrhundert hat es manche Mathematiker noch in anderer Weise fasziniert. Man vermutete in ihm nichts weniger als ein sehr grundlegendes, allem räumlich Ausgedehnten innewohnendes Prinzip, das *jeder* räumlichen Struktur eine duale gegenüberstellt, etwa einem Würfel ein Oktaeder, einem Dodekaeder ein Ikosaeder, während ein

Tetraeder zu sich selbst dual ist. Zu *jedem* räumlichen Gebilde, das aus Punkten, Geraden und Ebenen aufgebaut ist, gehört ein ganz bestimmtes duales, das aus ebenso vielen Geraden, aber aus so vielen Punkten, wie das erste Ebenen hat, und aus so vielen Ebenen, wie das erste Punkte hat, gebildet ist. Der ganze Raum erscheint einerseits als *Punktraum*, bestehend aus Punkten, aus deren Verbindung Geraden und Ebenen hervorgehen, und andererseits als *Ebenenraum*, bestehend aus Ebenen, durch deren Schnitte Geraden und Punkte entstehen. Vom Punktraum aus erscheint die Ebene als aus Punkten zusammengesetztes Gebilde. Die „Teile" einer Ebene sind also die in ihr liegenden Punkte. Aber vom Ebenenraum aus erscheint der Punkt als zusammengesetztes Gebilde, dessen „Teile" die durch ihn gehenden Ebenen sind.

Alles räumlich Ausgedehnte lässt sich also mathematisch unter zwei anscheinend völlig verschiedenen Aspekten betrachten: aus dem Aspekt des Punktraums und dem des Ebenenraums. In der ersten Begeisterung nach der Entdeckung des Dualitätsprinzips der projektiven Geometrie wurde versucht, ein derart fundamentales Dualitätsprinzip auch außerhalb des Kontexts der projektiven Geometrie aufzufinden, im Dualitätsprinzip der projektiven Geometrie gleichsam den Schatten eines noch viel fundamentaleren „Weltprinzips" zu sehen. Obwohl später Dualitäten in vielen Bereichen (etwa in der Physik) entdeckt und nutzbringend angewandt werden konnten, war diesen Versuchen kein Erfolg beschieden, insofern sie sich auf räumliche Strukturen bezogen. Die Alltagsgeometrie ist eben die euklidische und nicht die projektive Geometrie, sie hat es zu tun mit Winkeln, Flächenstücken und Strecken, nicht nur mit Ebenen und Geraden, und in der euklidischen Geometrie gilt das Dualitätsprinzip nicht.

Dass unser Raumverständnis ganz einseitig punkthaft ausgebildet ist, d. h., wir uns den Raum aus Punkten bestehend denken, hängt wohl damit zusammen, dass wir „körperbehaftete" Wesen sind. Denkt man sich Wesen, die ebenenhaft ausgebreitet die Welt aus ihrer Perspektive betrachten, so hätten diese wohl den Ebenenraum vor sich.

So kann uns die polareuklidische Geometrie, die nun alsbald entwickelt werden soll, auch lehren, den Raum unter einem ganz ungewohnten, nämlich dem Ebenenaspekt zu sehen und zu untersuchen, ob eine solche Betrachtungsweise nicht auch in den Naturwissenschaften von Nutzen sein kann.

2.5 Das Dualitätsprinzip und die Sprache

In diesem Abschnitt sollen einige Besonderheiten und Probleme angesprochen werden, die mit dem Studium der projektiven Geometrie, erst recht aber mit dem der alsbald zu besprechenden polareuklidischen Geometrie zusammenhängen. Endgültige Lösungen können dafür nicht angeboten werden, doch das Kapitel soll dabei helfen, beim Leser ein Bewusstsein für diese Schwierigkeiten zu entwickeln und Verständnis für den hier gewählten Weg des Umgangs damit erwecken.

In der Alltagssprache sprechen wir von den Punkten, die in einer Geraden liegen, als „den Punkten einer Geraden", aber bei den Geraden, die durch einen Punkt gehen, nicht von „den Geraden eines Punktes", oder im Raum bei den Ebenen, die durch eine Gerade gehen, nicht von „den Ebenen einer Geraden". Auch sagen wir: „Zwei Geraden schneiden sich in einem Punkt." Wenn wir diese Formulierung eins zu eins dualisieren, müssten wir auch sagen: „Zwei Punkte verbinden sich durch eine Gerade" oder „in" oder „zu einer Gerade." Aber das sagt niemand.

Die Alltagssprache ist außerordentlich flexibel und oft weiser als ihre Sprecher. Aber die Symmetrie, der wir in der Geometrie gewahr werden, bildet sie nicht so ohne Weiteres ab. Immer kann man einen geometrischen Sachverhalt so umformulieren, dass auch der duale sich sprachlich in gleicher Weise formulieren lässt, allerdings werden manche Formulierungen dabei weniger elegant und oft auch länger.

Es gibt mehrere und durchaus verschiedenartige Gründe, die diesem Problem zugrunde liegen. Einige wollen wir kurz ansprechen.

Dass es uns aufstößt, von der „Geraden eines Punktes" zu sprechen, liegt wohl an der Vorstellung, die wir uns von einem Punkt machen. Ein Punkt „hat keine Teile", er ist ein einheitliches Gebilde, dagegen denken wir bei einer Gerade sofort an die Punkte, die in (oder auf) ihr liegen. In der Schule wird sogar manchmal so getan, als sei eine Gerade nichts weiter als eine Versammlung (Menge) von Punkten, eine Punktreihe. In der projektiven Geometrie aber ist es sachgemäß, die drei Grundelemente Punkt, Gerade und Ebene in jeweils drei Aspekten zu sehen, nämlich einmal als einheitliche Gebilde und dann gegliedert durch jedes der beiden anderen:

Punkt		Ebene
Strahlenbündel		Strahlenfeld
Ebenenbündel	Gerade	Punktfeld
	Punktreihe	
	Ebenenbüschel	

Im Strahlenbüschel kommen dann Punkt und Ebene als Träger der Strahlen symmetrisch zusammen.

Um der Kürze und Eleganz der Formulierungen willen und auch um uns eine weniger „punktlastige" Sichtweise anzugewöhnen, *wollen wir fortan bei der Formulierung dualer Sachverhalte auch solche ungewöhnlichen, gleichwohl ohne Weiteres verständlichen Formulierungen verwenden und z. B. von den Ebenen eines Punktes oder einer Geraden genauso selbstverständlich sprechen wie von den Punkten oder den Geraden einer Ebene.*

Bei dem Satz „Zwei Geraden schneiden sich in einem Punkt" und dessen Eins-zu-eins-Dualisierung „Zwei Punkte verbinden sich durch eine (in einer / zu einer) Gerade" liegt das Problem anders. Erstens ist „schneiden sich" scheinbar ein reflexiver Gebrauch des Verbs „schneiden", aber ist das wirklich so? Jede Gerade schneidet doch nicht sich, sondern die jeweils andere. Sollte man nicht der Deutlichkeit halber sagen „schneiden einander" statt „schneiden sich"? Beim Begriff „trennen" (siehe die Abschnitte 2.3.3 und 2.4.3) hat sich der Autor überzeugen lassen, hier zu sagen, dass zwei Punktepaare „einander" trennen und nicht „sich" trennen, wie es unter Mathematikern eigentlich üblich ist. Doch zu „Zwei Geraden schneiden einander in einem Punkt" kann er sich nicht durchringen.

Zweitens wählt man bei Punkten oft eine Passivformulierung: „Zwei Punkte werden durch eine Gerade verbunden", während man „Zwei Geraden werden in einem Punkt geschnitten" nicht sagen kann. Man empfindet Geraden eher als aktiv, sie tun etwas, sie schneiden sich, während man Punkte eher passiv sieht: Sie *werden* verbunden. Manche Mathematiker vermeiden das Problem durch eine einheitliche Formulierung, etwa: „Zwei Geraden inzidieren mit einem Punkt" und „Zwei Punkte inzidieren mit einer Geraden", wobei „inzidieren" soviel bedeutet, wie dass eins in dem anderen enthalten ist. Oder „Zwei Geraden bestimmen einen Punkt" und „Zwei Punkte bestimmen eine Gerade". Doch solche Formulierungen empfinden viele „normale" Leser als zu abstrakt.

Man könnte noch mehr überlegen: „Die Punkte A und B verbinden sich in der Geraden p" klingt ein wenig danach, als sei p schon vorhanden gewesen, und jetzt verbinden „sich" A und B in ihr. Stattdessen klingt „... A und B verbinden sich zur Geraden p" danach, dass die Gerade p erst geschaffen wird, indem A und B sich verbinden. Über solche Dinge kann man lange nachsinnen und sich z. B. fragen: Wer sind eigentlich A und B, dass „sie sich" verbinden, und so weiter. Derartige Dinge nimmt man, wenn sie einem einmal auffallen, oft als bloße Aperçus, doch manchmal führen Sprachbetrachtungen auch tiefer in das, was man „eigentlich" tut, wenn man mathematisiert.

In diesem Buch werden ungewöhnliche Formulierungen der angesprochenen Art nur selten verwendet, und dann wird hoffentlich immer klar sein, was gemeint ist. Auf ein weiteres Sprachproblem, die Benennung neuer Begriffe, gehen wir später ein (auf Seite 66).

Das alles zeigt wieder, dass wir Menschen sehr einseitige geometrische Vorstellungen entwickelt haben, die mehr das Punkthafte, das Begrenzte, betonen als das Umfassende, Ausgedehnte. Vom Ideengehalt her waltet in der hier nun zu beschreibenden polareuklidischen Geometrie jedoch eine umfassende Symmetrie, und die dazu passenden Vorstellungen muss jeder, der sich in diese Geometrie sachgemäß einleben will, erst entwickeln ...

3 Die Idee der Polareuklidischen Geometrie

Der Anschaulichkeit halber haben wir die projektive Geometrie im vorigen Kapitel aus der (vervollständigten) euklidischen Geometrie gewonnen, indem wir uns gewissermaßen, um eine Formulierung aus der Einleitung zu gebrauchen, zu diesem Kern der euklidischen Geometrie vorgearbeitet haben. Nun wollen wir uns umgekehrt fragen, wie dieser Kern, die projektive Geometrie, zum Keim werden kann, wie wir also die euklidische aus der projektiven Geometrie zurückgewinnen können. Wir wollen uns ansehen, warum bei dieser Entfaltung der euklidischen aus der projektiven Geometrie das Dualitätsprinzip verloren geht. Daraus werden wir dann ersehen, wie wir diesen Übergang so gestalten können, dass die Dualität erhalten bleibt.

Schauen wir die euklidische Geometrie aus der Sicht der projektiven Geometrie an, so kommt sie, zunächst noch ohne den rechten Winkel, in drei Schritten zustande: Erstens zeichnen wir in der projektiven Geometrie eine Ebene aus und nennen sie *Fernebene*. Dann definieren wir zweitens den Begriff „parallel" für alle Ebenen und Geraden, die nicht in der Fernebene liegen, indem wir sagen: Zwei Ebenen sind parallel, wenn ihre Schnittgerade, bzw. zwei Geraden, wenn ihr Schnittpunkt in der unendlichfernen Ebene liegt. Im dritten Schritt lassen wir (beim Übergang zur klassischen, nicht vervollständigten euklidischen Geometrie) die unendlichferne Ebene samt ihren Punkten und Geraden weg, vergessen sie, sprechen nicht mehr von ihr.[18]

Bei diesen Schritten ist das Dualitätsprinzip verloren gegangen, weil die Beziehungen zwischen Punkten und Ebenen nun nicht mehr symmetrisch sind: Zwei Punkte haben in der euklidischen Geometrie stets eine Verbindungsgerade, aber zwei Ebenen haben nicht unbedingt eine Schnittgerade; sie können parallel sein. Dann hatten sie zwar in der projektiven Geometrie eine Schnittgerade, nämlich eine Ferngerade, doch die wurde mit dem Übergang zur euklidischen Geometrie samt der Fernebene entfernt, ist also in der euklidischen Geometrie nicht mehr vorhanden. Dies mag wie eine Kleinigkeit aussehen, hat aber den Zusammenbruch des Dualitätsprinzips zur Folge!

Wenn das Dualitätsprinzip gelten soll, muss die Symmetrie zwischen Punkten und Ebenen wiederhergestellt werden. Wir müssen dann sagen können, was dual zu „parallel" ist! Wann sind zwei *Punkte* dual-parallel, d-parallel oder wie immer wir die gesuchte Beziehung nennen wollen? Welche besondere Beziehung könnte es, dual zur Parallelität bei Ebenen, für Punkte geben?

Es ist nach unseren Vorüberlegungen in Abschnitt 1.1 gar nicht so schwer, die Antwort zu finden. Wenn wir von der Anschauung ausgehen, können wir sagen: Für Ebenen und Geraden ist „parallel" ein besonderes, ausgezeichnetes Verhältnis. Hauswände sind parallel, Eisenbahnschienen, Straßenränder. Für unsere Anschauung gibt es also eine ausgezeichnete Lage von Ebenen sowie für Geraden zueinander. Wann aber haben (dual zu Ebenen) Punkte eine ausgezeichnete, eine besondere Lage zueinander? – Darauf finden wir vielleicht nicht sofort eine Antwort. In dem gleichen Sinn wie für Ebenen gibt es für Punkte anscheinend gar keine besondere Lage. Wenn wir jedoch einen „Beobachter", als den sich auch jeder von uns selber denken kann, mit einbeziehen, dann gibt es *für diesen* sehr wohl eine solche Lage: nämlich die, dass zwei Punkte *für ihn* in der gleichen Richtung liegen, in der gleichen Sichtlinie, wie Kimme und Korn, einer den anderen verdeckend. Das ist für einen Beobachter ganz bestimmt eine besonders auffällige Lage, die im alltäglichen Sehen eine große Rolle spielt. Wir müssen also einen Beobachter ins Spiel bringen, indem wir einen besonderen Punkt im Raum auszeichnen, wie wir auch eine besondere Ebene ausgezeichnet haben.

Auch wenn wir uns nicht auf die Anschauung stützen, sondern bloße mathematische Logik bemühen, stellen wir fest: Beim Übergang von der projektiven Geometrie zur euklidischen haben wir eine besondere Ebene ausgezeichnet, die Fernebene. *Also müssen wir, wenn wir den Übergang von der projektiven Geometrie zur euklidischen Geometrie „dual verträglich" gestalten wollen, auch einen besonderen Punkt auszeichnen, den wir dann, dual zur unendlichfernen Ebene, den* absoluten Mittelpunkt *(a. M.) nennen wollen.* Dabei vereinbaren wir, *dass der absolute Mittelpunkt und die unendlichferne Ebene nicht inzidieren.*[a] Dann stehen sich dual gegenüber:

Zwei Ebenen, von denen keine die u. E. ist, sind *parallel*, wenn ihre Schnittgerade in der unendlichfernen Ebene liegt.	Zwei Punkte, von denen keiner der a. M. ist, sind *zentriert*, wenn ihre Verbindungsgerade durch den absoluten Mittelpunkt geht.

Wir haben „zentriert" statt „d-parallel" für den zu „parallel" dualen Begriff geschrieben, weil dieses Wort den Sachverhalt besser wiedergibt.

---

[a] D. h., der a. M. soll nicht in der u. E. liegen bzw. die u. E. nicht durch den a. M. gehen.

Wann sind zwei Geraden parallel? Der Begriff „Gerade" ist zu sich selbst dual, dennoch gehen beim Dualisieren parallele Geraden nicht wieder in parallele Geraden über. Wir müssen sehen, was die Definition beim Dualisieren ergibt, und erhalten:

Zwei Geraden, von denen keine in der u. E. liegt, sind *parallel*, wenn sie durch einen gemeinsamen Punkt gehen, der in der unendlichfernen Ebene liegt.	Zwei Geraden, von denen keine durch den a. M. geht, sind *zentriert*, wenn sie in einer gemeinsamen Ebene liegen, die durch den absoluten Mittelpunkt geht.

Damit haben wir *den entscheidenden Schritt* bereits getan, nämlich *beim Übergang von der projektiven Geometrie zur (erweiterten, vollständigen) euklidischen Geometrie nicht nur eine Ebene, sondern auch einen Punkt auszuzeichnen.*[19]

Den absoluten Mittelpunkt nennen wir dual zur *Fernebene* auch *Nahpunkt.* Dual zu einem *Fernpunkt* sprechen wir von einer *Nahebene*, einer Ebene durch den Nahpunkt. Und dual zu *Ferngerade* sagen wir zu einer Geraden durch den Nahpunkt *Nahstrahl.* Den Nahpunkt sowie die Nahstrahlen und Nahebenen bezeichnen wir, dual zu den Fernelementen, zusammen als die *Nahelemente.*

Wo liegt der absolute Mittelpunkt?   Wer zum ersten Mal diese Überlegungen mitvollzieht, der fragt sich vielleicht: Wo liegt denn dieser ausgezeichnete Punkt, dieser absolute Mittelpunkt? Der Mittelpunkt, auf den sich die geometrischen Überlegungen stützen sollen, eine Art Mittelpunkt der Welt, wo liegt denn der? Um in dieser Frage wirklich ganz klar zu sehen, muss man sich an das erinnern, was in Abschnitt 1.2 gesagt wurde. Der Raum ist eine Art, wie *wir* die Dinge zu einem Ganzen gliedern. Er wird ideell bestimmt. *Der Raum ist eine Idee, keine Anschauung.* Und *der absolute Mittelpunkt ist da, wo wir ihn hinlegen,* um das infrage stehende Problem am besten behandeln zu können. Bei naturwissenschaftlichen Fragestellungen wird man den a. M. vielleicht in den Erdmittelpunkt verlegen — oder in den Fruchtknoten einer Blüte. Und jeder Mensch befindet sich im Sehraum selbst im Mittelpunkt. Also: Der a. M. wird nach praktischen Gesichtspunkten an einen geeigneten (euklidischen) Ort verlegt. Wir werden im Folgenden manchmal sogar mehrere absolute Mittelpunkte in eine Skizze einzeichnen, jeden für eine bestimmte geometrische Konfiguration, der er als Orientierungspunkt, als a. M., dient.[20]

Ganz analog dazu, wie man durch Auszeichnung einer Ebene allein aus der projektiven Geometrie die euklidische Geometrie gewinnt, kann man in der projektiven Geometrie statt einer Ebene einen Punkt auszeichnen und dann den weiteren Aufbau der Geometrie genau dual zum Aufbau der euklidischen aus der projektiven Geometrie vollziehen. So erhält man eine Geometrie, die zur euklidischen dual ist, eine *dualeuklidische Geometrie.*[21]*

Wir arbeiten im Weiteren mit einem Raum, *der* alle *Elemente der projektiven Geometrie enthält und in dem eine Ebene, die Fernebene, und ein Punkt, der Nahpunkt, ausgezeichnet sind.* Diesen Raum legen wir also im Folgenden zugrunde. Der Begriff „parallel" ist dann auf die Geraden in der Fernebene und der Begriff „zentriert" auf die Strahlen durch den Nahpunkt nicht anwendbar. Wir nennen diesen Raum den *polareuklidischen Raum,* die Geometrie, die wir darin treiben wollen, *polareuklidische Geometrie* (PEG). Darin eingebettet ist die euklidische Geometrie und deren Dualisierung, welche wir *dualeuklidische Geometrie* nennen.[a]

PARALLEL UND ZENTRIERT IN DER EBENEN GEOMETRIE

Für die ebene Geometrie ergeben sich einfachere, doch ganz analoge Beziehungen. In der ebenen Geometrie findet ja alles in einer festen Ebene, der „Zeichenebene", statt, und deshalb ist in der ebenen Geometrie gar nicht von Ebenen die Rede, und dual zu „Punkt" ist nicht „Ebene", sondern „Gerade". Statt der unendlichfernen Ebene, der u. E. des Raumes, haben wir es in der ebenen Geometrie mit der unendlichfernen Geraden, der u. G. der Zeichenebene, zu tun, *der* Ferngeraden. Den absoluten Mittelpunkt a. M. denken wir uns in der Ebene. Dann gilt:

Zwei Geraden, von denen keine die unendlichferne Gerade ist, sind parallel, wenn ihr Schnittpunkt in der unendlichfernen Geraden liegt.	Zwei Punkte, von denen keiner der absolute Mittelpunkt ist, sind zentriert, wenn ihre Verbindungsgerade durch den absoluten Mittelpunkt geht.

Um die euklidische Geometrie vollständig aus der projektiven zu gewinnen, ist neben der Auszeichnung einer Ebene noch der rechte Winkel zu erklären. Auch das werden wir (aber erst in Kapitel 3.3) so tun, dass dabei das Dualitätsprinzip erhalten bleibt. Aus der Fernebene, dem Nahpunkt und dem rechten Winkel wird sich später auch ergeben, wie man Längen und Winkel messen kann. Zunächst wollen wir aber sehen, was wir mit dem neuen Begriff „zentriert" anfangen können.

---

[a]Diese Terminologie ist anders als bei Locher-Ernst. Dieser nennt in [18] das, was wir dualeuklidische Geometrie nennen, polareuklidische Geometrie. Bei uns ist dagegen die polareuklidische Geometrie jene Geometrie, welche die euklidische und die dualeuklidische Geometrie *zugleich* enthält bzw. umfasst.

BEZEICHNUNGEN

Wir benötigen im Folgenden einige Bezeichnungen, die wir hier zum Nachschlagen zusammenfassend aufzählen. Wir werden sowohl Punkte als auch Ebenen mit großen Buchstaben bezeichnen. Dabei wählen wir für Ebenen eine andere Schriftart als für Punkte. Kleine Buchstaben bedeuten stets Geraden.

Wenn A, B, C Punkte bezeichnen, dann ist AB die Verbindungsgerade von A und B und ABC die allen drei Punkten gemeinsame Ebene.

Wenn A, B, C Ebenen bezeichnen, dann ist AB die Schnittgerade von A und B und ABC der allen drei Ebenen gemeinsame Punkt.

Sind die Geraden a, b nicht windschief, dann bedeutet ab den Schnittpunkt und auch die Verbindungsebene der beiden Geraden.

Zur Erinnerung und zum Nachschlagen listen wir einige Begriffe erneut auf, von denen schon die Rede war, und führen gleichzeitig zu künftiger bequemerer Formulierung noch ein paar Abkürzungen und alternative Benennungen ein:

Statt unendlichferne Ebene, abgekürzt u. E., sagen wir auch *Fernebene*.

Statt absoluter Mittelpunkt, abgekürzt a. M., sagen wir auch *Nahpunkt*.

Die Punkte und Geraden der u. E. heißen *Fernpunkte* und *Ferngeraden*.

Die Ebenen und Geraden des a. M. heißen *Nahebenen* und *Nahstrahlen*.

Der Schnittpunkt einer Geraden, die nicht in der Fernebene liegt, mit der u. E. heißt *der Fernpunkt der Geraden*.

Die Verbindungsebene einer Geraden, die nicht durch den Nahpunkt geht, mit dem a. M. heißt *die Nahebene der Geraden*.

Die Schnittgerade einer Ebene mit der Fernebene heißt *Ferngerade der Ebene*.

Die Verbindungsgerade eines Punktes mit dem Nahpunkt heißt *Nahstrahl des Punktes*.

Die Fernebene, die Ferngeraden und die Fernpunkte bezeichnen wir als *die Fernelemente* der polareuklidischen Geometrie.

Den Nahpunkt, die Nahstrahlen und die Nahebenen bezeichnen wir als *die Nahelemente* der polareuklidischen Geometrie.

Der zu einem vom a. M. verschiedenen Punkt A zentrierte Fernpunkt heiße *der Fernpunkt des Punktes A.*

Die zu einer von der u. E. verschiedenen Ebene A parallele Nahebene heiße *die Nahebene der Ebene A.*

In der ebenen Geometrie tritt die unendlichferne Gerade der Ebene, abgekürzt u. G., an die Stelle der Fernebene. Wir nennen sie auch *die Ferngerade der Ebene*.

ZUR BENENNUNG NEUER BEGRIFFE

Die Dualisierung euklidischer Begriffe ergibt oft Objekte und Beziehungen, die in der herkömmlichen Geometrie nicht betrachtet werden und für die deshalb keine Namen und Bezeichnungen eingeführt sind. Neue Namen sollte man sicher erst wählen, wenn man eine Weile mit den neuen Objekten umgegangen ist und sich ihnen entsprechende Vorstellungen gebildet hat. Viele neue Namen erschweren, weil sie ungewohnt sind und man sie sich nicht so schnell merken kann, die Lesbarkeit der Texte und behindern so den Durchblick und den Wechsel zwischen der euklidischen und der zu ihr dualen Sichtweise.

Für den Umgang mit dieser bedeutsamen Schwierigkeit, die der Einführung und Verbreitung der neuen Geometrie entgegensteht, wird in diesem Buch folgendes Verfahren gewählt: Wir führen nur manchmal (z. B. bei parallel/zentriert) neue Benennungen ein. Grundsätzlich werden wir stattdessen vorläufig die (gewohnte) euklidische oder (ungewohnte) dualeuklidische Sichtweise jeweils durch den Vorsatz „e-" oder „d-" vor der gewohnten euklidischen Bezeichnung hervorheben. Ein d-Ding ist also das zum euklidischen Ding duale Ding. Wenn das Ding aber ein zusammengesetztes Wort ist, in dem eines der Grundelemente Punkt, Gerade, Ebene vorkommt, dann werden wir dieses Element durch das duale ersetzen. Zum Beispiel nennen wir das Lot auf eine Gerade auch das e-Lot. Dazu dual ist dann das d-Lot, ein Punkt, der zu einem anderen orthogonal ist. Wenn wir das gewöhnliche Lot eine Lotgerade oder e-Lotgerade nennen, dann ist das dazu duale Gebilde in der Ebene ein d-Lotpunkt oder im Raum eine d-Lotgerade. Wenn weder „e-" noch „d-" davorsteht, ist aus dem Zusammenhang klar, was gemeint ist (z. B. weil nur eines von beiden einen Sinn ergibt).

| Die Elemente des Raumes oder der Ebene ohne die Fernelemente bezeichnen wir als *die e-Elemente*; im Einzelnen sprechen wir im Raum von *e-Punkten, e-Geraden* und *e-Ebenen*, in der Ebene von e-Punkten und e-Geraden. | Die Elemente des Raumes oder der Ebene ohne die Nahelemente bezeichnen wir als *die d-Elemente*; im Einzelnen sprechen wir im Raum von *d-Ebenen, d-Geraden* und *d-Punkten*, in der Ebene von d-Geraden und d-Punkten. |

3.1 PARALLEL UND ZENTRIERT

Zwei Ebenen oder eine Ebene und eine Gerade können also parallel sein. Zwei Punkte oder ein Punkt und eine Gerade können zentriert sein. Zwei Geraden können parallel und nicht zentriert sein oder nicht parallel, aber zentriert, oder beides oder keines von beiden.[a]

---

[a]Zwei parallele Geraden können sogar d-rechtwinklig und zwei zentrierte Geraden e-rechtwinklig sein, wie wir noch sehen werden.

INFOBOX

PARALLEL UND ZENTRIERT

In der räumlichen Geometrie gilt:

Zwei e-Ebenen heißen parallel, wenn sie die gleiche Ferngerade haben.

Zwei e-Geraden heißen parallel, wenn sie beide durch ein und denselben Fernpunkt gehen.

Eine e-Gerade und eine e-Ebene heißen parallel, wenn die Ebene durch den Fernpunkt der Geraden geht, wenn also der Schnittpunkt von Ebene und Gerade ein Fernpunkt ist.

Zwei d-Punkte heißen zentriert, wenn sie den gleichen Nahstrahl haben.

Zwei d-Geraden heißen zentriert, wenn sie beide in ein und derselben Nahebene liegen.

Eine d-Gerade und ein d-Punkt heißen zentriert, wenn der Punkt in der Nahebene der Geraden liegt, wenn also die Verbindungsebene von Punkt und Gerade eine Nahebene ist.

In der ebenen Geometrie haben wir dagegen:

Zwei e-Geraden sind parallel, wenn ihr Schnittpunkt in der unendlich-fernen Geraden liegt.

Zwei d-Punkte sind zentriert, wenn ihre Verbindungsgerade durch den absoluten Mittelpunkt geht.

Statt „zentriert" schreiben wir manchmal aus Symmetriegründen auch „d-parallel", die beiden Wörter bedeuten also das Gleiche.

Als erste Anwendung der neuen Begriffe dualisieren wir einmal das berühmte Parallelenaxiom der euklidischen Geometrie. Dabei haben wir hier aus Symmetriegründen d-parallel statt zentriert geschrieben:

SATZ 3.1.1 („Parallelenaxiom" im Raum)

Zu jeder e-Geraden und jedem e-Punkt, der nicht in dieser Geraden liegt, gibt es eine und nur eine e-parallele Gerade durch den Punkt.

Zu jeder d-Geraden und in jeder d-Ebene, die nicht durch diese Gerade geht, gibt es eine und nur eine d-parallele Gerade in der Ebene.

Im dualen Parallelenaxiom ist die gesuchte Gerade die Schnittgerade der gegebenen Ebene mit der Nahebene der gegebenen Geraden. Siehe Abb 3.1, in der die Ebenen als Flächenstückchen dargestellt sind.

Als weitere Anwendung dualisieren wir einen Satz, der bei Euklid im 11. Buch, §16 steht (siehe [10]):

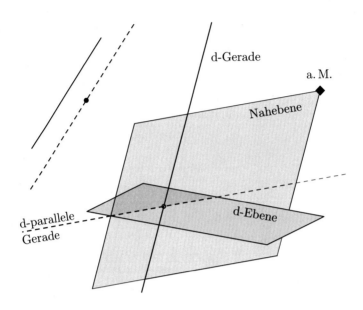

ABB. 3.1: Das Parallelenaxiom und das duale Parallelenaxiom

SATZ 3.1.2 (über parallele Ebenen bzw. zentrierte Punkte)

Werden zwei parallele Ebenen von einer Ebene geschnitten, so sind die beiden Schnittgeraden parallel, d. h. gehen durch denselben Fernpunkt (nämlich jenen, welcher durch die drei Ebenen bestimmt ist).	*Werden zwei zentrierte Punkte mit einem Punkt verbunden, so sind die beiden Verbindungsgeraden zentriert, d. h. liegen in derselben Nahebene (nämlich jener, welche durch die drei Punkte bestimmt ist).*

Der neue Begriff „zentriert" beschreibt für Punkte etwas, was man, wie schon angedeutet, aus dem alltäglichen Raumerlebnis gut kennt: Denke ich mich selber (meinen Kopf) im a. M., dann sind zentrierte Punkte solche, die mit mir in einer Linie liegen, also für mich in einer *Sichtlinie*, wenn sie vor mir liegen. Beim Zielen bringt man Kimme und Korn in eine Linie mit dem Auge und dem Ziel, d. h. Kimme, Korn und das Ziel müssen zentriert sein. Bei einer Mond- oder Sonnenfinsternis sind Sonne, Mond und Erde zentriert, wenn man den a. M. in einem der drei Himmelskörper denkt. Beim Feldmessen werden die Stäbe für den Peilenden zentriert aufgestellt, wenn eine sogenannte Flucht gesteckt werden soll.

Stehe ich vor einer senkrechten Gerade (Stange, Pfeiler, Laterne, Fensterkreuz, ...), so haben alle Punkte und Linien (insbesondere senkrechte), welche die Stange mir verdeckt, für mich eine besondere Lage zueinander, sie sind zentriert zur Stange, wenn ich den a. M. in meinem Kopf denke. Zentrierte Geraden liegen in derselben Nahebene, scheinen also, vom a. M. aus gesehen, zusammenzufallen.

Wir sehen, „zentriert" ist ein Verhältnis zwischen geometrischen Objekten, welches von der Lage des a. M. abhängig ist. Denkt man sich selber im a. M., dann sind die als zentriert zu bezeichnenden Beziehungen aber durchaus solche, die dem Erleben nicht fremd sind. Zusammenfassend könnte man sagen: Zwei Elemente (Punkte oder Geraden) sind zentriert, wenn die „Bilder" der beiden, vom a. M. aus betrachtet, ineinanderliegen.

Wenn wir die Schnittgerade zweier Ebenen sowie den Schnittpunkt zweier Geraden oder einer Geraden und einer Ebene kurz als deren *Schnitt* bezeichnen,	Wenn wir die Verbindungsgerade zweier Punkte sowie die Verbindungsebene zweier Geraden oder einer Geraden und eines Punktes kurz als deren *Verbindung* bezeichnen,

können wir elegant und einprägsam dual zueinander formulieren:

Zwei e-Elemente sind parallel, wenn ihr Schnitt ein Fernelement ist.	Zwei d-Elemente sind zentriert, wenn ihre Verbindung ein Nahelement ist.

In der gewöhnlichen, euklidischen Geometrie sagt man ja, zwei Geraden in einer Ebene oder zwei Ebenen seien parallel, wenn sie keinen Schnittpunkt bzw. keine Schnittgerade haben. In unserer Betrachtungsweise heißt aber „kein Schnittpunkt" bzw. „keine Schnittgerade", dass die betreffenden Elemente in der u. E. liegen, also Fernelemente sind. Analog heißt, dass die Verbindung ein Nahelement ist, dass wir (als u. E.) uns „in" der Verbindung, also „darin", befinden, d. h. Teil der Verbindung sind und ihr deshalb nicht gegenüberstehen.

Leser, die ihr Verständnis der Begriffe „parallel" und „zentriert", bzw. was dasselbe ist, „e-parallel" und „d-parallel" überprüfen und vertiefen wollen, können sich zur Übung folgende Tatsachen klarmachen, sie dualisieren und sich dann auch die dualisierten Tatsachen veranschaulichen.

- Zwei zu einer dritten parallele Ebenen (Geraden) sind auch untereinander parallel.
- Zwei zu einer Ebene (Geraden) parallele Geraden (Ebenen) müssen nicht untereinander parallel sein.
- Wenn eine Gerade oder Ebene zu einer von zwei parallelen Ebenen oder Geraden parallel ist, dann auch zu der anderen.
- Werden zwei parallele Ebenen von einer dritten geschnitten, so sind die beiden Schnittgeraden untereinander parallel.

- Gehen zwei Ebenen jeweils durch eine von zwei parallelen Geraden, so ist auch ihre Schnittgerade zu den Geraden parallel.

- Wenn zwei Ebenen von einer dritten geschnitten werden, so gilt: Die Schnittgeraden der dritten Ebene mit den beiden ersten sind genau dann parallel zueinander, wenn die dritte Ebene parallel zur Schnittgerade der beiden ersten Ebenen ist. Dann sind alle drei Schnittgeraden untereinander parallel.

- Eine Gerade (Ebene) ist zu einer Ebene (Geraden) parallel, wenn sie zu einer Geraden in der Ebene (Ebene durch die Gerade) parallel ist.

- Zwei windschiefe Geraden liegen in genau einem Paar paralleler Ebenen.

3.2 Erste geometrische Anwendungen

Die folgenden Betrachtungen, Definitionen und Sätze beziehen sich auf die *ebene Geometrie*. Sie stammen im Wesentlichen von Locher-Ernst (siehe [18], Kap. III) und sollen einen ersten Eindruck von der neuen Geometrie geben. Links stehen jeweils bekannte Sätze und Definitionen der Schulgeometrie, rechts deren Dualisierungen. Die Sätze rechts brauchen nicht bewiesen zu werden: Sie sind „automatisch" richtig, weil die Sätze links richtig sind.

Ein vollständiges Vierseit, dessen Gegenseiten parallel sind, nennen wir *Parallelogramm*.	Ein vollständiges Viereck, dessen Gegenecken zentriert sind, nennen wir *Zentrigramm*.
Die u. G. ist eine Nebenseite des vollständigen Vierseits, die beiden anderen heißen *Diagonalen* des Parallelogramms.	Der a. M. ist eine Nebenecke des vollständigen Vierecks, die beiden anderen heißen *Diasegmentalen* des Zentrigramms.

(Die Seiten eines Parallelogramms sind also e-Geraden und die Ecken eines Zentrigramms d-Punkte, weil „parallel" und „zentriert" ja auf die u. G. und den a. M. nicht anwendbar sind. Mit „Gegenecken" bzw. „Gegenseiten" sind einander gegenüberliegende Ecken und Seiten gemeint. Zu den Begriffen „vollständiges Vierseit" und „Viereck" vergleiche Abschnitt 2.4.1, Seite 48.)

In der Schulgeometrie sind die Seiten eines Parallelogramms Strecken statt Geraden, also gewissermaßen „Geradenstücke" mit Anfang und Ende. Wir gehen darauf später ein (in Abschnitt 4.2), für den Augenblick sind die Konfigurationen leichter zu verstehen, wenn wir ganze Geraden statt bloßer Strecken nehmen.

In Abb. 3.2 ist links ein Parallelogramm mit parallelen Gegenseiten a, a' und b, b' sowie Diagonalen d_1, d_2 zu sehen, rechts ein Zentrigramm mit zentrierten Gegenecken A, A' und B, B' und Diasegmentalen D_1, D_2. M ist der Mittelpunkt des Parallelogramms, m der Mittelstrahl des Zentrigramms (siehe Seite 73). Wenn man zum Zentrigramm eine Skizze zeichnen will, muss man

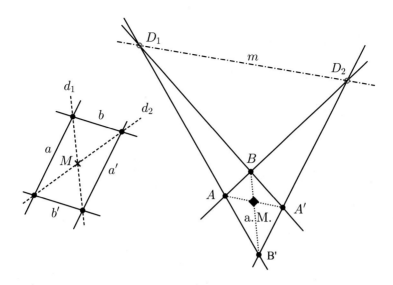

ABB. 3.2: Parallelogramm (links) und Zentrigramm (rechts)

sich entscheiden, wohin man den a. M. legt. Abbildung 3.2 zeigt eine mögliche
Lage des a. M. und eine mögliche Form des Zentrigramms. Eine Besonderheit
der dualeuklidischen Objekte ist ihre im Vergleich zu den euklidischen Objekten größere Formenvielfalt. So sind in Abb. 3.3 zwei andere Zentrigramme zu
sehen, die weder dem ersten noch einander auf den ersten Blick ähneln.

Dem Leser sei empfohlen, sich als Übung genau klarzumachen, wieso die
Objekte in den beiden Zeichnungen zum Parallelogramm dual sind, und die
einzelnen Elemente zu identifizieren.

Der folgende Begriff des Mittelpunktes zweier Punkte spielt in der euklidischen Geometrie eine wichtige Rolle, denn er kommt in vielen Sätzen und
Konstruktionen vor. Bekannt ist die Konstruktion des Mittelpunktes mit zwei
Zirkelschlägen, doch es geht auch anders, nur mit dem Lineal, und diese Konstruktion ist für die Dualisierung viel besser geeignet.

Der Mittelpunkt zweier Punkte: Sind
zwei e-Punkte P, Q gegeben, so nennen wir den Punkt M, der P, Q vom
Fernpunkt N der Verbindungsgeraden von P und Q harmonisch trennt,
den *Mittelpunkt* von P, Q.

Der Mittelstrahl zweier Geraden: Sind
zwei d-Geraden p, q gegeben, so nennen wir die Gerade m, die p, q vom
Nahstrahl n des Schnittpunktes
von p und q harmonisch trennt,
den *Mittelstrahl* von p, q.

Die Konstruktionen sind in Abb. 3.4 dargestellt. Der Fernpunkt N ist wieder
durch einen Doppelpfeil dargestellt, der die ihm entsprechende Richtung (die

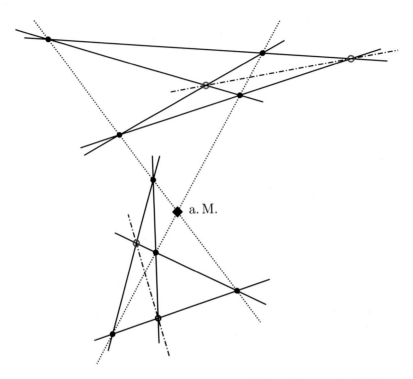

ABB. 3.3: Zwei weitere Zentrigramme. Die hohlen Ecken sind die Diasegmentalen, die gestrichelten Geraden die Mittelstrahlen.

Richtung der Geraden PQ) angibt. $PQ \cdot MN$ bildet einen harmonischen Punktwurf, $pq \cdot nm$ einen harmonischen Strahlenwurf. Übrigens legt die Zeichnung
rechts eine Interpretation für den Mittelstrahl nahe. Interpretiert man nämlich
die Zeichnung als perspektivische Konstruktion, so kann man den Nahstrahl
n als Bild des Horizonts ansehen und die Geraden p, q als eine zum Horizont
hinlaufende Straße. Der a. M. liegt auf der Horizontgeraden. Dann ist der Mittelstrahl m von p, q die perspektivische Darstellung der Straßenmitte. Es ergibt
sich immer der gleiche Mittelstrahl, egal welcher Hilfspunkt auf n genommen
wird. *Es kommt bei der Konstruktion des Mittelstrahles gar nicht auf die genaue
Lage des a. M. an, sondern nur auf die Lage des Nahstrahls.*

Man kann den Mittelpunkt auch anders konstruieren, wenn man einen Blick
auf die in Abb. 3.2 gezeigte Darstellung eines vollständigen Vierecks wirft,
bei dem zwei Ecken in der u. G. liegen (vgl. Abb. 2.7): Vier Viereckseiten bilden ein Parallelogramm, von dem zwei Ecken Nebenecken des Vierecks sind.
Die Verbindungsgerade der beiden endlichen Ecken des Vierecks schneidet also
die Verbindungsgerade der beiden endlichen Nebenecken in deren Mittelpunkt.
Deshalb gilt:

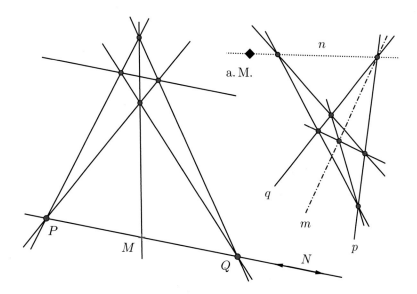

ABB. 3.4: Konstruktion von Mittelpunkt und Mittelstrahl

Der Schnittpunkt der Diagonalen eines Parallelogramms ist der Mittelpunkt je zweier Gegenecken. Er heißt *Mittelpunkt des Parallelogramms.*

Die Verbindungsgerade der Diasegmentalen eines Zentrigramms ist der Mittelstrahl je zweier Gegenseiten. Er heißt *Mittelstrahl des Zentrigramms.*

In den Bildern 3.2 und 3.3 sind die Mittelstrahlen strichpunktiert, die Diagonalen kurz gestrichelt. Der Mittelstrahl hat eine recht prägnante anschauliche Bedeutung. Darauf werden wir im Kapitel 4.1 eingehen, in dem wir uns noch einmal, und dann sehr ausführlich, mit dem Begriff „Mitte" beschäftigen wollen. Die folgenden Beispiele sollen vor allem dazu dienen, zu zeigen, dass man schon allein durch Dualisierung des euklidischen Begriffs „parallel" eine Reihe interessanter geometrischer Konstruktionen dualisieren kann.

Da wir nun wissen, was das Duale zum Mittelpunkt zweier Punkte ist, können wir zwei weitere euklidische Sätze dualisieren:

SATZ 3.2.1

Die Verbindungsgerade der Mittelpunkte zweier Dreieckseiten (d. h. der Mittelpunkte der Ecken in diesen Seiten) ist parallel zur dritten Seite. (Abb. 3.5)

Der Schnittpunkt der Mittelstrahlen zweier Dreiseitecken (d. h. der Mittelstrahlen der Seiten in diesen Ecken) ist zentriert zur dritten Ecke. (Abb. 3.6)

Die Verbindungsgeraden im Satz links sind in Abb. 3.5 gestrichelt, die Schnittpunkte im Satz rechts in Abb. 3.6 mit + markiert.

Der Begriff „Schwerpunkt" ist vielleicht noch aus dem Geometrieunterricht
bekannt, die meisten Leser kennen ihn wohl aber aus dem Physikunterricht. Da
lernt man: Wenn man eine Holzplatte im Schwerpunkt aufhängt, dann schwebt
sie ohne weitere Unterstützung im Gleichgewicht. Für viele physikalische Überlegungen kann man eine Masse „in ihrem Schwerpunkt vereint" denken. Und
als Ursache der Fallbeschleunigung wird eine Schwerkraft angenommen, deren
Zentrum im Erdmittelpunkt liegt. In der ebenen Geometrie definiert man die
Schwerelinien eines Dreiecks. Wir dualisieren diesen Begriff gleich und benennen die neuen Punkte sinngemäß:

Die Verbindungsgerade einer Ecke mit dem Mittelpunkt der Gegenseite heißt *Schwerelinie* des Dreiecks.	Der Schnittpunkt einer Seite mit dem Mittelstrahl der Gegenecke heißt *Leichtpunkt* des Dreiseits.

Für den zur Schwerelinie dualen Punkt haben wir die naheliegende Bezeichnung
„Leichtpunkt" gewählt.

Dann lässt sich natürlich auch der Satz über den Schwerpunkt dualisieren,
und was liegt näher, als sein duales Gegenstück „Leichtgerade" zu nennen:

SATZ 3.2.2

Die drei Schwerelinien eines Dreiecks gehen durch einen Punkt, den Schwer- *punkt des Dreiecks. (Abb. 3.5)*	*Die drei Leichtpunkte eines Dreiseits liegen in einer Geraden, der* Leichtge- *raden des Dreiseits. (Abb. 3.6)*

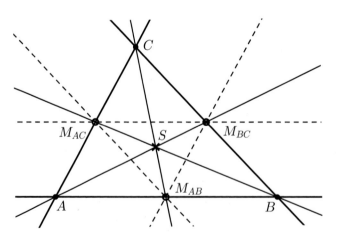

ABB. 3.5: Der Schwerpunkt S in einem Dreieck ABC mit Seitenmitten
M_{AC}, M_{BC} und M_{AB} und den Schwerelinien

Die Abb. 3.5 ist leicht verständlich, die Konstruktion der Mittelstrahlen, Leichtpunkte und der Leichtgeraden in Abb. 3.6 ist genau dual zu Abb. 3.5, aber man muss sich ein wenig in sie vertiefen, um sie zu verstehen. Die dünnen durchgezogenen Linien sind Hilfslinien zur Konstruktion der Eckenmitten.

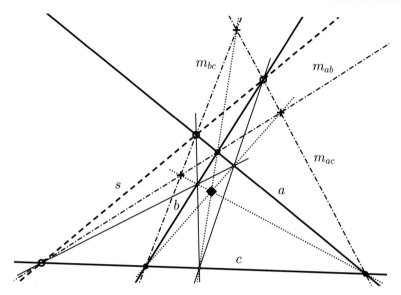

ABB. 3.6: Die Leichtgerade s in einem Dreiseit abc mit Eckenmitten m_{ac}, m_{bc} und m_{ab}, und Leichtpunkten (o)

Der absolute Mittelpunkt liegt in Abb. 3.6 „im Innengebiet" des Dreiseits abc. Er ist durch eine ausgefüllte Raute dargestellt, und *wir wollen ihn ab jetzt immer so darstellen*. Anders sieht das Bild aus, wenn der a. M. in einem „Außengebiet" des Dreiseits liegt. Der Leser möge das selber ausprobieren.

Beim Schwerpunkt denkt man gewöhnlich, er gehöre allein zu dem Dreieck, sei gewissermaßen eine Eigenschaft des Dreiecks. Bei der Leichtgeraden ist offensichtlich, dass ihre Lage nicht nur von der Lage der Seiten a, b, c abhängt, sondern auch davon, wo der a. M. liegt. Es bestätigt sich, was wir aus unseren Vorüberlegungen schon wissen: Die Verhältnisse werden hier davon mitbestimmt, wo sich der a. M. befindet, in dem man sich einen absoluten Bezugspunkt, einen Beobachter, denken kann. Die Lage der unendlichfernen Ebene bzw. der unendlichfernen Geraden in der ebenen Geometrie ist *für unsere Vorstellung* fest gegeben.[22*]

Eine weitere Frage, die angesichts der Leichtgeraden (in der räumlichen Geometrie ist es eine „Leichtebene") gestellt werden kann, ist: Hat diese Gerade bzw. Ebene, ähnlich wie der Schwerpunkt, auch eine „reale", d. h. physikalische bzw. naturwissenschaftliche Bedeutung? Wäre neben der „Schwerkraft" auch die Begriffsbildung „Leichte" oder „Leichtkraft" sinnvoll, deren Wirkung dann irgendwie dual zur Schwerkraft gedacht werden müsste? Die Schwerkraft hat als „Wirkungszentrum" einen Punkt, die Leichtkraft müsste dann dual dazu eine Ebene als „Wirkfläche" haben, usw. Wir kommen darauf zurück, aber der Leser ist nun vielleicht angeregt, selber einmal darüber nachzudenken.

3.3 DER RECHTE WINKEL

Nach diesen ersten Anwendungen, die nur die Begriffe „parallel", „zentriert" und „Mitte" verwendet haben, wollen wir nun sehen, wie wir den rechten Winkel so einführen können, dass die Dualität erhalten bleibt.

Der rechte Winkel spielt in der Erscheinungswelt eine herausragende Rolle, am eindrucksvollsten wohl in dem Gegensatz zwischen einer horizontalen Ebene und der Vertikalen, also etwa eine Wasserfläche, und der Schwerkraftrichtung. Der Mensch steht auf der Erdoberfläche, und seine Körperachse ist senkrecht dazu, Bäume wachsen annähernd senkrecht zur Erdoberfläche nach oben, die Wände von Häusern sind gewöhnlich rechtwinklig oder parallel zueinander, und wenn man sich in einem gewöhnlichen Zimmer umschaut, wird man kaum eine Kante entdecken, die nicht im euklidischen Sinne rechtwinklig zu einer Wand oder der Zimmerdecke verläuft.

Mit „senkrecht" verbinden manche Menschen speziell den Gegensatz zwischen vertikal und waagerecht; wir sprechen daher im Folgenden meist von rechtwinklig oder orthogonal. Für die Anschauung ist „orthogonal" in gewissem Sinne das Gegenteil von „parallel", sozusagen „antiparallel", maximal von der Parallelität abweichend. In der üblichen Geometrie können eine Gerade und eine Ebene orthogonal zueinander sein, aber auch zwei Ebenen oder zwei Geraden. Beim Dualisieren müssen wir also sagen, was es heißen soll, dass eine Gerade und ein Punkt zueinander orthogonal sind oder aber zwei Punkte oder zwei Geraden, jedoch in einem anderen als dem bekannten Sinne. Man kann aus dem Bisherigen wohl schon ahnen, dass dabei der absolute Mittelpunkt eine Rolle spielen wird. Zwei Elemente müssten zueinander dual orthogonal sein, wenn sie vom a. M. aus gesehen so aussehen. So ungefähr kommt es tatsächlich heraus, indes wollen wir das Ergebnis nicht nur erraten, sondern uns logisch überlegen und dabei manches Neue lernen.[23*] *Leser, die vordringlich an den Ergebnissen interessiert sind und die Überlegungen dazu vielleicht später nachlesen wollen, können gleich zu der Zusammenfassung am Ende dieses Kapitels auf Seite 81 springen.*

In der euklidischen Geometrie gilt: Wenn eine Gerade und eine Ebene zueinander orthogonal sind, dann ist auch jede zu der Geraden parallele Gerade zu der Ebene und jede zu der Ebene parallele Ebene zu der Geraden orthogonal.

Analoges gilt, wenn zwei Geraden oder Ebenen zueinander orthogonal sind. Parallele Geraden haben denselben Fernpunkt, parallele Ebenen dieselbe Ferngerade. Es kommt also bei der Frage, ob zwei Elemente orthogonal zueinander sind, nur darauf an, wie ihre Fernelemente zueinander liegen. Deshalb erklären wir zunächst die Orthogonalität für Fernelemente bzw. dual für Nahelemente. Daraus wird sich dann ergeben, wann die anderen Elemente zueinander orthogonal sind.

Wir stellen uns auf den Standpunkt, dass wir in der EG ja wissen, was orthogonal bedeutet.[24*] Dieses Orthogonalsein im euklidischen Sinne überträgt sich in die PEG. In der PEG denken wir uns nun dazu den Nahpunkt a. M. und durch ihn eine beliebige Ebene, also eine Nahebene. Euklidisch gesehen ist das ein ganz gewöhnlicher Punkt, durch den eine ganz gewöhnliche Ebene geht. In der euklidischen Geometrie geht durch diesen Punkt eine ganz bestimmte Gerade, welche senkrecht auf der Ebene steht. Man nennt sie auch die Lotgerade zu der Ebene in dem Punkt. Diese Lotgerade hat einen Fernpunkt. Und alle Geraden durch diesen Fernpunkt sind parallel zu der Lotgeraden und stehen daher ebenfalls senkrecht auf der Ebene. Daher sagen wir: Dieser Fernpunkt ist rechtwinklig zu der Nahebene. Umgekehrt geht durch jeden Punkt in der unendlichfernen Ebene seine Verbindungsgerade mit dem absoluten Mittelpunkt, also ein Nahstrahl. Und zu diesem Nahstrahl ist eine ganz bestimmte Ebene durch den a. M., also eine Nahebene, senkrecht. *Auf diese Weise sind also die Ebenen durch den absoluten Mittelpunkt und die Punkte in der unendlichfernen Ebene einander als zueinander orthogonal zugeordnet.* Wir fassen zusammen:

Jedem Punkt in der u. E. ist genau eine Ebene des a. M. zugeordnet, welche die zur Richtung des Punktes rechtwinklige Stellung angibt.	Jeder Ebene durch den a. M. ist genau ein Punkt der u. E. zugeordnet, welcher die zur Stellung der Ebene rechtwinklige Richtung angibt.

Mit der „Richtung eines Punktes" in der u. E. ist dabei die Richtung seines Nahstrahles gemeint. Einander so zugeordnete *Nahebenen und Fernpunkte* heißen *rechtwinklig* oder *orthogonal* zueinander (Abb. 3.7).

Die soeben getroffene Feststellung nehmen wir als „Urphänomen", als die Basis für alle weiteren Betrachtungen zur Orthogonalität.[25*]

RECHTWINKLIG FÜR FERN- UND NAHELEMENTE

Gestützt auf dieses Urphänomen ordnen wir als Nächstes die Nahstrahlen und die Ferngeraden durch folgende selbstduale Formulierung wechselweise als zueinander orthogonal zu:

> Ein Nahstrahl und eine Ferngerade sind zueinander orthogonal,
> wenn der Fernpunkt des Nahstrahls orthogonal zur Nahebene
> der Ferngeraden ist.

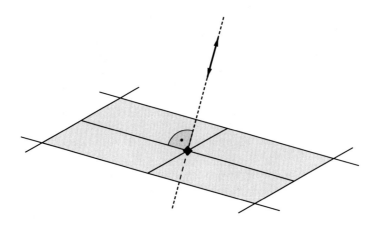

ABB. 3.7: Eine Nahebene und der zu ihr orthogonale Fernpunkt, angezeigt durch den Doppelpfeil

Damit gehört zu jedem Nahstrahl genau eine zu ihm orthogonale Ferngerade und umgekehrt.

Aus der Zuordnung der Nahebenen und Nahstrahlen zu den Fernpunkten und Ferngeraden ergibt sich nun weiter:

Jedem Punkt der u. E. ist zugeordnet die Ferngerade der zu ihm rechtwinkligen Nahebene.	Jeder Ebene des a. M. ist zugeordnet der Nahstrahl des zu ihr rechtwinkligen Fernpunktes.

Damit sind auch die Punkte und Geraden in der u. E. sowie die Ebenen und Geraden im a. M. einander[a] als orthogonal zugeordnet.

Nun muss noch gesagt werden, wann zwei Ebenen – und dual dazu zwei Punkte (!) – zueinander rechtwinklig sind. Auch das erklären wir zunächst nur für die Nah- und die Fernelemente, also die Nahebenen und die Fernpunkte. Hier sei der Leser aufgefordert, selber zu überlegen, wie er die Frage beantworten würde: Wann sind zwei Ebenen senkrecht zueinander? Was heißt das, wie kann man das näher beschreiben, jemandem erklären, der es noch nicht weiß? Das ist gar nicht so einfach. Die folgende Möglichkeit sollte gut durchdacht werden:

Zwei *Fernpunkte heißen rechtwinklig zueinander*, wenn einer in der Nahebene (bzw. der Ferngerade) liegt, welche zu dem anderen rechtwinklig ist.	Zwei *Nahebenen heißen rechtwinklig zueinander*, wenn eine durch den Fernpunkt (bzw. den Nahstrahl) geht, welcher zu der anderen rechtwinklig ist.

[a] * Bijektiv und ordnungstreu

Wenn die Bedingung für einen Fernpunkt (links) bzw. eine Nahebene (rechts) gilt, dann gilt sie automatisch für beide. Es sei ausdrücklich betont, dass die hiermit ausgesprochene Definition, wann zwei Fernpunkte bzw. zwei Nahebenen zueinander orthogonal sind, *keine Zuordnung ist*: Zu einem Fernpunkt sind viele Fernpunkte orthogonal, alle Punkte in der zu ihm orthogonalen Ferngeraden, also alle Punkte der Punktreihe, deren Träger diese Ferngerade ist. Dasselbe gilt für Nahebenen: Zu einer Nahebene sind viele Ebenen orthogonal, alle, die durch den zu der Nahebene orthogonalen Nahstrahl gehen, also alle Ebenen des Ebenenbüschels, das diesen Nahstrahl als Träger hat.

Schließlich erklären wir noch, wann zwei Ferngeraden oder zwei Nahstrahlen orthogonal zueinander sind. Auch das ist eine charakterisierende Bedingung, keine Zuordnung:

Zwei *Ferngeraden heißen rechtwinklig* zueinander, wenn eine durch den Fernpunkt geht, der zu der anderen rechtwinklig ist.	Zwei *Nahstrahlen heißen rechtwinklig* zueinander, wenn einer in der Nahebene liegt, welche zu dem anderen rechtwinklig ist.

Wie bei den Fernpunkten gilt: Wenn eine von zwei Ferngeraden bzw. Nahstrahlen die Bedingung erfüllt, dann automatisch auch die bzw. der andere. Man kann auch sagen:

Zwei *Ferngeraden heißen rechtwinklig* zueinander, wenn es ihre Nahebenen sind.	Zwei *Nahstrahlen heißen rechtwinklig* zueinander, wenn es ihre Fernpunkte sind.

RECHTWINKLIG FÜR DIE ANDEREN ELEMENTE

Nach diesen Vorüberlegungen übertragen wir die Verhältnisse in der u. E. bzw. dem a. M. auf den ganzen Raum. Die Idee dabei ist: Zwei Elemente sind rechtwinklig zueinander, wenn ihre „Fußabdrücke" in der u. E. bzw. im a. M. rechtwinklig zueinander sind. Gemeint sind damit die Schnitte der Geraden und Ebenen mit der u. E., also ihre Fernelemente, bzw. die Scheine der Geraden und Punkte mit dem a. M., also deren Nahelemente:

Eine e-Ebene und eine e-Gerade oder *zwei e-Ebenen* oder *zwei e-Geraden sind e-rechtwinklig* zueinander, wenn ihre Fernelemente rechtwinklig zueinander sind.	*Ein d-Punkt und eine d-Gerade* oder *zwei d-Punkte* oder *zwei d-Geraden sind d-rechtwinklig* zueinander, wenn ihre Nahelemente rechtwinklig zueinander sind.

Durch die Festlegung auf der linken Seite ergibt sich für e-Ebenen und e-Geraden gerade das, was wir aus der klassischen euklidischen Geometrie kennen. Schließlich definieren wir noch (selbstdual):

> Eine e-Ebene und ein d-Punkt sind rechtwinklig zueinander, wenn die Ferngerade der Ebene orthogonal zum Nahstrahl des Punktes ist.

Man beachte, dass e- und d-rechtwinklig nur bei zwei Geraden unterschieden werden müssen: Hier gibt es zwei verschiedene Arten des Zueinander-rechtwinklig-Seins:

Zwei *e-Geraden sind e-rechtwinklig* zueinander, wenn es ihre Fernpunkte sind.	Zwei *d-Geraden sind d-rechtwinklig* zueinander, wenn es ihre Nahebenen sind.

Das ist nicht das Gleiche! Beispiel: Wir denken den a. M. links unten in der vorderen Ecke eines Würfels (Abb. 3.8). Dann ist das Dreieck, dessen Ecken E, G, D die drei nächstgelegenen Würfelecken sind, gleichseitig, seine e-Winkel betragen demnach jeweils 60°, die Dreieckseiten sind also nicht e-orthogonal zueinander. Aber sie liegen in zueinander senkrechten Nahebenen, also sind sie zueinander d-orthogonal.

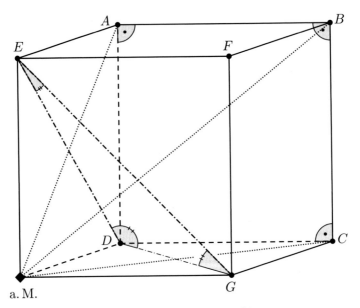

ABB. 3.8: Winkel im Würfel

In den Würfelecken, insbesondere in A, B, C, sind jeweils drei Würfelkanten e-orthogonal zueinander, und die Kanten AD und AB sowie BC und CD sind auch d-orthogonal. Aber AB und BC sind zwar e-orthogonal, aber nicht d-orthogonal, denn die Nahebenen, in denen der a. M. sowie A und B bzw. der a. M. und B, C liegen, sind nicht e-orthogonal zueinander, sondern der gewöhnliche e-Winkel zwischen diesen Ebenen beträgt, wie man sich überlegen kann, 60°. Der Winkel zwischen Ebenen ist unserer Anschauung nicht so leicht zugänglich, doch man kann sich in dieser Hinsicht üben... Bei den Punkten ist zum Beispiel G d-orthogonal zu A, D und E.

Zwei e-orthogonale Geraden müssen also nicht d-orthogonal, zwei d-orthogonale nicht e-orthogonal sein. Zwei e-orthogonale Geraden können sogar d-parallel (zentriert) sein (d. h. in derselben Nahebene liegen), und zwei d-orthogonale Geraden können e-parallel (parallel) sein (d. h. durch denselben Fernpunkt gehen).

Außer bei zwei Geraden, die beide weder Ferngeraden noch Nahstrahlen sind, reicht es aus, Zueinander-rechtwinklig-Sein zu erklären. *Nur bei zwei solchen Geraden gibt es zwei verschiedene Arten des Zueinander-rechtwinklig- oder -orthogonal-Seins.*

Damit haben wir für alle Elemente der PEG, abgesehen von der Fernebene und dem Nahpunkt selber, sowie zwischen Ferngeraden und e-Ebenen und zwischen Nahstrahlen und d-Punkten erklärt, wann sie zueinander orthogonal sind.[26]

ZUSAMMENFASSUNG

Wir gehen aus von der grundlegenden Vereinbarung, die *Fernpunkte und Nahebenen* als zueinander senkrecht zuordnet. Dann können wir, wenn wir für „rechtwinklig" bzw. „orthogonal" das Zeichen $\perp$ vereinbaren und das Wort „zueinander" weglassen, sagen:

> *Ein Nahstrahl und eine Ferngerade* sind $\perp$, wenn der Fernpunkt des Nahstrahls und die Nahebene der Ferngeraden $\perp$ sind.

Ein Fernpunkt und eine Ferngerade sind $\perp$, wenn der Fernpunkt und die Nahebene der Ferngeraden $\perp$ sind.	*Eine Nahebene und ein Nahstrahl* sind $\perp$, wenn die Nahebene und der Fernpunkt des Nahstrahls $\perp$ sind.
Zwei Fernpunkte sind $\perp$, wenn einer in der Nahebene (bzw. der Ferngerade) liegt, welche zu dem anderen rechtwinklig ist.	*Zwei Nahebenen* sind $\perp$, wenn eine durch den Fernpunkt (bzw. den Nahstrahl) geht, welcher zu der anderen rechtwinklig ist.
Zwei Ferngeraden sind $\perp$, wenn es ihre Nahebenen sind.	*Zwei Nahstrahlen* sind $\perp$, wenn es ihre Fernpunkte sind.
Eine e-Ebene und eine e-Gerade oder *zwei e-Ebenen* sind $\perp$ bzw. *zwei e-Geraden* e-$\perp$, wenn ihre Fernelemente $\perp$ sind.	*Ein d-Punkt und eine d-Gerade* oder *zwei d-Punkte* sind $\perp$ bzw. *zwei d-Geraden* d-$\perp$, wenn ihre Nahelemente $\perp$ sind.

> *Eine e-Ebene und ein d-Punkt* sind $\perp$, wenn die Ferngerade der Ebene und der Nahstrahl des Punktes $\perp$ sind.

In Abb. 3.9 werden die Zusammenhänge noch einmal übersichtlich dargestellt. Die Doppelpfeile deuten Zuordnungen an, die Zahlen bezeichnen, welcher
der zu Anfang dieser Zusammenfassung aufgelisteten sechs Schritte für diese
Verbindung zuständig ist.

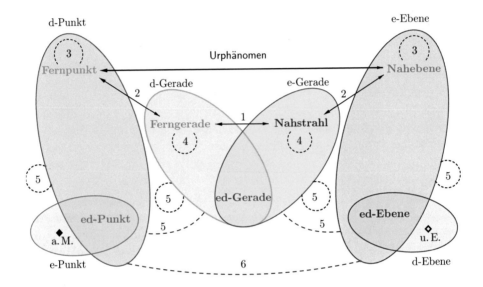

ABB. 3.9: Orthogonalität in der PEG

Diese Zusammenfassung gibt zwar unsere Überlegungen wieder und ist schön
dual angeordnet – aber vielleicht doch verwirrend. Wer soll sich das alles merken? Nun, die Sache ist viel einfacher, als sie auf den ersten Blick zu sein scheint.
Wenn wir nämlich voraussetzen, dass der Leser das Aufeinander-senkrecht-Ste-
hen gewöhnlicher e-Elemente ja kennt, also weiß, wann zwei gewöhnliche e-
Ebenen oder e-Geraden orthogonal zueinander sind, und daran denken, dass
Fernelemente d-Elemente und Nahelemente e-Elemente sind, dann können wir
das Neue aus den obigen neun Punkten auch so zusammenfassen, wie in der
Infobox.

∗ Bei der Orthogonalität sieht man, wie der euklidische und der dualeuklidische Raum wirklich *ineinander*greifen statt bloß nebeneinander zu bestehen.
Zum Beispiel sind d-Punkte zueinander orthogonal, wenn ihre Nahstrahlen zueinander e-orthogonal sind. Das müsste nicht so sein, wenn man die EG und
ihr duales Gegenstück, die DEG, über derselben Grundmenge einfach nebeneinander stellte. (Siehe auch „Die Konstruktion der PEG" im Anhang.)

INFOBOX

ORTHOGONAL

- Ein Nahstrahl und eine Ferngerade sind $\perp$, wenn der Nahstrahl und die Nahebene der Ferngeraden als e-Elemente $\perp$ sind.
- Ein d-Punkt und eine d-Gerade sind $\perp$, wenn der Nahstrahl des Punktes und die Nahebene der Gerade als e-Elemente $\perp$ sind.
- Zwei d-Punkte sind $\perp$, wenn ihre Nahstrahlen als e-Geraden $\perp$ sind.
- Zwei d-Geraden sind d-$\perp$, wenn ihre Nahebenen als e-Ebenen $\perp$ sind.

Eigentlich muss man sich nur die letzten drei Punkte merken. Der erste ist mehr oder weniger selbstverständlich. Der Fall, dass ein d-Punkt zu einer e-Ebene $\perp$ ist, wurde weggelassen, weil er ebenfalls selbstverständlich ist und im Weiteren nicht gebraucht wird. Noch kürzer können wir einfach uns die linke Seite der folgenden Tatsache merken:

Zwei d-Elemente sind d-orthogonal, wenn ihre Nahelemente e-orthogonal sind.	*Zwei e-Elemente sind e-orthogonal, wenn ihre Fernelemente d-orthogonal sind.*

ORTHOGONALITÄT IN DER EBENEN GEOMETRIE

In der ebenen Geometrie gibt es orthogonale e-Geraden und dual dazu orthogonale d-Punkte. Hier gilt:

Zwei Geraden sind e-orthogonal, wenn sie durch orthogonale Fernpunkte gehen.	*Zwei Punkte sind d-orthogonal,* wenn sie in orthogonalen Nahstrahlen liegen.

Zwei Punkte sind also, wie in der räumlichen Geometrie, d-orthogonal, wenn sie vom a. M. aus unter einem gewöhnlichen rechten Winkel gesehen werden. Außerdem erklären wir: *Ein d-Punkt und eine e-Gerade sind orthogonal,* wenn der Nahstrahl des Punktes orthogonal zu der Geraden ist, oder gleichbedeutend, wenn der Fernpunkt der Geraden orthogonal zu dem Punkt ist.

Den Vorsatz e- bzw. d- in der Zusammensetzung mit „orthogonal" benötigen wir also nur in der räumlichen Geometrie im Fall von zwei zueinander orthogonalen Geraden, die weder in der u. E. liegen noch durch den a. M. gehen. Solche Geraden können e-orthogonal oder d-orthogonal sein, und das ist nicht das Gleiche. Ansonsten ist stets auch ohne e- oder d- klar, was gemeint ist. Ist beispielsweise davon die Rede, dass zwei Punkte orthogonal seien, so ist d-ortho-gonal gemeint, weil es e-orthogonale Punkte nicht gibt. Entsprechend können zwei Ebenen nur e-orthogonal sein. Eine Ebene und eine Gerade können nur e-, ein Punkt und eine Gerade nur d-orthogonal sein. *Wir haben daher in dieser Zusammenfassung den Vorsatz e- oder d- vor „orthogonal" meist weggelassen und lassen ihn auch im Folgenden meist weg*, außer wenn von zwei Geraden im Raum die Rede ist.

Anschauliche Bedeutung der d-Orthogonalität

Anschaulich ist d-orthogonal ein recht einleuchtender Begriff. *Zwei Punkte sind d-orthogonal, wenn sie, vom a. M. aus betrachtet, unter einem gewöhnlichen rechten Winkel erscheinen.* Als Anwendung betrachten wir das menschliche *Blickfeld*, also den Bereich, in dem wir Gegenstände, ohne den Kopf zu bewe-gen, mit den Augen zentral fixieren können. Im ergonomisch optimalen Blickfeld nehmen wir in entspannter Körperhaltung (Augen- und Nackenmuskulatur) vi-suell wahr, der Kopf muss nicht ständig nachgeführt werden. Dieses optimale Blickfeld liegt horizontal jeweils 45 Grad nach beiden Seiten der Hauptsehach-se, umfasst also insgesamt 90 Grad. Denken wir uns den a. M. im Kopf, dann begrenzen die orthogonalen Punkte links und rechts also den Bereich, in dem wir uns etwa bei der Arbeit auf etwas konzentrieren können, ohne ständig den Kopf bewegen zu müssen. Und entsprechend: *Zwei d-Geraden sind d-ortho-gonal, wenn sie, vom a. M. aus betrachtet, rechtwinklig zueinander aussehen.*[a] Dual zu einer Geraden, die zu einer Ebene e-orthogonal ist, der zu Anfang dieses Kapitels erwähnten Elementarerfahrung, ist eine Gerade, die zu einem Punkt d-orthogonal ist. Was soll man sich darunter vorstellen? Eine Gerade ist zu einem d-Punkt d-orthogonal, wenn sie in einer zu dem Punkt (d. h. zum Nah-strahl des Punktes) orthogonalen Nahebene liegt. Man denke sich die Augen eines Beobachters „im" a. M. Der Beobachter blicke in eine Richtung, etwa auf eine Stelle (einen „Punkt") einer vor ihm befindlichen Wand hin. Dann wird sein *Gesichtsfeld* allseitig begrenzt durch „Geraden", in denen die zu seiner Blickrich-tung orthogonale Nahebene die dort befindlichen Wandebenen (einschließlich Fußboden und Decken) schneidet. Diese Geraden sind (ungefähr!) d-orthogonal zu dem angeblickten Punkt, sie markieren die Grenzen seines Gesichtsfeldes.[b] Blickt der Betrachter etwa schräg auf eine Wand, an der Bilder hängen, dann nimmt er die Bilder, die jenseits der erwähnten Geraden hängen, nicht wahr. Diese Geraden markieren also eine für unser tägliches Erleben wichtige, allge-genwärtige Grenze, die uns aber normalerweise nicht ins Bewusstsein tritt.

---

[a] ... wenn man sie z. B. mit einem senkrecht zur Blickrichtung gehaltenen Geodreieck anpeilt.
[b] Die Breite des beidäugigen Gesichtsfeldes ist mit ca. 200° etwas größer, nach oben und unten etwas kleiner als 180°.

3.4 Weitere Anwendungen der neuen Begriffe

Wir wollen nun, zur Übung und zum Einleben in die neue Geometrie, ein paar einfache Sätze der euklidischen Geometrie dualisieren. Von den folgenden Sätzen sind schon viele bei Euklid (siehe [10]) zu finden. *Der Leser muss diese Beispiele nicht alle studieren. Es reicht, sich ein paar davon anzusehen, um sich damit vertraut zu machen, was man mit den neuen Begriffen anfangen kann.* Dabei sollte er von den euklidischen Sachverhalten, vor allem aber auch von den nichteuklidischen, deutliche Vorstellungen bilden.

Satz

Sind zwei Geraden zu derselben Ebene e-rechtwinklig, dann sind sie e-parallel. (Euklid 11, §6)	*Sind zwei Geraden zu demselben Punkt d-rechtwinklig, dann sind sie d-parallel.*

Dass eine Gerade zu einem Punkt orthogonal (also d-rechtwinklig) ist, bedeutet, dass sie in einer Nahebene liegt, die zum Nahstrahl des Punktes orthogonal ist; und zwei Geraden sind d-parallel (also zentriert), wenn sie in derselben Nahebene liegen (Abb. 3.10).

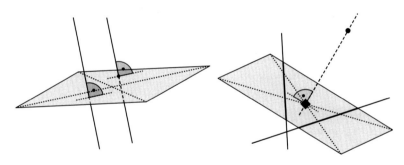

Abb. 3.10: Zwei Geraden, die zur selben Ebene bzw. zum selben Punkt orthogonal sind, sind parallel bzw. zentriert

Auch die folgenden Sätze links finden sich schon bei Euklid:

Satz

Hat man zwei e-parallele Geraden, von denen eine zu irgendeiner Ebene orthogonal ist, dann muss auch die andere zu derselben Ebene orthogonal sein. (Euklid 11, §8) *Ebenen, zu denen dieselbe Gerade orthogonal ist, sind parallel.* *(Euklid 11, §14)*	*Hat man zwei d-parallele Geraden, von denen eine zu irgendeinem Punkt orthogonal ist, dann muss auch die andere zu demselben Punkt orthogonal sein.* *Punkte, zu denen dieselbe Gerade orthogonal ist, sind zentriert.*

Ist eine Gerade zu irgendeiner Ebene orthogonal, so müssen alle durch jene Gerade gehenden Ebenen zu derselben Ebene orthogonal sein. (Euklid 11, §18)

Sind zwei (nicht parallele) Ebenen zu einer Ebene orthogonal, so muss auch ihre Schnittgerade zu der Ebene orthogonal sein. (Euklid 11, §19)

Ist eine Gerade zu irgendeinem Punkt orthogonal, so müssen alle in jener Geraden liegenden Punkte zu demselben Punkt orthogonal sein.

Sind zwei (nicht zentrierte) Punkte zu einem Punkt orthogonal, so muss auch ihre Verbindungsgerade zu dem Punkt orthogonal sein.

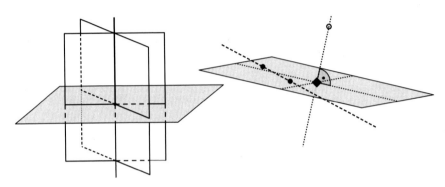

ABB. 3.11: Wenn zwei Ebenen senkrecht zu einer dritten sind, dann auch ihre Schnittgerade. Und dual: Wenn zwei Punkte senkrecht zu einem dritten sind, dann auch ihre Verbindungsgerade.

SATZ 3.4.1

Ist eine e-Ebene zu einer e-Geraden e-orthogonal, so ist jede e-Gerade, die in der Ebene liegt, zu der Geraden e-orthogonal.

Ist ein d-Punkt zu einer d-Geraden d-orthogonal, so ist jede d-Gerade, die durch den Punkt geht, zu der Geraden d-orthogonal.

Um den rechten Teil des Satzes einzusehen, bedenke man, dass der d-Punkt, nennen wir ihn A (siehe Abb. 3.12), welcher zu der d-Geraden, sie heiße g, orthogonal ist, in dem zur Nahebene der d-Geraden orthogonalen Nahstrahl liegt. Jede Gerade durch diesen d-Punkt, etwa die Gerade h, bildet dann mit diesem Nahstrahl eine Verbindungsebene, welche orthogonal zur Nahebene der ursprünglichen d-Geraden g ist. Die beiden Geraden g und h liegen also in orthogonalen Nahebenen, und das bedeutet, dass sie d-orthogonal sind.

In Abschnitt 2.4.1 haben wir ausgeführt, dass es zu drei windschiefen Geraden immer (viele) weitere Geraden gibt, welche alle drei schneiden. Jetzt wollen wir zeigen:

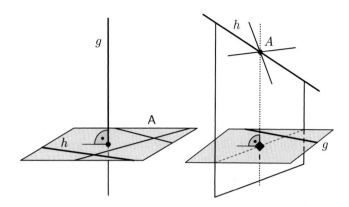

ABB. 3.12: Alle Geraden in der zu g orthogonalen Ebene A sind e-orthogonal zu g (links), und alle Geraden durch den zu g orthogonalen Punkt A sind d-orthogonal zu g (rechts)

Zu je zwei windschiefen e-Geraden gibt es genau eine weitere, welche mit jeder der gegebenen Geraden einen Schnittpunkt hat und zu beiden e-orthogonal ist.	Zu je zwei windschiefen d-Geraden gibt es genau eine weitere, welche mit jeder der gegebenen Geraden eine Verbindungsebene hat und zu beiden d-orthogonal ist.

So wie der Satz hier steht, ist er dual formuliert. Weil aber Geraden, die eine Verbindungsebene haben, auch immer einen Schnittpunkt haben, könnten wir rechts statt „eine Verbindungsebene hat" auch schreiben „einen Schnittpunkt hat". Das ist viel naheliegender, nur können wir es nicht schreiben, wenn die Gegenüberstellung genau dual sein soll. Wir greifen daher zu einem Trick: Wir nennen eine Gerade, welche eine andere schneidet und mit ihr folglich einen Schnittpunkt und eine Verbindungsebene hat, eine „Treffgerade". Dieser Begriff ist dann selbstdual, und wir können formulieren:

SATZ 3.4.2 (Orthogonale Treffgerade zu windschiefen Geraden)

Zu je zwei windschiefen e-Geraden gibt es genau eine Treffgerade, welche zu beiden e-orthogonal ist.	*Zu je zwei windschiefen d-Geraden gibt es genau eine Treffgerade, welche zu beiden d-orthogonal ist.*

Diesen Satz wollen wir jetzt ausnahmsweise einmal beweisen, damit der Leser *nicht nur weiß*, dass der duale Satz durch Dualisierung eines Beweises für den primalen (also den Satz, von dem ausgegangen wird) bewiesen werden kann, *sondern auch sieht*, wie das konkret gemacht wird und dann aussieht. Wer will, kann den Beweis natürlich überschlagen.

Beweis*:

Zu den windschiefen Geraden a und b wähle man Ebenen A und B, so dass A zu a und B zu b e-orthogonal ist. Die Schnittgerade $c := $ AB dieser Ebenen liegt dann in beiden Ebenen, ist also nach Satz 3.4.1 zu a und b e-orthogonal (muss aber mit a und b keinen Schnittpunkt haben). Der Fernpunkt C_∞ von c spannt mit den beiden windschiefen Geraden je eine Ebene auf, und deren Schnittgerade s geht durch den Fernpunkt C_∞, ist also e-parallel zu c und damit, weil dies für c gilt, e-orthogonal zu a und b. Da s mit a wie auch mit b jeweils in einer gemeinsamen Ebene liegt, hat s auch mit jeder der windschiefen Geraden a, b einen Schnittpunkt, ist also die gesuchte Treffgerade.

Zu den windschiefen Geraden a und b wähle man Punkte A und B, so dass A zu a und B zu b d-orthogonal ist. Die Verbindungsgerade $c := AB$ dieser Punkte geht dann durch beide Punkte, ist also nach Satz 3.4.1 zu a und b d-orthogonal (muss aber mit a und b keine Verbindungsebene haben). Die Nahebene C_0 von c schneidet die beiden windschiefen Geraden in je einem Punkt, und deren Verbindungsgerade s liegt in der Nahebene C_0, ist also d-parallel zu c und damit, weil dies für c gilt, d-orthogonal zu a und b. Da s mit a wie auch mit b jeweils durch einen gemeinsamen Punkt geht, hat s auch mit jeder der windschiefen Geraden a, b eine Verbindungsebene, ist also die gesuchte Treffgerade.

Zwei windschiefe Geraden mit ihrer e-orthogonalen Treffgeraden kann man sich leicht vorstellen. In Abb 3.13 ist die Konstruktion zu dem rechten Text dargestellt. A_0 und B_0 bezeichnen die Nahebenen von a und b.[27]

SATZ 3.4.3

Zu einer e-Geraden g und einem e-Punkt B gibt es genau eine Ebene C, die zu der Geraden e-orthogonal ist und durch den Punkt geht.

Zu einer e-Ebene C und einem e-Punkt A gibt es genau eine Gerade g, die zu der Ebene orthogonal ist und durch den Punkt geht.

Zu einer d-Geraden g und einer d-Ebene B gibt es genau einen Punkt C, der zu der Geraden d-orthogonal ist und in der Ebene liegt.

Zu einem d-Punkt C und einer d-Ebene A gibt es genau eine Gerade g, die zu dem Punkt orthogonal ist und in der Ebene liegt.

Die letztgenannte Gerade g heißt *e-Lotgerade* zu der Ebene C durch den Punkt A. Sie ist die Verbindungsgerade des Punktes A mit dem zur Ebene orthogonalen Fernpunkt.

Die letztgenannte Gerade g heißt *d-Lotgerade* zu dem Punkt C in der Ebene A. Sie ist die Schnittgerade der Ebene A mit der zum Punkt orthogonalen Nahebene.

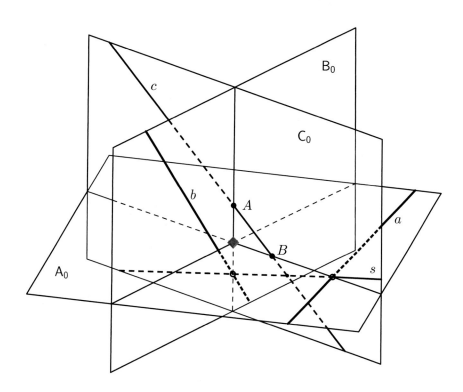

ABB. 3.13: Zwei windschiefe Geraden a, b mit d-orthogonaler Treffgerade s

Statt „e-Lotgerade" und „d-Lotgerade" sagen wir auch einfach „e-Lot" und „d-Lot".[a] Der Schnittpunkt der Lotgerade mit der Ebene heißt in der euklidischen Geometrie *Lotfußpunkt*. Müsste dann die Verbindungsebene der d-Lotgerade mit dem Punkt nicht „Lotkopfebene" heißen? Haben Sie einen besseren Vorschlag? Man sieht, wie das in dem Paragraphen auf Seite 66 angesprochene Problem der Benennung in ganz natürlicher Weise tatsächlich auftritt! Aus der zugehörigen Vorstellung heraus scheint *Lotdachebene* besser zu passen.[b]

Im Zweidimensionalen, in der ebenen Geometrie, verhält es sich mit den Loten dagegen folgendermaßen:

---

[a] Wenn C in A liegt, ist die d-Lotgerade übrigens anschaulich genau die auf Seite 84 erwähnte Gerade, die das Gesichtsfeld seitlich abgrenzt.

[b] Nach einem Vorschlag von Eva Diener.

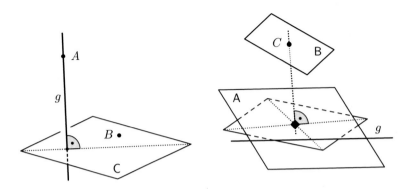

ABB. 3.14: Illustration zu Satz 3.4.3: g ist links die e-Lotgerade zu C durch A und rechts die d-Lotgerade zu C in A

Zu einem e-Punkt und einer e-Geraden gibt es genau eine Gerade, die durch den Punkt geht und orthogonal zu der Geraden ist. Diese heißt *Lotgerade* zu der Geraden durch den Punkt.	Zu einer d-Geraden und einem d-Punkt gibt es genau einen Punkt, der in der Geraden liegt und orthogonal zu dem Punkt ist. Dieser heißt *Lotpunkt* zu dem Punkt in der Geraden.

Links ist natürlich e-orthogonal, rechts d-orthogonal gemeint, etwas anderes ergibt ja in der ebenen Geometrie keinen Sinn. Statt „Lotgerade" und „Lotpunkt" sagen wir künftig auch einfach „Lot", wenn aus dem Zusammenhang klar ist, was gemeint ist. Die zum Lotfußpunkt duale Gerade heiße in der ebenen Geometrie *Lotdachgerade*.[a] [28]

ANWENDUNGEN IN DER EBENEN GEOMETRIE

Aus der ebenen euklidischen Geometrie führen wir hier nur ein Beispiel an, das allerdings besprechen wir sehr ausführlich, so dass der Leser genau verfolgen kann, wie der Prozess der Dualisierung vor sich geht.

Vielleicht kennen Sie aus der Schule noch den Satz, dass die Höhen eines Dreiecks sich in einem Punkt H (dem *Orthozentrum*) schneiden. Dabei sind die Höhen die Linien durch die Ecken, die senkrecht auf den gegenüberliegenden Seiten stehen. Wenn das Dreieck spitzwinklig ist, liegt H im Inneren des Dreiecks. Wenn das Dreieck stumpfwinklig ist, muss man die Seiten, die den stumpfen Winkel bilden, verlängern, um die Höhen einzeichnen zu können. Der

---

[a]Der Lotpunkt zu einer d-Geraden und einem d-Punkt lässt sich leicht konstruieren, indem man den zum Nahstrahl des Punktes orthogonalen Nahstrahl mit der Geraden schneidet. Die Lotdachgerade verbindet den Punkt mit dem Lotpunkt.

Höhenschnittpunkt liegt dann außerhalb des Dreiecks. Wenn das Dreieck rechtwinklig ist, fällt der Höhenschnittpunkt mit der Ecke zusammen, in der sich der rechte Winkel befindet. Die Zeichnungen dazu sehen so ähnlich aus wie in Abb. 3.15.

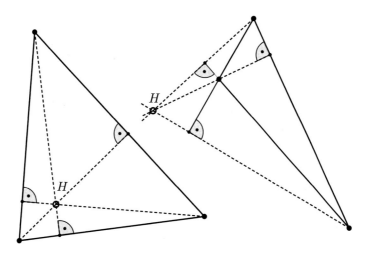

ABB. 3.15: Höhenschnittpunkt beim spitzwinkligen und beim stumpfwinkligen Dreieck

Wie nimmt sich dieser Satz nun in der polareuklidischen Geometrie aus, wie lässt er sich dualisieren? Zunächst die euklidische Formulierung:

SATZ   *Die drei Höhen eines Dreiecks gehen durch einen Punkt.*

Nun müssen wir die verwendeten Begriffe, hier nur den Begriff „Höhe", durch Formulierungen ausdrücken, die wir dualisieren können. Dualisieren können wir indes vorerst im Wesentlichen nur „Punkt", „Gerade", „parallel" und „orthogonal". Die Seiten eines Dreiecks sehen wir, wie bisher schon, zunächst als Geraden an, nicht als Strecken, wie in der Schule. Das macht nichts, denn der Satz gilt dann genauso.

Eine Höhe in einem Dreieck ist dann eine Gerade, welche auf einer Seite „senkrecht steht" bzw. in unserer Sprechweise zu einer Seite orthogonal ist und durch die der Seite gegenüberliegende Ecke geht, also die Lotgerade zu einer Seite durch die gegenüberliegende Ecke. Beim Dualisieren haben wir „Gerade" durch „Punkt" zu ersetzen, „Seite" durch „Ecke", „orthogonal" bleibt stehen, und „Ecke" wird durch „Punkt" ersetzt.

Und was schreiben wir für „Höhe"? Dafür gibt es kein eingebürgertes Wort, weil ja diese Begriffsbildung ganz neu ist! Sie, liebe Leserin und Sie, lieber Leser,

können ein neues Wort dafür erfinden! Vielleicht „Tiefe" statt „Höhe"? Wie ist
man auf „Höhe" überhaupt gekommen? Das alles bleibt hier offen. Als vorläufige
Lösung haben wir ja auf Seite 66 eine Verabredung beschrieben, nach welcher
der Punkt, der dual zur Höhe ist, „d-Höhe" heißt. Und statt „Höhe" sagen wir
der Deutlichkeit halber „e-Höhe". So haben wir die Gegenüberstellung:

Eine e-Höhe in einem Dreieck ist ei-ne Gerade, welche zu einer Seite or-thogonal ist und durch die der Seite gegenüberliegende Ecke geht.	Eine d-Höhe in einem Dreiseit ist ein Punkt, welcher zu einer Ecke or-thogonal ist und in der der Ecke gegenüberliegenden Seite liegt.

Damit stehen sich einfach folgende Sätze dual gegenüber:

SATZ 3.4.4

Die drei e-Höhen eines Dreiecks ge-hen durch einen Punkt.	*Die drei d-Höhen eines Dreiseits lie-gen in einer Geraden.*

Wenn man mit dem Satz rechts eine Anschauung verbinden will, muss man
natürlich einen Ort für den a. M. festlegen. Je nach dessen Lage ergeben sich
verschieden aussehende Konfigurationen.

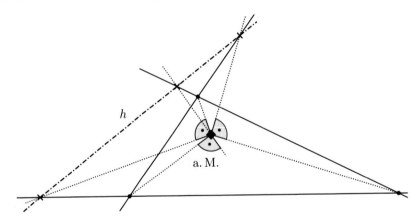

ABB. 3.16: Dreiseit mit d-Höhen (Kreuze) und d-Höhen-Verbindungsgerade h, a. M. im inneren Punktgebiet

In den Abbildungen 3.16 und 3.17 sind zwei Dreiseite abgebildet. Beim ersten
liegt der a. M. innerhalb, beim zweiten außerhalb des von den Seiten umschlos-
senen endlichen Punktgebiets (wir kommen darauf zurück, siehe Abschnitt 4.7).
   In jeder ihrer Seiten liegt eine d-Höhe (als Kreuz dargestellt), oder sollte
man doch besser ein „Höhenpunkt" sagen? Die gepunkteten Hilfslinien durch
den a. M. bilden orthogonale Paare. Wie man sieht, liegen die drei Höhenpunk-
te jedes Dreiseits in einer Geraden h, die dual zum Orthozentrum H beim

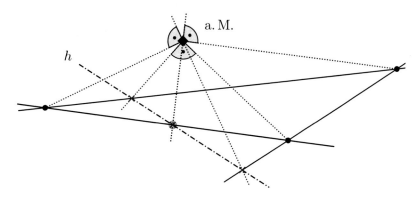

ABB. 3.17: Dreiseit mit d-Höhen und d-Höhen-Verbindungsgerade h,
a. M. im äußeren Punktgebiet

Dreieck ist. Sollte das d-Orthozentrum vielleicht „Orthohorizont" heißen? Oder
„Orthoperipherie"?

KLEINE PHILOSOPHISCHE BETRACHTUNG

Die Tatsache, dass die Lage der d-Höhen und ihrer Verbindungsgerade von der
Lage des a. M. bzw. von der Beziehung abhängt, welche das Dreiseit zum a. M.
hat, mag zunächst seltsam erscheinen. Da tritt ein Punkt auf, ein Ding mehr
als in der euklidischen Formulierung. Aber ein Blick auf Satz 3.4.4 kann einen
daran erinnern, warum das so ist: In dem Satz tritt nämlich der a. M. gar nicht
auf! Der Bezug auf den a. M. steckt in dem rechts implizit verwendeten Begriff
„orthogonal", der zur Definition der d-Höhe gebraucht wird. Und in dem links,
in der euklidischen Geometrie, implizit verwendeten Begriff „orthogonal", der
gebraucht wird, um „e-Höhe" zu definieren, steckt ein Bezug auf die unendlichferne Ebene bzw. die unendlichferne Gerade der Zeichenebene. Das ist gerade
das Charakteristische an der euklidischen Geometrie, dass sie ihre ständige (implizite) Bezugnahme auf die u. E. durch Verwendung für sie typischer Begriffe
(wie „parallel", „orthogonal" oder „Mittelpunkt") verschleiert. In der dualeuklidischen Geometrie und damit auch in der polareuklidischen wird der Bezug auf
den a. M. explizit, *wenn man die Verhältnisse aus der euklidischen Perspektive
ansieht und beschreibt.* Und das tut man, wenn man solche Skizzen anfertigt.

Könnten wir Menschen als „dualeuklidische Wesen" solche Skizzen anferti-
gen, käme der a. M. darin nicht vor – doch an dessen Stelle käme die u. E. vor!
Letztlich hängt die ganze bereits angesprochene Einseitigkeit unserer Raumanschauung, welche das Punkthafte, Begrenzte, gegenüber dem Ebenenhaften
bevorzugt, wohl mit unserer „Körperhaftigkeit" zusammen: Unser eigener Körper, den wir durch unsere Sinne erfahren, ist für die geometrische Anschauung
unser Referenzobjekt!

3.5 Das Dualitätsprinzip der polareuklidischen Geometrie

Das Dualitätsprinzip der polareuklidischen Geometrie haben wir bereits oft angewandt und wollen es nun allgemein formulieren. In Abschnitt 2.4 haben wir das Dualitätsprinzip der projektiven Geometrie formuliert und erläutert. Im Raum lautet es:

Jede richtige Aussage der projektiven Geometrie geht wieder in eine richtige Aussage über, wenn man in ihr gewisse Begriffe gemäß der folgenden Liste durch die ihnen gegenüberstehenden dualen *ersetzt:*

Punkt	*Ebene*
liegen in	*gehen durch*
schneiden	*verbinden*
. . .	*. . .*

Der Begriff „Gerade" bleibt unverändert stehen. In die Liste gehören weitere Paarungen dualer Begriffe, die sich aus den angeführten von selbst ergeben.

Das gegenüber der PG Neue in der PEG ist die Einführung zweier neuer Begriffe, einer ausgezeichneten Ebene, *der unendlichfernen Ebene* u. E., und eines ausgezeichneten Punkts, *des absoluten Mittelpunkts* a. M. Diese beiden sind dual zueinander. Mit deren Hilfe werden die dualen Begriffe „parallel" und „zentriert" definiert. Und schließlich haben wir noch die dualen Begriffe „e-orthogonal" und „d-orthogonal" in ganz symmetrischer Weise eingeführt.

Wie bereits angedeutet wurde, lässt sich die ganze euklidische Geometrie aus den Begriffen der projektiven Geometrie und den Begriffen „parallel" und „senkrecht" aufbauen. Wir werden das im Weiteren noch verschiedentlich genauer darstellen. Da wir dafür symmetrische Gegenstücke eingeführt haben, lässt sich jede Konstruktion zum Aufbau der euklidischen Geometrie dualisieren und wird damit zu einer Aussage der dualeuklidischen Geometrie. Indem wir die euklidische Geometrie und die dualeuklidische Geometrie zur polareuklidischen Geometrie nicht nur vereinen, sondern gewissermaßen „verweben" (siehe Abschnitt 3.3), können wir zu jeder innerhalb der polareuklidischen Geometrie wahren Aussage, die euklidische und/oder dualeuklidische Begriffe verwendet, eine duale Aussage innerhalb der polareuklidischen Geometrie aufstellen.

Wir haben damit ganz analog zu dem der projektiven Geometrie auch ein *Dualitätsprinzip der polareuklidischen Geometrie*, das sich genauso formulieren lässt, nur dass die zugehörige Liste der zu ersetzenden Begriffe erweitert werden muss. Im Raum können wir formulieren:

Jede richtige Aussage der polareuklidischen Geometrie geht wieder in eine richtige Aussage über, wenn man in ihr gewisse Begriffe gemäß der folgenden Liste durch die ihnen gegenüberstehenden dualen *ersetzt:*

Punkt	*Ebene*
liegen in	*gehen durch*
schneiden	*verbinden*
unendlichferne Ebene u. E.	*absoluter Mittelpunkt a. M.*
parallel	*zentriert*
e-orthogonal	*d-orthogonal*
...	...

Im Raum bleibt „Gerade" unverändert stehen, in der ebenen PEG tritt an die Stelle des Begriffs „Ebene" der Begriff „Gerade", und an die Stelle der unendlichfernen Ebene u. E. tritt die *unendlichferne Gerade* u. G. Weitere Ersetzungen ergeben sich von selber aus den Definitionen der gegenüber der PG neuen Begriffe wie „Strecke", „Winkelhalbierende" und „Kreis" und den dazu dualen Begriffen, die im Aufbau der PEG gebildet werden. Im Anhang ab Seite 305 ist ein Verzeichnis der in diesem Buch verwendeten dualen Begriffe im Raum und in der Ebene zu finden.

4 EINIGE BEGRIFFE UND OBJEKTE DER POLAREUKLIDISCHEN GEOMETRIE

Nun wollen wir sehen, was wir mit den neuen Begriffen anfangen können. Welche neuen Objekte bringt die polareuklidische Geometrie hervor, wie dualisiert man die bekannten Sätze der euklidischen Geometrie innerhalb der PEG, was ist dual zu Mittelpunkt, Winkelhalbierender, Rechteck und Quadrat und zum Kreis? Und wie dualisiert z. B. den Satz des Thales? Wie also treibt man Geometrie in der PEG? Und lassen sich die neuen Begriffe mit räumlichen Alltagserfahrungen in Verbindung bringen?

Dazu sei noch ein Hinweis gegeben: Alle geometrischen Aussagen sind zu verstehen als Aussagen innerhalb der polareuklidischen Geometrie. In der PEG haben wir das volle begriffliche Instrumentarium der projektiven, der euklidischen und der dualeuklidischen Geometrie zur Verfügung und können uns frei darin bewegen. D. h. auch: Alle Aussagen der PG, der EG oder der DEG können als Aussage innerhalb der PEG verstanden werden. Davon machen wir im Folgenden zunehmend Gebrauch. Viele Aussagen haben auch in einem „kleineren" Begriffssystem einen Sinn. So sprechen wir von Aussagen der PG, wenn darin der absolute Mittelpunkt und die unendlichferne Ebene nicht vorkommen (weder implizit noch explizit!). Oder von Aussagen der EG, wenn die u. E., aber nicht der a. M., und von Aussagen der DEG, wenn der a. M., aber nicht die u. E. darin vorkommen.

4.1 MITTELPUNKT UND MITTELEBENE

Zum *Mittelpunkt* wurde schon im Abschnitt 3.2 auf Seite 71ff. einiges ausgeführt. Wir gehen auf diesen wichtigen Begriff nun näher ein. Der Leser tut gut daran, die im Folgenden beschriebenen Konstruktionen zu üben und sich mit ihrer Anwendung in unterschiedlichen Zusammenhängen vertraut zu machen. Zunächst wiederholen wir die Definition und dualisieren sie in der Ebene:

Springer-Verlag GmbH, DE, ein Teil von Springer Nature 2021
I. Diener, *Polareuklidische Geometrie*,
https://doi.org/10.1007/978-3-662-63301-4_5

DEFINITION (Mittelpunkt und Mittelstrahl in der Ebene)

Der e-Mittelpunkt zweier e-Punkte *P, Q ist der Punkt* M *in ihrer Verbindungsgeraden, der durch P und Q vom Fernpunkt der Verbindungsgeraden harmonisch getrennt wird.*

Der d-Mittelstrahl zweier d-Strahlen *p, q ist die Gerade m durch ihren Schnittpunkt, die durch p und q vom Nahstrahl des Schnittpunktes harmonisch getrennt wird.*

Im Raum ergibt die Dualisierung:

DEFINITION (Mittelpunkt und Mittelebene im Raum)

Der e-Mittelpunkt zweier e-Punkte *P, Q ist der Punkt* M *in ihrer Verbindungsgeraden, der durch P und Q vom Fernpunkt der Verbindungsgeraden harmonisch getrennt wird.*

Die d-Mittelebene zweier d-Ebenen *P, Q ist die Ebene* M *durch ihre Schnittgerade, die durch* P *und* Q *von der Nahebene der Schnittgeraden harmonisch getrennt wird.*

Wie man unmittelbar an der Definition sieht, *hängt die Lage des Mittelstrahls bzw. der Mittelebene nicht von der genauen Lage des a. M. ab, sondern lediglich davon, wie der Nahstrahl des Schnittpunktes der beiden Geraden bzw. die Nahebene der Schnittgeraden der beiden beteiligten Ebenen liegt.* Diese Tatsache spielt in einigen Zusammenhängen eine wichtige Rolle und erlaubt es, manche Konstruktionen zu vereinfachen.

Eine Konstruktion für den Mittelpunkt wurde schon früher angegeben und in den Abbildungen 2.13 und 3.4 auf den Seiten 57 und 73 dargestellt, in letzterer Abbildung auch für den Mittelstrahl. Wir geben nun noch eine weitere Möglichkeit an, die auch schon erwähnt wurde. In Abschnitt 3.2 hatten wir nämlich festgestellt, dass sich die Diagonalen eines Parallelogramms gegenseitig halbieren. Es gilt also:

Der Mittelpunkt eines Parallelogramms ist der Mittelpunkt jedes seiner beiden Paare gegenüberliegender Ecken.

Der Mittelstrahl eines Zentrigramms ist der Mittelstrahl jedes seiner beiden Paare gegenüberliegender Seiten.

Das liefert eine einfache Konstruktionsmöglichkeit für Mittelpunkt und Mittelstrahl in der ebenen polareuklidischen Geometrie:

Um den Mittelpunkt *M* zweier Punkte *P, Q* zu bestimmen, konstruiert man ein Parallelogramm, in dem *P, Q* gegenüberliegende Eckpunkte sind. Der Schnittpunkt der Diagonalen des Parallelogramms ist dann der Mittelpunkt.

Um den Mittelstrahl *m* zweier Geraden *p, q* zu bestimmen, konstruiert man ein Zentrigramm, in dem *p, q* gegenüberliegende Seiten sind. Die Verbindungsgerade der Diasegmentalen des Zentrigramms ist dann der Mittelstrahl.

Das hört sich komplizierter an, als es ist. Um M zu bestimmen, zeichnet
man irgend zwei Geraden durch P und zwei dazu parallele durch Q (Abb. 4.1).
Dann verbindet man die dabei entstehenden beiden Schnittpunkte und schneidet diese Gerade mit der Verbindungsgeraden von P und Q. Der Schnittpunkt
ist der Mittelpunkt M von P, Q.

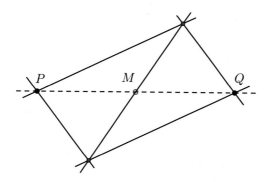

ABB. 4.1: Einfache Konstruktion des Mittelpunktes M zu zwei Punkten P, Q

Genauso einfach konstruiert man den Mittelstrahl (Abb. 4.2): Man zeichnet irgend zwei Punkte in p und zwei dazu zentrierte in q. Dann schneidet
man die beiden dabei entstehenden Verbindungsgeraden und verbindet ihren
Schnittpunkt mit dem Schnittpunkt von p und q. Die Verbindungsgerade ist
der Mittelstrahl m von p, q.

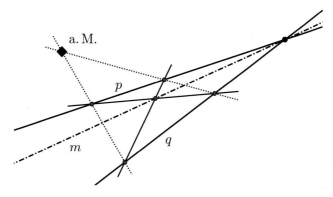

ABB. 4.2: Einfache Konstruktion des Mittelstrahls m zu zwei Geraden
p, q

Beide Konstruktionen lassen sich einfach und schnell allein mit dem Lineal (bzw. dem Geodreieck, um die Parallelen zu ziehen) ausführen.

In der ebenen polareuklidischen Geometrie haben wir es also mit dem Mittelpunkt zweier e-Punkte zu tun und dual dazu mit dem Mittelstrahl zweier d-Geraden. Auch in der räumlichen Geometrie haben je zwei e-Punkte einen Mittelpunkt, den Punkt, der „in der Mitte zwischen" den beiden Punkten liegt. Dual zu zwei e-Punkten sind in der räumlichen Geometrie zwei d-Ebenen. Es gibt also im Raum dual zum Mittelpunkt zweier e-Punkte die Mittelebene zweier d-Ebenen, die wir oben schon definiert hatten.

Im Raum liegen zwei Punkte in allen Ebenen des Büschels, dessen Träger ihre Verbindungsgerade ist. Um den Mittelpunkt zweier Punkte P, Q im Raum zu bestimmen, wählt man eine dieser Ebenen, in der die beiden Punkte liegen, und wendet dann obige Konstruktion in dieser Ebene an. Dabei ergibt sich für jede Ebene derselbe räumliche Mittelpunkt von P und Q.

Die Mittelebene zweier Ebenen P, Q könnte man aus der im Raum dualisierten Konstruktion des Mittelpunktes gewinnen, aber es geht viel einfacher: Man schneidet die beiden Ebenen mit einer beliebigen Nahebene und erhält so zwei Schnittgeraden u, v und den Nahpunkt (a. M.) in dieser Nahebene. Dann konstruiert man, wie eben, den Mittelstrahl der beiden Geraden in dieser Nahebene, welche man dazu als die Zeichenebene der ebenen Geometrie auffasst. Die Verbindungsebene, in welcher dieser Mittelstrahl und die Schnittgerade von P und Q liegen, ist dann die gesuchte Mittelebene.[29*]

Diese Konstruktion lässt sich folgendermaßen ganz einfach ausführen: Man wählt zwei Nahstrahlen, welche P und Q in jeweils zwei Punkten schneiden. Dann verbindet man diese vier Punkte „kreuzweise" und erhält so einen Schnittpunkt M. Die Verbindungsebene von M mit der Schnittgeraden von P und Q ist dann die Mittelebene M von P, Q (Abb. 4.3).

In dem Spezialfall, dass in der ebenen Geometrie die d-Gerade q die u. G. ist, ergibt sich: Der Mittelstrahl ist die zu p parallele Gerade durch den Punkt, in den der an der Geraden p (gewöhnlich euklidisch) gespiegelte a. M. fällt. Wenn im Raum die d-Ebene Q mit der u. E. zusammenfällt, ist die Mittelebene die zu P parallele Ebene durch den an der Ebene P gespiegelten a. M.

Der (euklidische) Mittelpunkt ist etwas, was für unsere Anschauung eine enorme Bedeutung hat. Wir können den Mittelpunkt zwischen zwei Punkten recht genau schätzen (allerdings nur, wenn wir „gerade" auf die Situation blicken!), es fällt uns auf, wenn ein Bild „nicht in der Mitte" hängt. Die Mittelebene und der Mittelstrahl sind anscheinend nicht so intuitiv zu erfassen. Ihre Lage hängt

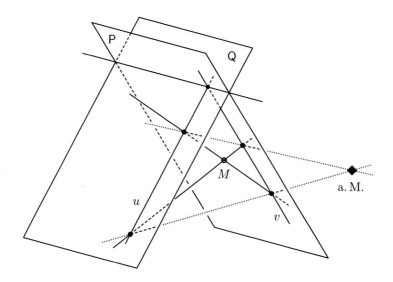

ABB. 4.3: Die Mittelebene (nicht eingezeichnet) ist die Verbindungsebene der Geraden PQ mit M

wiederum von der Lage des a. M. ab. Diese Ebene bzw. dieser Strahl ist nur in
einem speziellen Fall die e-Winkelhalbierende der Ebenen oder Strahlen. Nämlich dann, wenn der a. M. in der anderen e-winkelhalbierenden Ebene bzw. der
anderen winkelhalbierenden Gerade liegt.

Da harmonische Würfe bei Schein- und Schnittbildung nach Satz 2.4.4 wieder
in harmonische Würfe übergehen, gilt auch: Jede zum Nahstrahl des Schnittpunktes von p und q parallele Gerade schneidet p und q in zwei Punkten P, Q,
und verbindet man deren Mittelpunkt M mit dem Schnittpunkt von p und q,
so erhält man den Mittelstrahl von p, q (Abb. 4.4).[30][a]

*Dieser Zusammenhang zwischen Mittelpunkt und Mittelstrahl bzw. Mittele-
bene ist für die Vorstellung und für viele geometrische Konstruktionen sehr
hilfreich!*

In Verbindung damit sei an die Interpretation des Mittelstrahls zweier Geraden als perspektivische Mitte erinnert, die in Abschnitt 3.2 auf Seite 72 im
Zusammenhang mit Abb. 3.4, rechts, besprochen wurde. Daraus ergibt sich,
dass der Mittelstrahl m in den Abbildungen 4.4 und 4.2 auch als perspektivi-

---

[a]Man kann die Abbildung 4.4 auch als Schnitt einer räumlichen Konfiguration mit zwei
Ebenen P, Q und deren Schnittgerade PQ interpretieren. Dann gilt die obige Feststellung
entsprechend für eine zur Nahebene von PQ parallele Ebene, welche P, Q dann in parallelen
Geraden schneidet. Die Ebene durch deren Mittelparallele (Gerade) und PQ ist dann die
Mittelebene von PQ.

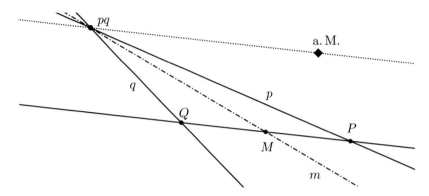

ABB. 4.4: Zusammenhang zwischen Mittelpunkt und Mittelstrahl

sche Ansicht der von p und q gebildeten „Straße" angesehen werden kann, wenn man sich den Nahstrahl von pq als den Horizont, die sogenannte Fluchtgerade der perspektivischen Zeichnung, denkt.

Eine Anschauung von der Mittelebene (bzw. des Mittelstrahls in der ebenen Geometrie) kann man sich anhand von Abb. 4.4 auch folgendermaßen bilden: Man denke sich einen (aufrecht stehenden) Beobachter (in pq), der auf zwei in einiger Entfernung (in P und Q) befindliche senkrechte Stangen (Kanten, Laternenpfähle), also „Geraden", blickt. Wie findet er die „Mitte" zwischen den Stangen, also die Richtung zu einer Stange, die in der euklidischen Mitte zwischen den beiden Stangen stünde? Diese Mitte liegt keineswegs da, wo sie dem Beobachter zu sein scheint, wenn er „schräg" auf die Stangen blickt. (Probieren Sie das ruhig einmal aus!) Sondern eine Stange, die (in M) mitten zwischen den beiden anderen steht, würde in der Mittelebene der beiden Ebenen stehen, welche die beiden anderen Stangen zusammen mit dem Beobachter aufspannen. Diese Mittelebene hängt allerdings noch von der Stellung der Nahebene durch den Beobachter ab. Und die wäre bei der hier vorgeschlagenen Interpretation parallel zur Verbindungsebene der beiden Stangen zu denken. Der a. M. dient in diesem Fall nur dazu, diese Stellung zu markieren; auf seine genaue Lage kommt es dabei nicht an.

Oder einfacher: Fährt man mit dem Auto eine gerade Straße entlang und blickt auf die in gleichen Abständen aufgestellten Laternen am Straßenrand, dann ist, bezüglich eines a. M. in Fahrtrichtung, der Sehstrahl auf die mittlere von drei Laternen immer der Mittelstrahl der Sehstrahlen zu den beiden anderen.

Von dem, was man in einer solchen alltäglichen Situation durch das Sehen erlebt, kann man sich also mit Hilfe der polareuklidischen Geometrie ein Bewusstsein bilden.

Als Beispiel für eine geometrische Anwendung von Mittelpunkt, Mittelstrahl und Mittelebene wollen wir einen hübschen Satz von Varignon über Vierecke dualisieren: (Dieses Beispiel kann beim ersten Lesen übersprungen werden, ohne dass das weitere Verständnis davon beeinträchtigt wird.)

SATZ 4.1.1 (Varignon)
Wenn man die Mittelpunkte benachbarter Seiten eines Vierecks verbindet, erhält man ein Parallelogramm. (Abb. 4.5)

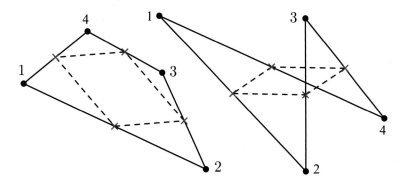

ABB. 4.5: Die Verbindungsgeraden der Mittelpunkte benachbarter Seiten eines Vierecks bilden ein Parallelogramm

Der Satz gilt im Raum und in der Ebene und lässt sich leicht einsehen: Betrachten wir in Abb. 4.5 das Dreieck 123, dann ist nach Satz 3.2.1 die Verbindungsgerade der Seitenmitten von 12 und 23 parallel zu 13. Ebenso ist im Dreieck 143 die Verbindungsgerade der Seitenmitten von 14 und 43 parallel zu 13. Also sind die Verbindungsgeraden der Mitten von 14 und 43 sowie von 12 und 23 parallel. Entsprechend schließt man für die beiden anderen Seiten.

Fassen wir diesen Satz als Satz der ebenen Geometrie auf und stellen sein in der Ebene dualisiertes Gegenstück daneben, so erhalten wir:

SATZ 4.1.2

Wenn man die Mittelpunkte benachbarter Seiten eines Vierecks verbindet, erhält man ein Parallelogramm.	*Wenn man die Mittelstrahlen benachbarter Ecken eines Vierseits schneidet, erhält man ein Zentrigramm.*

Abbildung 4.6 illustriert die Konstruktion zum Satz rechts an einem ebenen Vierseit mit den Seiten 1, 2, 3 und 4. Die Konstruktion aller vier Mittelstrahlen geschieht mit Hilfe der beiden durchgezogenen Nahstrahlen ganz entsprechend der in Abb. 4.2 angewandten Methode. Die strichpunktierten Mittelstrahlen

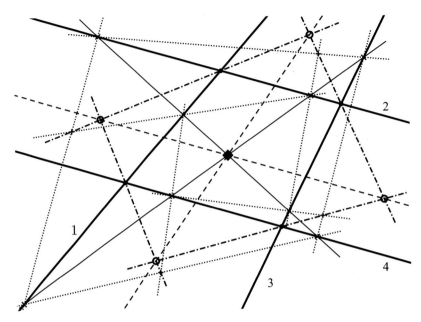

ABB. 4.6: Einander gegenüberliegende Schnittpunkte der Mittelstrahlen benachbarter Ecken eines Vierseits sind zentriert

bilden ein Zentrigramm, die Ecken des Zentrigramms sind hohl. Die beiden gestrichelten Hilfslinien verbinden die Ecken des Zentrigramms, sind also Nahstrahlen.[a]

4.2 STRECKE UND FÄCHER

Sicher ist dem Leser schon aufgefallen, dass wir bisher immer mit Geraden gearbeitet haben statt mit Strecken. In der Schulgeometrie dagegen arbeitet man mit Strecken, also gewissermaßen Stücken von Geraden, die zwei Endpunkte haben. Die Seiten von Dreiecken und Parallelogrammen werden z. B. als solche Strecken aufgefasst. Eine Gerade in unserem Sinne, also im Sinne der PEG (mit Fernpunkt), gibt es in der Schulgeometrie gar nicht. Auch in unserer alltäglichen Vorstellung ist das, woran wir bei „Gerade" denken, wohl am ehesten ein begrenztes, endliches Stück einer Geraden, also eine Strecke.

---

[a] Im Raum müssen die Ecken des Vierecks gar nicht in einer Ebene liegen. In diesem Falle bilden die Ecken ein räumliches Tetraeder, und der Satz lässt sich als Satz über Tetraeder interpretieren. Er liefert dann den Schwerpunkt und in seiner dualisierten Form die „Leichtebene" des Tetraeders. Die Einzelheiten seien besonders ambitionierten Lesern überlassen.[31]

Überlegen wir also, wie wir den euklidischen Begriff „Strecke" dualisieren können. Dazu müssen wir ihn zunächst durch die bisherigen Grundbegriffe der PEG fassen. Was also ist denn eine Strecke? In der Schule hat man vielleicht gehört: „Eine Strecke ist die kürzeste Verbindung zwischen zwei Punkten." Damit können wir hier nichts anfangen, denn erstens wissen wir noch nicht, wie wir „die Entfernung zwischen zwei Punkten" dualisieren könnten, zweitens ist es zu unpräzise, was mit „Verbindung" gemeint ist. Man kann ja meinen, das sei doch klar, aber um den Begriff zu dualisieren, muss das, was vielleicht klar ist, auch durch unsere Grundbegriffe ausgedrückt werden.

Wir wollen versuchen, der Lösung näher zu kommen. Denken wir uns dazu zwei Punkte A und B in einer Geraden. In der euklidischen Geometrie wird durch A, B eine Strecke begrenzt. Zu dieser gehören alle Punkte, die zwischen A und B liegen. Versuchen wir also, den euklidischen Begriff einer Strecke zu fassen und gleich im Raum zu dualisieren:

DEFINITION (e-Strecke und d-Strecke im Raum)

Zur e-Strecke $[AB]$ *zwischen zwei e-Punkten* A *und* B *gehören die Punkte der Punktreihe mit Trägergerade* AB, *die zwischen* A *und* B *liegen.*	*Zur* d-Strecke [AB] *zwischen zwei d-Ebenen* A *und* B *gehören die Ebenen des Ebenenbüschels mit Trägergerade* AB, *die zwischen* A *und* B *liegen.*

Die linke Seite scheint ziemlich klar zu sein, die rechte Seite jedoch nicht: Wann liegt eine Büschelebene zwischen zwei Ebenen A und B des Büschels? Liegt nicht jede von A und B verschiedene Büschelebene zwischen A und B? Dieses Problem haben wir bei der Besprechung einander trennender Punkt-, Strahlen- und Ebenenpaare in den Abschnitten 2.3.3 und 2.4.3 schon angesprochen. Wir können demnach den Begriff „zwischen" in der polareuklidischen Geometrie definieren, indem wir den euklidischen Begriff „zwischen" für zwei Punkte einer Geraden dualisieren. Im Raum erhalten wir so:

DEFINITION (zwischen)

Ein Punkt C *einer Punktreihe liegt* zwischen *den e-Punkten* A *und* B *der Reihe, wenn er vom Fernpunkt der Reihe durch* A *und* B *getrennt wird.*	*Eine Ebene* C *eines Ebenenbüschels liegt* zwischen *den d-Ebenen* A *und* B *des Büschels, wenn sie von der Nahebene des Büschels durch* A *und* B *getrennt wird.*

Und in der ebenen Geometrie ergibt sich:

DEFINITION (zwischen)

Ein Punkt C *einer Punktreihe liegt* zwischen *den e-Punkten* A *und* B *der Reihe, wenn er vom Fernpunkt der Reihe durch* A *und* B *getrennt wird.*	*Ein Strahl* c *eines Strahlenbüschels liegt* zwischen *den d-Strahlen* a *und* b *des Büschels, wenn er vom Nahstrahl des Büschels durch* a *und* b *getrennt wird.*

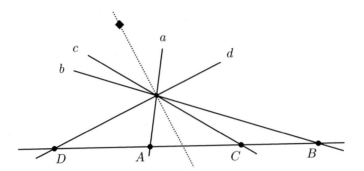

ABB. 4.7: *A liegt zwischen D und C sowie d zwischen d und c*

In Abb. 4.7 liegt A zwischen D und C, nicht aber B. Und der Strahl b liegt zwischen den Strahlen d und c, nicht aber a.

Wenn wir die e- bzw. d-Strecke als Gesamtheit von Punkten bzw. Ebenen auffassen wollen, können wir auch sagen: Die e-Strecke $[AB]$ „besteht" aus den Punkten ... bzw.: Die d-Strecke $[AB]$ „besteht" aus den Ebenen ...

Wir formulieren die Definition nun noch einmal anders und führen dabei zusätzliche praktische Begriffe ein:

DEFINITION (Segment und Strecke, Winkelraum und Fächer im Raum)

Zwei e-Punkte A, B zerlegen ihre Verbindungsgerade AB als Punktreihe in zwei Segmente. Dasjenige, das keinen Fernpunkt enthält, heiße das endliche Segment oder auch die e-Strecke [AB] zwischen den Endpunkten A und B.	*Zwei d-Ebenen A, B zerlegen ihre Schnittgerade AB als Ebenenbüschel in zwei Winkelräume. Derjenige, der keine Nahebene enthält, heiße der endliche Winkelraum oder auch die d-Strecke [AB] zwischen den Endebenen A und B.*

Da diese Begriffe häufig vorkommen und naheliegende Vorstellungen sich damit verbinden, sagen wir statt d-Strecke auch *Ebenenfächer* oder einfach *Fächer* und statt e-Strecke einfach *Strecke*.

In der *ebenen* polareuklidischen Geometrie treffen wir ganz entsprechende Vereinbarungen, die wir durch Dualisierung in der Ebene erhalten:

DEFINITION (e-Strecke und d-Strecke in der Ebene)

Zur e-Strecke [AB] zwischen zwei e-Punkten A und B gehören die Punkte der Punktreihe mit Trägergerade AB, die zwischen A und B liegen, die also durch A und B vom Fernpunkt der Reihe getrennt werden.	*Zur d-Strecke [ab] zwischen zwei d-Strahlen a und b gehören die Strahlen des Strahlenbüschels mit Trägerpunkt ab, die zwischen a und b liegen, die also durch a und b vom Nahstrahl des Büschels getrennt werden.*

Auch hier formulieren wir noch einmal anders:

DEFINITION (Segment und Strecke, Winkelfelder und Fächer in der Ebene)

Zwei e-Punkte A, B zerlegen ihre Verbindungsgerade AB als Punktreihe in zwei Segmente. *Dasjenige, das keinen Fernpunkt enthält, heiße das* endliche Segment. *Dieses endliche Segment einer Punktreihe heißt auch die* e-Strecke *oder einfach* Strecke [AB] *zwischen den* Endpunkten A und B.

Zwei d-Geraden a, b zerlegen ihren Schnittpunkt ab als Strahlenbüschel in zwei Winkelfelder. *Dasjenige, das keinen Nahstrahl enthält, heiße das* endliche Winkelfeld. *Dieses endliche Winkelfeld eines Strahlenbüschels heißt auch die* d-Strecke *oder einfach* Fächer [ab] *zwischen den* Endstrahlen a und b.

Wenn Unklarheiten oder Verwechslungen mit dem Ebenenfächer auftreten könnten, nennen wir den ebenen Fächer auch *Strahlenfächer*.

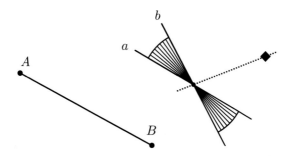

ABB. 4.8: Die Strecke [AB] und der Strahlenfächer [ab]

Abbildung 4.8 zeigt, wie Strecke und Fächer in der Ebene dargestellt werden können. Man kann sich damit leicht vorstellen, wie ein Ebenenfächer auszusehen hätte. Das Zeichen für den Fächer ist in der Tat neuartig und gewöhnungsbedürftig, besonders wenn man beim Betrachten der Abbildung daran denkt, was den Fächer ausmacht; er ist ja eine Art „Winkelraum". Wenn wir eine Strecke als einen Ausschnitt, einen „Teil" einer Geraden ansehen, dann haben wir die Gerade als Punktreihe vor Augen. Entsprechend müssten wir dann einen Fächer als Teil eines Punktes ansehen. Der ganze Punkt wäre dann das vollständige Strahlenbüschel mit diesem Punkt als Träger. Dann gilt also nicht mehr das euklidische: „Ein Punkt ist, was keine Teile hat", sondern die Teile eines Punktes sind die Geraden durch ihn, wie die Teile einer Geraden die Punkte in ihr sind.

Wenn wir Strecken statt Geraden nehmen, um euklidische Objekte in der gewohnten Art zu zeichnen, entstehen beim Dualisieren ungewohnte Bilder! Die „Seiten" der geometrischen Figuren sind dann Strecken. Beim Dualisieren gehen sie in Ecken über, aber diese sind dann nicht Punkte, sondern Fächer. Als Beispiele sehen wir uns Dreieck, Parallelogramm, Rechteck und Quadrat an.

DREIECK UND DREISEIT   Ein rechtwinkliges Dreieck ist ein Dreieck, bei dem zwei Seiten zueinander orthogonal sind („senkrecht aufeinander stehen"). Dual dazu ist ein Dreiseit, bei dem zwei Ecken orthogonal zueinander sind. Zwei Ecken (jetzt Fächer, keine Punkte) sind natürlich orthogonal zueinander, wenn ihre Trägerpunkte orthogonal zueinander sind, also, wie wir wissen, vom a. M. aus unter einem rechten Winkel gesehen werden.

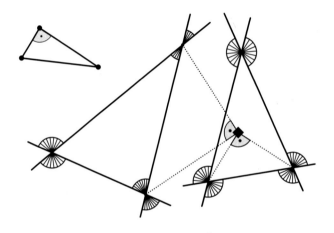

ABB. 4.9: Rechtwinkliges Dreieck und zwei dazu duale Dreiseite

In Abb. 4.9 sind zwei Möglichkeiten dargestellt, die wir (als e-Beobachter) als verschieden ansehen: Bei einem Dreiseit liegt der a. M. „innen", bei dem anderen „außen". Wie Innen und Außen in der dualeuklidischen Geometrie wirklich beschaffen sind, werden wir später sehen.

PARALLELOGRAMM UND ZENTRIGRAMM   Mit Parallelogramm und Zentrigramm haben wir uns schon in Kapitel 3.2 beschäftigt, aber da nahmen wir Geraden für die Seiten und Punkte für die Ecken. Mit Strecken und Fächern sähen Bilder wie in Abb. 3.2 und Abb. 3.3 auf den Seiten 71 und 72 so wie in Abb. 4.10 aus.

In Abb. 4.10 sind drei verschiedene a. M. gezeichnet, welche zu den jeweiligen Figuren gehören sollen. Zu beachten ist, dass *der Fächer immer das endliche Winkelfeld ist, also dasjenige, welches den Nahstrahl nicht enthält.*

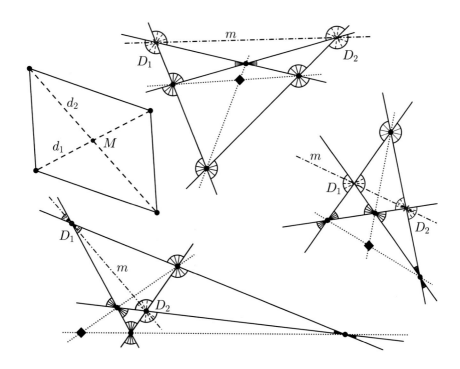

ABB. 4.10: e-Parallelogramm mit Diagonalen d_1, d_2 und Mittelpunkt M. Dazu drei d-Parallelogramme (Zentrigramme) mit Diasegmentalen D_1, D_2 und Mittelstrahl m.

RECHTECK, RECHTSEIT UND QUADRAT

DEFINITION (Rechteck und Rechtseit)

Ein Parallelogramm, in dem zwei Seiten rechtwinklig zueinander sind, nennen wir ein e-Rechteck.	*Ein Zentrigramm, in dem zwei Ecken rechtwinklig zueinander sind, nennen wir ein* d-Rechteck.

Statt d-Rechteck sagen wir auch *Rechtseit*, wie in [18]. In der Schule haben wir vielleicht gelernt, ein Quadrat sei ein Rechteck, dessen Seiten alle gleich lang sind. Diese Definition taugt nicht zum Dualisieren, denn wir können „gleich lang" noch nicht dualisieren. Doch man kann den Begriff „Quadrat" auch anders definieren:

DEFINITION (Quadrat)

Ein e-Rechteck, dessen Diagonalen rechtwinklig zueinander sind, heißt e-Quadrat. *(Abb. 4.11)*	*Ein d-Rechteck, dessen Diasegmentalen rechtwinklig zueinander sind, heißt* d-Quadrat. *(Abb. 4.11)*

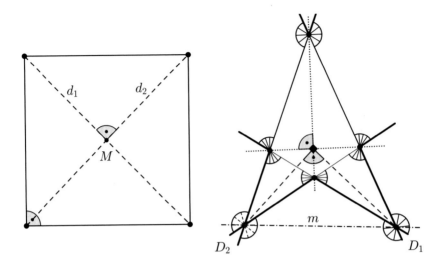

ABB. 4.11: e-Quadrat mit Diagonalen d_1, d_2 und Mittelpunkt M. Dazu ein d-Quadrat mit orthogonalen Diasegmentalen D_1, D_2 und Mittelstrahl m.

4.3 WINKELHALBIERENDE

Aus der Schulgeometrie ist uns der Begriff „Winkel" vertraut. Für die Anschauung scheint klar zu sein, was ein Winkel ist, aber erstaunlicherweise lässt sich das gar nicht so einfach genau sagen. Wir befassen uns damit näher im Abschnitt 6.1. Hier lassen wir offen, was ein e-Winkel und ein d-Winkel ist (!) und sagen stattdessen, was unter dem Begriff „Winkelhalbierende" zu verstehen ist. Wer ein intuitives Verständnis der gewöhnlichen Winkelhalbierenden hat, wird die folgende Festlegung leicht verstehen:

DEFINITION (Winkelhalbierende)

Gegeben seien zwei nicht parallele e-Geraden a, b. Dann nennen wir diejenigen zueinander orthogonalen Geraden durch den Schnittpunkt von a und b, die durch a, b harmonisch getrennt sind, die Winkelhalbierenden *von a, b.*

Gegeben seien zwei nicht zentrierte d-Punkte A, B. Dann nennen wir diejenigen zueinander orthogonalen Punkte auf der Verbindungsgeraden von A und B, die durch A, B harmonisch getrennt sind, die Winkelhalbierenden *von A, B.*

Wenn nötig, sagen wir auch *winkelhalbierende Geraden* oder *winkelhalbierende Punkte.*[32]

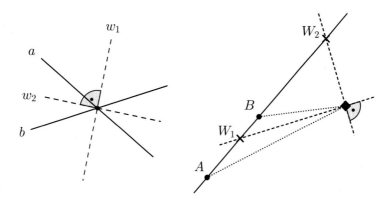

ABB. 4.12: Die Winkelhalbierenden zweier Geraden und zweier Punkte

Die winkelhalbierenden Punkte von A, B sind einfach zu zeichnen (Abb. 4.12): es sind einfach die Schnittpunkte von AB mit den winkelhalbierenden Geraden der Nahstrahlen von A, B.[33*]

Um winkelhalbierende Ebenen im Raum zu erhalten, dualisieren wir die Definition für winkelhalbierende Punkte einer Geraden (rechts) *im Raum*:

Gegeben seien zwei nicht parallele e-Ebenen A, B. Dann nennen wir diejenigen zueinander orthogonalen Ebenen durch die Schnittgerade von A und B, die durch A, B harmonisch getrennt sind, die *Winkelhalbierenden* von A, B.

Gegeben seien zwei nicht zentrierte d-Punkte A, B. Dann nennen wir diejenigen zueinander orthogonalen Punkte auf der Verbindungsgeraden von A und B, die durch A, B harmonisch getrennt sind, die *Winkelhalbierenden* von A, B.

Als kleine Anwendung in der Geometrie der Ebene dualisieren wir den Satz, dass die Winkelhalbierenden eines Dreiecks sich in einem Punkt schneiden:

Die inneren Winkelhalbierenden eines Dreiecks schneiden sich in einem Punkt.

Die inneren Winkelhalbierenden eines Dreiseits liegen in einer Geraden.

Zeichnungen dazu sind in Abb. 4.13 zu sehen. Zur Erläuterung sei noch hinzugefügt:

Die *innere* Winkelhalbierende (Gerade) einer Dreiecksecke ist diejenige, welche mit der gegenüberliegenden Seite (als Strecke aufgefasst) einen Punkt gemein hat.

Der *innere* Winkelhalbierende (Punkt) einer Dreiseitseite ist derjenige, welcher mit der gegenüberliegenden Ecke (als Fächer aufgefasst) eine Gerade gemein hat.

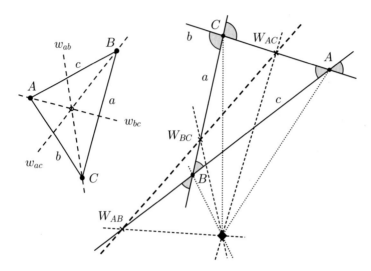

ABB. 4.13: Die inneren Winkelhalbierenden schneiden sich in einem Punkt bzw. liegen in einer Geraden

In Abb. 4.13, links, sind w_{ab}, w_{ac} und w_{bc} die inneren winkelhalbierenden Geraden des Dreiecks ABC, und rechts sind W_{AB}, W_{AC} und W_{BC} die inneren winkelhalbierenden Punkte des Dreiseits abc.

Der Schnittpunkt der Winkelhalbierenden eines Dreiecks ist ein wichtiger Punkt: Er ist der *Inkreismittelpunkt* des Dreiecks, also der Mittelpunkt des Kreises, welcher die Dreiecksseiten von innen berührt. Da müsste doch, dual, die Verbindungsgerade der winkelhalbierenden Punkte eines Dreiseits – der Mittelstrahl eines d-Kreises sein, welcher das Dreiseit ... Wir werden sehen.

4.4 KUGELFLÄCHE UND KREIS

Kugel und Kreis sind prominente Objekte der Geometrie. Sie sind an vielen Gestaltungen und geometrischen Sätzen der drei- bzw. zweidimensionalen Geometrie beteiligt. Mathematiker verstehen unter einer *Kugelfläche* oder *Sphäre* die Fläche, welche von der Oberfläche einer Kugel gebildet wird, also den Rand der *Vollkugel*. Entsprechend ist ein Kreis die Linie, welche den Rand der *Kreisscheibe* bildet. An diese Terminologie wollen wir uns auch hier halten.

Es gibt viele Möglichkeiten zu definieren, was eine Sphäre und was ein Kreis ist. Zum Beispiel: *Der geometrische Ort aller Punkte, die von einem gegebenen Punkt, dem Mittelpunkt, gleich weit entfernt sind, ist im Raum eine Sphäre bzw. in der Ebene ein Kreis.*[a]

---

[a]Den Begriff eines geometrischen Ortes verwendet man heute kaum noch, stattdessen fin-

Wir wollen die Begriffe „Sphäre" und „Kreis" nun dualisieren. Da wir den Abstandsbegriff noch nicht besprochen haben, suchen wir eine Möglichkeit, Kreis und Sphäre ohne die Verwendung des Begriffs „Abstand" bzw. „Entfernung" zu definieren. Der Einfachheit halber befassen wir uns zunächst mit dem Kreis in der Ebene.

Viele Leser erinnern sich sicher an den *Satz des Thales*: „Der Winkel in einem Halbkreis ist ein rechter." Wenn also zwei Ecken eines Dreiecks den Durchmesser eines Kreises bilden und die dritte Ecke auch auf dem Kreis liegt, dann ist der Winkel in dieser Ecke ein rechter. Von diesem Satz gilt auch die Umkehrung, die sich so formulieren lässt (vgl. Abb. 4.14): *Die Punkte, von denen aus zwei gegebene Punkte unter einem rechten Winkel gesehen werden, liegen alle auf einem Kreis.* Oder anders: *Die Punkte, deren Verbindungsgeraden mit zwei festen Punkten zueinander orthogonal sind, liegen auf einem Kreis.*[a] Die beiden gegebenen Punkte erweisen sich als die Endpunkte eines Kreisdurchmessers.

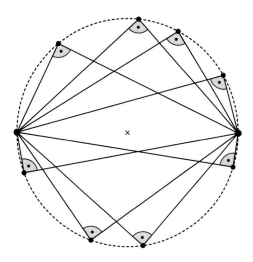

ABB. 4.14: Punkte, von denen aus zwei feste Punkte unter einem rechten Winkel erscheinen

Den Inhalt dieser Aussage kann man sich folgendermaßen zur Anschauung bringen: Man stecke zwei Stangen senkrecht in den Boden und suche dann einen Ort auf, von dem aus die beiden Stangen unter einem rechten Winkel

---

det man in vielen Büchern „Menge aller Punkte" – was nicht dasselbe ist. Auf die damit verbundene (philosophische) Problematik kann hier nicht eingegangen werden.
[a] . . . einer Sphäre, im Raum.

erscheinen. (Man überlege sich, wie man das durch Peilen recht genau feststellen kann.) Wenn man sich dann so bewegt, dass die beiden Stangen immer unter einem rechten Winkel gesehen werden, dann beschreibt man einen Kreis. (Am Strand kann man die Kurve mit dem Fuß im Sand ziehen und sich hinterher davon überzeugen.)

Wir formulieren diese Bedingung nun als Definition für den Kreis und dualisieren sie zugleich in der Ebene[a]:

DEFINITION (Kreis)

| *Die Punkte, deren Verbindungsgeraden mit zwei gegebenen Punkten zueinander orthogonal sind, gehören einem e-Kreis an. Der Mittelpunkt der gegebenen Punkte ist der Mittelpunkt des e-Kreises.* | *Die Geraden, deren Schnittpunkte mit zwei gegebenen Geraden zueinander orthogonal sind, gehören einem d-Kreis an. Der Mittelstrahl der gegebenen Geraden ist der Mittelstrahl des d-Kreises.* |

Dabei rechnen wir die beiden gegebenen Punkte bzw. Geraden mit zum Kreis.

Wir wollen uns nun von den d-Kreisen eine Anschauung bilden. Nehmen wir dazu zwei Geraden und konstruieren einige Strahlen, die gemäß der Definition dem zugehörigen d-Kreis angehören (Abb. 4.15). Die beiden gegebenen Geraden a und b sind in der Abbildung hervorgehoben und ihr Mittelstrahl ist strichpunktiert gezeichnet.

In die Abbildung ist ein Dreieck eingezeichnet, das zeigt, wie man ein Geodreieck bei der Konstruktion der d-Kreisstrahlen am a. M. anlegt. Man ahnt: Die Strahlen umhüllen eine Kurve. Das Bild kann aber auch aussehen wie in Abb. 4.16. Hier scheinen die Strahlen ebenfalls eine Kurve einzuhüllen, doch diese sieht ganz anders aus.

Wer immer mehr Strahlen konstruiert, sieht immer besser, dass die Geraden eines d-Kreises tatsächlich eine glatte Kurve einhüllen, dass sie Tangenten, Berührende, dieser Kurve sind. Die Mathematiker nennen diese Kurven *Kegelschnitte*, manche kennen sie aus der Schule als *Ellipsen* (zu denen auch der Kreis gerechnet wird), *Parabeln* und *Hyperbeln* (siehe Abb. 4.17).

Wenn man an eine solche Kurve denkt, so meint man damit gewöhnlich eine gekrümmte oder geschwungene Linie, in der die Kurvenpunkte, die Punkte der Kurve, liegen. In jedem Punkt einer solchen Kurve kann man, da sie glatt ist, die Tangente ziehen, also eine Gerade, welche die Kurve in dem fraglichen Punkt „berührt", d. h. „in ihm" gewissermaßen die gleiche Richtung hat wie die Kurve. Alle diese Tangenten lassen in ihrer Gesamtheit die Kurve entstehen. Die Tangenten sind die *Geraden der Kurve*, die Kurvengeraden.

---

[a]Zur Erinnerung: „Orthogonal" müssen wir nur bei Geraden im Raum als „e-" oder „d-orthogonal" näher spezifizieren.

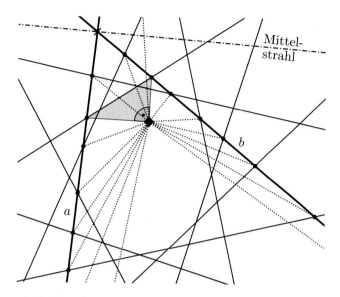

ABB. 4.15: Geraden eines d-Kreises, strichpunktiert der Mittelstrahl

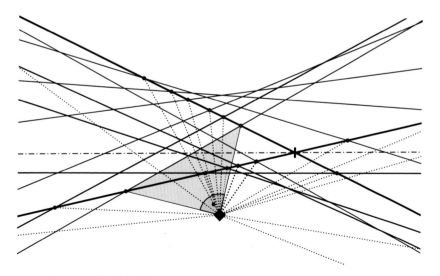

ABB. 4.16: Geraden eines d-Kreises, Mittelstrahl strichpunktiert

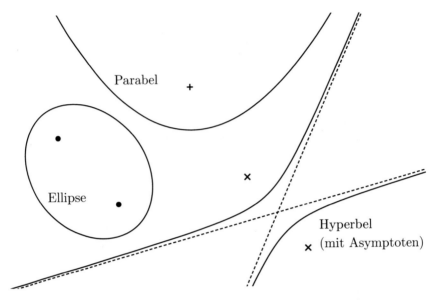

ABB. 4.17: Ellipse, Parabel und Hyperbel mit Brennpunkten

Eine Kurve hat also einen *Punktaspekt* und einen *Geradenaspekt*. Für Mathematiker sind beide Aspekte gleichermaßen wichtig, gewöhnlich denken wir dagegen nur an den Punktaspekt. Eine punkthafte Kreislinie lässt sich einfach mit dem Zirkel ziehen, der Kreis als „Geradenkurve" ist viel schwieriger zu zeichnen. Mathematiker sprechen beim Punktaspekt von *Ordnungskurve* und beim Geradenaspekt von *Klassenkurve*.

Die erwähnten Kegelschnitte lassen sich sowohl als Ordnungskurven wie als Klassenkurven auffassen (Abb. 4.18).[34*] Der Name „Kegelschnitt" weist auf ihre Entstehungsweise hin, nämlich als Schnitt einer Ebene mit einem Doppelkegel, einem Kegel, der sowohl nach unten wie nach oben geöffnet ist (grob ähnlich einer Sanduhr). In Abb. 4.19 ist die Entstehung einer Ellipse als Kegelschnitt angedeutet: Die Kurve ergibt sich als Schnitt der Ebene Z mit dem Doppelkegel, dessen Spitze in S liegt. Eine Ellipse erhält man auch, wenn die Spitze S in der Fernebene liegt. Dann wird der Doppelkegel (euklidisch gesehen) zu einem Zylinder, und in der Tat: Schneidet man einen Zylinder mit einer Ebene, so erhält man als Schnitt eine Ellipse. (Man denke z. B. an einen schrägen Schnitt durch eine runde (zylindrische) Wurst. Die Wurstscheiben werden dann ellipsenförmig.)

Allgemein ist es vorteilhaft, Klassen- und Ordnungskurve zusammenzudenken und einfach von *der Kurve* zu sprechen sowie von ihren Punkten und Geraden.

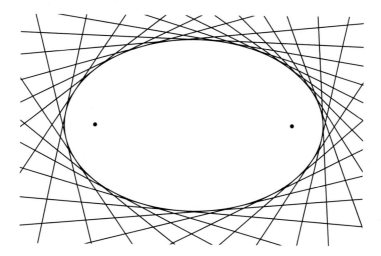

ABB. 4.18: Ellipse mit Brennpunkten als Ordnungs- und als Klassen-kurve

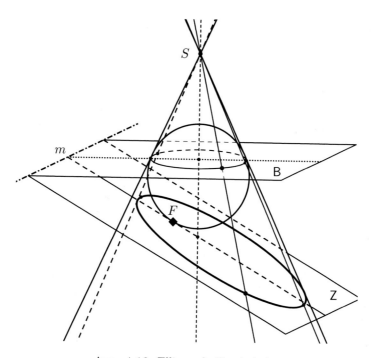

ABB. 4.19: Ellipse als Kegelschnitt

INFOBOX

KEGELSCHNITTE

Die Kegelschnitte haben folgende Charakteristika, die hier (ohne Begründungen) mitgeteilt werden, damit der Leser sich eine gewisse Vorstellung machen kann. Alle diese Kurven sind in gewissem Sinne Metamorphosen des Kreises: Die Ellipse ist ein „langgestreckter Kreis", der die Ferngerade meidet. Eine Parabel ist ein „noch langgestreckterer Kreis", der „bis zur Ferngerade geht", der die Ferngerade berührt. *Die Ferngerade ist also eine Tangente an die Parabel.* Und die Hyperbel schließlich ist „ein Kreis, der über die Ferngerade hinausschießt", der die Ferngerade schneidet. Die Hyperbel hat in der euklidischen Geometrie zwei „Äste", aber in der projektiven und der polareuklidischen Geometrie ist sie zusammenhängend. Sie erstreckt sich nämlich entlang der beiden gestrichelten Geraden, der sogenannten *Asymptoten*, über die Ferngerade hinweg, welche sie in zwei Punkten schneidet. Diese Schnittpunkte sind die Fernpunkte der Asymptoten. Die Asymptoten sind die Tangenten an die Hyperbel in diesen beiden Fernpunkten.

Die Kegelschnittkurven begegnen uns im täglichen Leben überall. Schauen wir einen Kreis schräg an, so erscheint er uns als Ellipse. Das ist eine sehr alltägliche Erfahrung, die uns selten zu Bewusstsein kommt, weil das Urteil über das, was wir sehen, sogleich von unserem Denken korrigiert wird: Wir wissen, dass wir einen Kreis „sehen", deshalb sehen wir keine Ellipse. Ein geworfener Stein oder der Wasserstrahl aus einem Springbrunnen beschreiben eine parabelförmige Bahn. Und die beiden Äste einer Hyperbel sehen wir abends als Rand des Lichtkegels, den eine Lampe mit zylindrischem oder kegelförmigem Schirm, der oben und unten offen ist, an die Wand wirft, etwa eine altmodische Steh- oder Nachttischlampe. Bewegt man eine solche Lampe in der Hand, so kann man alle Übergänge zwischen Kreis, Ellipse, Parabel und Hyperbel als Lichtkegel an der Wand erzeugen.

Wenn wir die Kurve als Ordnungskurve ansehen, also ihr Punktaspekt im Vordergrund steht, sprechen wir von den *Punkten der Kurve* und ihren *Tangenten*.

Wenn wir die Kurve als Klassenkurve ansehen, also ihr Geradenaspekt im Vordergrund steht, sprechen wir von den *Geraden der Kurve* und ihren *Stützpunkten*.

Die Punkte und die Stützpunkte einer Kegelschnittkurve sind also dasselbe, nur unterschiedlich aufgefasst. Ebenso steht es mit den Geraden einer Kurve und ihren Tangenten. Ohne Beweis sei noch festgehalten: *Der Begriff „Kegelschnittkurve" geht beim Dualisieren in sich über*, d. h., aus einer Kegelschnittkurve wird beim Dualisieren wiederum eine Kegelschnittkurve, wobei aus einer Ordnungskurve eine Klassenkurve wird, und umgekehrt.

Zurück zu den e- und d-Kreisen. Wir wissen nun: Ein d-Kreis ist die Klassenkurve eines Kegelschnittes, besteht also gewissermaßen aus den Tangenten an eine Ellipse, Parabel oder Hyperbel. Das ist aber noch nicht alles! Nicht alle Kegelschnittkurven sind d-Kreise.

Betrachten wir einen gewöhnlichen e-Kreis, und wählen wir einen beliebigen Fernpunkt. Dann gibt es zwei (natürlich parallele) Kreisgeraden (Tangenten) durch diesen Fernpunkt. Diese haben mit dem Kreis zwei Punkte (die Endpunkte eines Kreisdurchmessers) gemein. Die Verbindungsgerade dieser beiden Berührpunkte ist dann orthogonal zu den beiden Tangenten bzw., was das Gleiche ist, der gewählte Fernpunkt ist orthogonal zum Fernpunkt der Verbindungsgeraden.

Es stellt sich heraus, *dass diese Eigenschaft charakteristisch ist für den gewöhnlichen Kreis. Unter allen Kegelschnittkurven Kreis, Ellipse, Parabel und Hyperbel hat nur der Kreis diese Eigenschaft.*[35*] Wenn wir sie also dualisieren, muss eine charakteristische Eigenschaft aller d-Kreise herauskommen:

Durch jeden beliebigen Fernpunkt gibt es zwei (parallele) e-Kreisgeraden. Diese haben mit dem e-Kreis je einen Punkt gemein. Die Verbindungsgerade dieser beiden Punkte ist dann orthogonal zu den beiden e-Kreisgeraden bzw., was das Gleiche ist, der gewählte Fernpunkt ist orthogonal zum Fernpunkt der Verbindungsgeraden.	In jedem beliebigen Nahstrahl gibt es zwei (zentrierte) d-Kreispunkte. Diese haben mit dem d-Kreis je eine Gerade gemein. Der Schnittpunkt dieser beiden Geraden ist dann orthogonal zu den beiden d-Kreispunkten bzw., was das Gleiche ist, der gewählte Nahstrahl ist orthogonal zum Nahstrahl des Schnittpunktes.

Die Eigenschaft rechts ist den Mathematikern wohlbekannt, wenn auch in anderer Terminologie. Sie ist nämlich das charakteristische Kennzeichen dafür, dass der absolute Mittelpunkt ein sogenannter *Brennpunkt* oder *Fokus* eines Kegelschnitts ist.[36*] Ellipse und Hyperbel haben jeweils zwei Brennpunkte, die Parabel einen, und beim Kreis fallen die beiden Brennpunkte in einen, den Kreismittelpunkt, zusammen.

In der Schule werden die Brennpunkte gern folgendermaßen anschaulich erklärt: Befindet sich in einem Brennpunkt einer Ellipse eine Lichtquelle, und denkt man sich, das Licht werde an der Ellipsenkurve reflektiert, dann sammelt es sich im anderen Brennpunkt.

Aus der Sicht der euklidischen Geometrie kommen wir also insgesamt zu folgender Charakterisierung eines d-Kreises:

Ein d-Kreis ist eine Klassenkurve, bestehend aus allen Tangenten an einen Kegelschnitt, von dem ein Brennpunkt im absoluten Mittelpunkt liegt.

In unseren Zeichnungen werden wir e- und d-Kreise meist als Ordnungskurve darstellen, weil die Zeichnungen sonst zu unübersichtlich werden (Abb. 4.20).

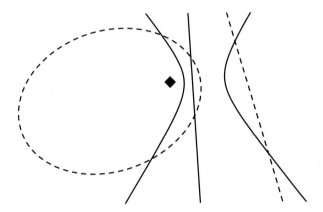

ABB. 4.20: Zwei d-Kreise mit ihren Mittelstrahlen

Wir wollen nun noch überlegen, wie wir den zum häufig gebrauchten *Mittelpunkt eines e-Kreises* dualen *Mittelstrahl eines d-Kreises* finden. Den Kreismittelpunkt finden wir z. B. als Mittelpunkt der beiden Berührpunkte zweier paralleler e-Kreistangenten.[37*] Dualisierung ergibt dann (Abb. 4.21):

Der *Mittelpunkt eines e-Kreises* ist der Mittelpunkt der beiden Punkte, die zwei parallele e-Kreisgeraden mit dem e-Kreis gemein haben.	Der *Mittelstrahl eines d-Kreises* ist der Mittelstrahl der beiden Geraden, die zwei zentrierte d-Kreispunkte mit dem d-Kreis gemein haben.

Als wichtigen Spezialfall wollen wir noch einen d-Kreis erwähnen, dessen Mittelstrahl die u. G. ist. *Ein d-Kreis, dessen Mittelstrahl die u. G. ist, ist die Klassenkurve eines gewöhnlichen e-Kreises, dessen Mittelpunkt im a. M. liegt.*

Wo kommen d-Kreise in unserer Erfahrung vor? Dazu ein einfaches, allerdings nicht sehr charakteristisches Beispiel. Wieder kommt unsere visuelle *Ansicht* ins Spiel: Eine Kugel auf einer Tischplatte wirft bei Beleuchtung von schräg oberhalb einen elliptischen Schatten. Der Auflagepunkt der Kugel liegt dabei genau in einem Brennpunkt dieser Ellipse. Das heißt, der Schattenrand bildet die Ordnungskurve eines d-Kreises in Bezug auf den a. M. im Auflagepunkt. Siehe dazu auch Abb. 4.19: Die Ebene Z fassen wir als Tischplatte auf,

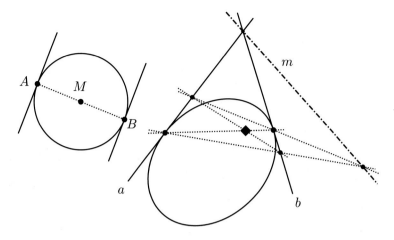

ABB. 4.21: Bestimmung von Mittelpunkt M und Mittelstrahl m beim e- und d-Kreis

---

INFOBOX

KEPLERKURVEN

In der Physik bezeichnet man die Ordnungskurven von Kegelschnitten, in deren einem Brennpunkt die Sonne steht, als „Keplerkurven" oder „Keplerbahnen". Auf solchen Bahnen bewegen sich in etwa die Planeten um die Sonne. Die alten Astronomen hatten also gewissermaßen doch Recht mit ihrem Glauben, die Planetenbahnen könnten nur Kreise sein. Wenn man den a. M. in die Sonne (den Schwerpunkt des Systems) legt, sind es in der Tat Kreise – nur eben d-Kreise!

---

die Lichtquelle sitzt in S. In der Ebene B liegt der Schattenrand auf der Kugelfläche. Die Gerade m, die Schnittgerade von Z und B, ist die sogenannte *Leitgerade* (auch *Leitlinie* oder *Direktrix* genannt) der Ellipse, bzw. der Mittelstrahl der als d-Kreis aufgefassten Ellipse, wenn der a. M. in deren einem Brennpunkt F liegt. Anders gesagt: Die Gerade, in welcher eine zur Lichteinfallsrichtung orthogonale Ebene durch den Schattenrand auf der Kugel die Ebene der Ellipse schneidet, ist deren Leitgerade.

In Abb. 4.22 ist das duale Gegenstück zu konzentrischen Kreisen zu sehen, also von Kreisen mit gemeinsamem Mittelpunkt. Wir nennen diese Kreise *koaxial*, weil sie einen gemeinsamen Mittelstrahl haben. Die Form der koaxialen Kreise verwandelt sich über Ellipsen und eine Parabel in Hyperbeln, die sich dem Mittelstrahl „von beiden Seiten" immer mehr anschmiegen.

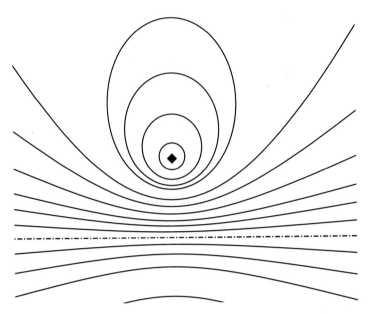

ABB. 4.22: Koaxiale d-Kreise mit gemeinsamem Mittelstrahl

DIE SPHÄRE

Die obige Definition für einen Kreis kann im Raum auch als Definition für eine Sphäre genommen werden, ihre Dualisierung im Raum liefert uns dann die „d-Sphäre":

DEFINITION (Sphäre))

Die Punkte, deren Verbindungsgeraden mit zwei gegebenen Punkten zueinander e-orthogonal sind, gehören einer e-Sphäre an. Der Mittelpunkt der gegebenen Punkte ist der Mittelpunkt der e-Sphäre.	*Die Ebenen, deren Schnittgeraden mit zwei gegebenen Ebenen zueinander d-orthogonal sind, gehören einer* d-Sphäre *an. Die Mittelebene der gegebenen Ebenen ist die* Mittelebene der d-Sphäre.

Bei beiden Definitionen rechnen wir die beiden gegebenen Punkte bzw. Ebenen mit zur Sphäre. Die weiteren Überlegungen verlaufen ganz analog zu den Überlegungen beim Kreis, sind allerdings komplizierter. Hier sei nur das Ergebnis mitgeteilt: An die Stelle des Mittelpunktes bei der e-Sphäre tritt bei der d-Sphäre eine Fläche, die *Mittelebene der d-Sphäre.* Ähnlich wie d-Kreise von Geraden eingehüllt werden, werden d-Sphären von Ebenen eingehüllt, welche Tangentialebenen zu sogenannten Flächen 2. Grades sind.[38*] Von solchen Flächen kommen als d-Sphären infrage: *Rotationsellipsoide, elliptische Rotationsparaboloide* oder *zweischalige Rotationshyperboloide*, bei denen jeweils ein Brennpunkt im a. M. liegt. In Abbildung 4.23 sind diese Flächen angedeutet.

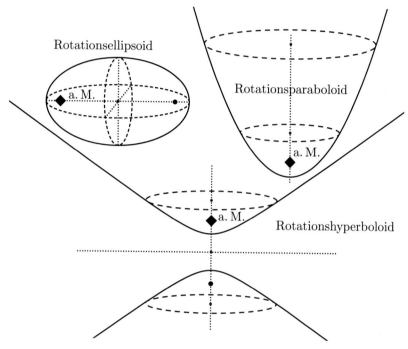

ABB. 4.23: Mögliche e-Formen von d-Kugeln

Analog zum entsprechenden Spezialfall beim d-Kreis mit unendlichfernem Mittelstrahl *ist eine d-Sphäre, deren Mittelebene mit der u. E. zusammenfällt, eine von Ebenen eingehüllte gewöhnliche euklidische Sphäre mit Mittelpunkt im a. M.* Beim zu Abb. 4.22 analogen Bild im Raum verwandeln sich wachsende Rotationsellipsoide über ein Rotationsparaboloid als Übergangsfläche in zweischalige Rotationshyperboloide, welche sich der gemeinsamen Mittelebene aller dieser d-Sphären immer mehr anschmiegen.

Bei den gewohnten Objekten Kreis und Sphäre haben wir anschaulich den Eindruck, sie hätten eine ganz bestimmte, immer gleiche Gestalt; man könne sie zwar größer und kleiner machen und im Raum verschieben, aber eine Sphäre

bleibe doch immer eine Sphäre, ein Kreis ein Kreis. Bei den d-Sphären dagegen greift unser gewohntes Formempfinden nicht. Dieses Formempfinden ist
eben, wie wir daran erneut sehen, von der u. E. abhängig, deren „Ort" sich für
uns nicht ändert. Unser Formempfinden ist gewissermaßen von der u. E., von
der „Peripherie des Raumes" her bestimmt. Entsprechend sind die d-Sphären
und d-Kreise von ihrem Verhältnis zum a. M. abhängig, und dessen „Ort" im
Verhältnis zu den Objekten kann sich ändern. Das ist ungewohnt, aber auch
interessant, denn dass aus e-Kreisen euklidisch gesehen beim Dualisieren von
Strahlen eingehüllte Kegelschnitte werden, heißt ja auch, dass aus euklidischen
Sätzen über Kreise beim Dualisieren Sätze über Kegelschnitte werden! Wir
werden noch eine Reihe Beispiele dazu kennenlernen.

INFOBOX

ELLIPSEN ZEICHNEN

Die Leser werden sich beim Studium dieses Buches gewiss Skizzen anferti-
gen. Es müssen ja nicht immer saubere Zeichnungen mit Zirkel und Lineal
sein, meist reichen auch Handskizzen, um sich einen Sachverhalt klarzumachen. Punkte, Geraden und Kreise mit Mittelpunkt lassen sich leicht
skizzieren, aber um einen d-Kreis mit Mittelstrahl und der Lage des a. M.
einigermaßen richtig zu skizzieren, braucht es etwas Übung. Hier soll der
Fall betrachtet werden, dass der d-Kreis eine euklidische Ellipse ist. Dann
liegt der a. M. in einem ihrer beiden Brennpunkte, und der Mittelstrahl
ist die zu diesem Brennpunkt gehörende Leitlinie (Direktrix) der Ellipse.
Wie kann man eine Ellipse samt Brennpunkten und einer Leitlinie schnell
skizzieren?

Zunächst konstruiert man ein Rechteck samt Mittelpunkt M, das die
Ellipse umhüllen soll und dessen Seiten die Ellipse berühren sollen. Dann
zeichnet man durch M parallel zu den Rechteckseiten zwei Geraden a, b
und deren vier Schnittpunkte mit den Rechteckseiten. Die Gerade, die
parallel zu den längeren Rechteckseiten ist, nennen wir die *lange Achse*
a, die andere die *kurze Achse* b (Abb. 1).

Die vier Schnittpunkte liegen auf der Ellipse, die man nun bereits skizzieren kann. Die Kurve ist symmetrisch zu den Achsen a, b, und die Skizze
gelingt recht gut, wenn man darauf achtet, dass die Rechteckseiten die Ellipse berühren, also Tangenten an die Kurve sind.

Um die Brennpunkte und weitere Ellipsenpunkte zu finden, zeichnet
man einen Kreis um M, der die kurzen Rechteckseiten berührt. Dieser Kreis hat vier Schnittpunkte mit den langen Rechteckseiten, und man

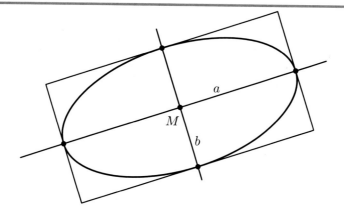

ABB. 1: Ellipsen-Grundkonstruktion

verbindet je zwei durch zu b parallele Geraden. Deren zwei Schnittpunkte mit der Achse a sind die Brennpunkte F_1, F_2 der Ellipse (Abb. 2).[39]

Und um schließlich die Lage der zu F_1 gehörenden Leitlinie zu bestimmen, verbindet man M mit S_1, einem der beiden eben konstruierten Punkte auf dem Kreis und den langen Rechteckseiten, auf deren Verbindungslinie F_1 liegt. Das Lot auf MS_1 in S_1 schneidet die lange Achse a in einem Punkt L_1, und die Lotgerade zu a in L_1 ist die gesuchte Leitlinie l_1 zum Brennpunkt F_1 (ebenfalls Abb. 2).

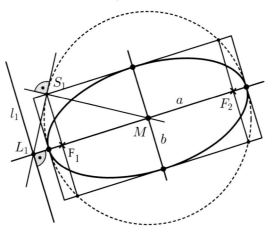

ABB. 2: Konstruktion der Leitlinie l_1 zu F_1

Weitere vier Ellipsenpunkte findet man, indem man die beiden Punkte, in denen b den Kreis schneidet, mit L_1 und dem symmetrisch zu L_1

liegenden Punkt L_2 verbindet. Die vier Schnittpunkte dieser Geraden mit den Loten zu a in den Brennpunkten sind Ellipsenpunkte, und die vier Geraden, welche die Schnittpunkte von b und dem Kreis mit L_1 und L_2 verbinden, sind Ellipsentangenten (Abb. 3). Aus den so konstruierten sechs Ellipsenpunkten samt Tangenten lässt sich die Ellipse ziemlich genau skizzieren.

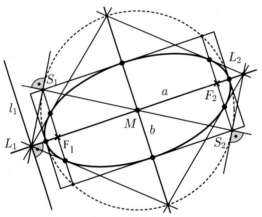

ABB. 3: Konstruktion weiterer Ellipsenpunkte und Tangenten

Will man noch genauer zeichnen, kann man sich weitere Punkte auf der Ellipse verschaffen. Dazu zeichnet man einen zweiten, kleineren Kreis um M, der die langen Rechteckseiten berührt. Dann wählt man einen Strahl durch M. Dieser schneidet den großen und den kleinen Kreis in jeweils zwei Punkten. Sei U ein Schnittpunkt mit dem großen, V ein Schnittpunkt mit dem kleinen Kreis.

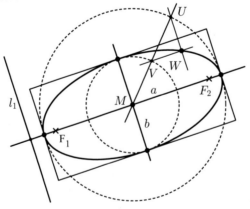

ABB. 4: Konstruktion von Ellipsenpunkten

Dann schneiden sich die Parallele zu b durch U und die Parallele zu a durch V in einem Punkt W, welcher auf der Ellipse liegt (Abb. 4). Auf diese Weise kann man sich beliebig viele Ellipsenpunkte verschaffen. Immer wenn man einen konstruiert hat, kann man ihn an den Achsen a und b spiegeln und erhält weitere, zum ersten symmetrische Punkte.[40]

Wir halten fest: Die Ellipsentangenten in den beiden Schnittpunkten einer zur langen Achse orthogonalen Gerade durch einen Brennpunkt schneiden sich und die lange Achse in einem Punkt der zugehörigen Leitlinie (dem Punkt L_1 zu F_1). Wenn ein d-Kreis als euklidische Ellipse und der a. M. gegeben sind, kann man die lange Achse als Symmetrielinie leicht skizzieren und findet dann auf diese Weise schnell den Mittelstrahl (Abb. 5). Die entsprechende Konstruktion funktioniert auch, wenn der d-Kreis eine euklidische Hyperbel ist.

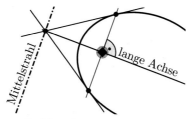

ABB. 5: Mittelstrahl eines d-Kreises

4.5 Erste Anwendungen von Kreis und d-Kreis

Wir wollen uns nun ein paar Beispiele zum Kreis, also in der ebenen Geometrie, näher anschauen. Solange wir das Messen noch nicht besprochen haben, müssen wir uns weiterhin auf Eigenschaften beschränken, die ohne Messen formuliert werden können.

4.5.1 Tangente und Durchmesser

In der Schule lernt man: „Die Tangente steht senkrecht auf dem Radius." Diese einfache und häufig gebrauchte Eigenschaft wollen wir nun für unsere Zwecke geeignet formulieren und dann dualisieren. Dazu zunächst ein paar neue Begriffe.

DEFINITION (Durchmesser und Ummesser)

Beim Kreis nennen wir eine Gerade durch den Mittelpunkt einen Durchmesser.

Beim d-Kreis nennen wir einen Punkt auf dem Mittelstrahl einen Ummesser.

Diese Definition des Durchmessers entspricht zwar nicht ganz dem gewohnten Wortgebrauch, ist aber für unsere Zwecke praktisch. Wir erinnern an

DEFINITION (Tangente und Stützpunkt)

Die Geraden des Kreises, angesehen als Klassengebilde, nennt man auch seine Tangenten.	*Die Punkte des d-Kreises, angesehen als Ordnungskurve, nennt man auch seine Stützpunkte.*

Damit gilt dann:

SATZ

In jedem Punkt eines e-Kreises sind Tangente und Durchmesser des e-Kreises orthogonal.	*In jeder Geraden eines d-Kreises sind Stützpunkt und Ummesser des d-Kreises orthogonal.*

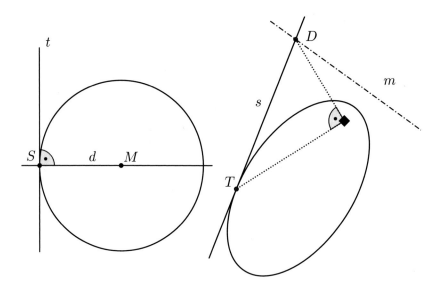

ABB. 4.24: Beim Kreis ist ein Durchmesser d orthogonal zur Tangente t, beim d-Kreis ist ein Ummesser D orthogonal zum Stützpunkt T

Der Inhalt des Satzes ist in Abb. 4.24 illustriert. Dabei wurden alle Einzelheiten dual dargestellt und auch die Bezeichnungen genau dual gewählt. Interessant und typisch für dualisierte Kreissätze ist nun, dass der dualeuklidische (rechte) Satz auch als Satz der euklidischen Geometrie angesehen werden kann. Dann ist er ein Satz über beliebige Kegelschnitte. In unserem Falle würde er lauten:

SATZ *Für eine beliebige Tangente an einen Kegelschnitt erscheinen ihr Berührpunkt mit der Kurve und ihr Schnittpunkt mit einer Leitlinie von dem zu der
Leitlinie gehörenden Brennpunkt aus unter einem rechten Winkel.*

Zur Erläuterung: Wie bereits angeführt, hat jede Kegelschnittkurve einen
(Parabel) oder zwei (Ellipse, Hyperbel) Brennpunkte. Zu jedem Brennpunkt
gehört eine sogenannte *Leitlinie* (oder *Leitgerade* oder *Direktrix*). Beim d-Kreis
ist ein Brennpunkt der a. M. und die zugehörige Leitlinie ist der Mittelstrahl.
Nehmen wir z. B. an, der d-Kreis sei eine euklidische Parabel (Abb. 4.25). Dann
ist die Leitlinie senkrecht zur Symmetrieachse der Parabel und so weit unter
ihrem Scheitel, wie der Brennpunkt darüber.

Der Berührpunkt einer Tangente mit der Parabel und ihr Schnittpunkt mit
der Leitlinie bilden dann mit dem Brennpunkt einen rechten Winkel. Mit dieser
Kenntnis lassen sich z. B. sehr einfach und genau die Tangenten in Parabelpunk-
ten zeichnen.

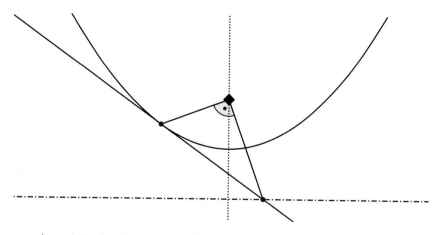

ABB. 4.25: Berührpunkt und Schnittpunkt einer Parabeltangenten mit
der Leitlinie erscheinen vom Brennpunkt aus unter einem rechten Winkel

Noch einmal zur Erinnerung: Dieser Satz ist dual dazu, dass Durchmesser
und Tangente eines Kreises in ihrem gemeinsamen Kreispunkt senkrecht aufeinander stehen! So, wie Geometrie heute gelehrt wird, haben die beiden Sätze
aber für die Schüler nichts miteinander zu tun. Mehr noch: Eine Parabel ist
für manche schon „höhere Mathematik", ein Kreis dagegen ist anschaulich und
der Kreissatz für jeden sofort ersichtlich. Wieder sehen wir, wie einseitig unser
geometrisches Anschauungsvermögen ausgebildet ist.

4.5.2 DER SATZ DES THALES

Den Satz des Thales haben wir in 4.4 zur Definition des Kreises herangezogen. Aber man kann einen Kreis auch anders definieren, so dass der Satz des Thales dann ein wirklicher Satz ist, der aus der Definition des Kreises bewiesen werden kann. In diesem Abschnitt wollen wir ihn als Satz der euklidischen Geometrie ansehen. Wir sprechen ihn ein bisschen umständlich, aber dafür leicht dualisierbar, folgendermaßen aus (vgl. Abb. 4.26 für den linken Teil):

SATZ 4.5.1 (Satz des Thales)

Seien A, B zwei e-Kreis-Punkte, deren Verbindungsgerade AB durch den Kreismittelpunkt M geht. Sei C ein weiterer, beweglicher Kreispunkt.
Dann sind die Verbindungsgeraden AC und BC orthogonal zueinander.

Seien a, b zwei d-Kreis-Geraden, deren Schnittpunkt ab in dem Kreismittelstrahl m liegt. Sei c eine weitere, bewegliche Kreisgerade.
Dann sind die Schnittpunkte ac und bc orthogonal zueinander.

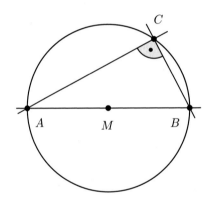

ABB. 4.26: Der euklidische Satz des Thales

Am Satz des Thales lässt sich gut demonstrieren, wie die Dualität in der PEG einen Gesichtspunkt schafft, unter dem ehemals (in der euklidischen Geometrie) scheinbar weit auseinanderliegende Sachverhalte sich als verschiedene Ansichten derselben Sache ergeben.

Wir wollen dazu verschiedene Spezialfälle des Satzes 4.5.1, rechts, euklidisch interpretieren. Dazu rufen wir in Erinnerung: Da der a. M. in einem Brennpunkt des euklidisch als Kegelschnitt aufgefassten d-Kreises liegt, *ist der Mittelstrahl eines d-Kreises dessen zum a. M. gehörende Leitlinie.*

Im ersten Spezialfall nehmen wir an, der Mittelstrahl m sei die u. G. Dann handelt es sich bei dem d-Kreis um einen e-Kreis, in dessen Mittelpunkt der a. M. liegt, und wir erhalten (aus Satz 4.5.1, rechts) den euklidischen Satz:

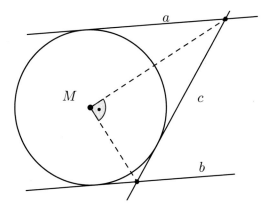

ABB. 4.27: Der duale Thalessatz am Kreis

SATZ 4.5.2 (parallele Kreistangenten)
Es seien a, b parallele Tangenten an einen Kreis, und es sei c eine bewegliche, dritte Tangente. Dann ist der Winkel, unter dem die beiden Schnittpunkte der beweglichen mit den festen Tangenten vom Kreismittelpunkt aus erscheinen, ein rechter. (Abb. 4.27)

Der Satz des Thales und der im Satz 4.5.2 formulierte Spezialfall seines dualen Gegenstückes lassen sich in einer einzigen Zeichnung illustrieren (Abb. 4.28).

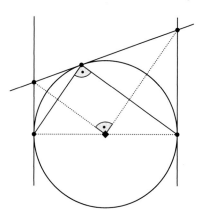

ABB. 4.28: Beide Thalessätze vereinigt

In den folgenden drei Spezialfällen nehmen wir an, es handle sich bei dem d-Kreis um eine e-Parabel mit dem a. M. im Brennpunkt. Wie wir schon ausgeführt haben, ist dann die u. G. eine Tangente. Nehmen wir an, a sei diese

Tangente. Da der Schnittpunkt der Parabeltangente b mit a auf der Leitlinie m der Parabel liegen soll, ist dieser Schnittpunkt ein Fernpunkt, und zwar der Fernpunkt von m. Das heißt, b ist die Scheiteltangente der Parabel, und wir erhalten:

SATZ 4.5.3 (Parabeltangente und Scheiteltangente)
Der Winkel zwischen einer beweglichen Parabeltangente c und der Verbindungs-gerade des Brennpunkts der Parabel mit dem Schnittpunkt, den die bewegliche Tangente mit der Scheiteltangente hat, ist stets ein rechter. (Abb. 4.29)

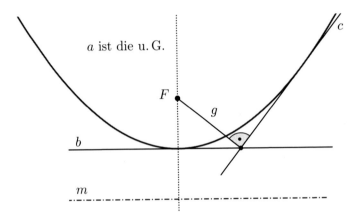

ABB. 4.29: Der Winkel zwischen einer Parabeltangente c und der Geraden g vom Brennpunkt F zum Schnittpunkt von Tangente und Scheiteltangente b ist ein rechter

Nun seien alle drei Tangenten a, b, c gewöhnliche e-Geraden. Dann haben wir (siehe Abb. 4.30):

SATZ 4.5.4 (zwei feste Parabeltangenten und eine bewegliche)
Werden zwei feste Parabeltangenten, die sich in der Leitgeraden der Parabel schneiden, von einer beweglichen dritten Tangente geschnitten, so erscheinen die beiden Schnittpunkte vom Brennpunkt aus unter einem rechten Winkel.

Schließlich nehmen wir an, die u. G. sei die Tangente c und a, b seien beweglich, aber so, dass ihr Schnittpunkt auf der Leitlinie m liegt. Dann erhalten wir:

SATZ 4.5.5 (Parabeltangenten schneiden sich auf der Leitlinie)
Zwei Parabeltangenten, die sich in der Leitgeraden schneiden, schneiden sich dort rechtwinklig. (Abb. 4.31)

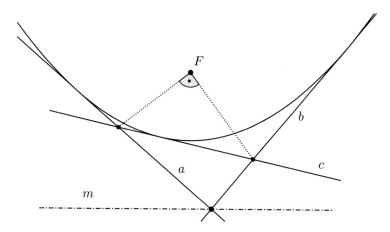

ABB. 4.30: Die Schnittpunkte, welche zwei Tangenten durch einen Leit-
linienpunkt mit einer dritten haben, erscheinen vom Brennpunkt aus
unter einem rechten Winkel

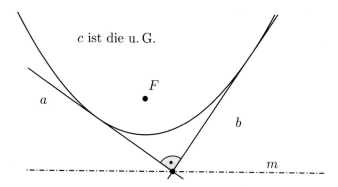

ABB. 4.31: Tangenten, die sich auf der Leitgerade schneiden, schneiden
sich dort rechtwinklig

Wir könnten noch mehr Information aus den Konfigurationen herausziehen,
z. B. die, dass die Verbindungsgerade der Berührpunkte der beiden Tangenten
a, b stets durch den Brennpunkt geht, weil der Schnittpunkt der beiden Kreistangenten in A und B stets in der u. G. liegt. Wir könnten auch fortfahren und
z. B. annehmen, der d-Kreis wäre eine Ellipse oder eine Hyperbel und bekämen
analoge Sätze über Ellipsen und Hyperbeln.

Mit diesen Beispielen haben wir exemplarisch gezeigt, wie die Dualität euklidische Sätze, die man vorher nicht ohne Weiteres miteinander in Zusammenhang gebracht hätte, unter einen gemeinsamen Gesichtspunkt fasst. Für das

erste Erleben sind Kreis, Ellipse, Parabel und Hyperbel eben ganz verschiedene Kurven, und erst ein gründlicheres mathematisches Studium offenbart, was dann in dem Begriff „Kegelschnitt" zum Ausdruck kommt, nämlich dass sich die drei Kurven unter einem einheitlichen Gesichtspunkt fassen lassen. Indes, dieses Wissen wird nicht so leicht wirkliche Anschauung, und vor allem die auch *metrische* Gleichartigkeit (in der noch zu beschreibenden dualeuklidischen Metrik!) der Kurven entgeht dem Blick leicht.

Ein wesentliches Ergebnis der letzten beiden Abschnitte soll noch einmal herausgehoben werden: *Bei der Dualisierung euklidischer Sätze innerhalb der polareuklidischen Geometrie ergeben sich Sätze, die wieder innerhalb der euklidischen Geometrie formuliert werden können. Dabei werden, zum Beispiel, aus einfachen Sätzen über Kreise Sätze über Ellipsen, Parabeln und Hyperbeln, die sämtlich nicht eigens bewiesen werden müssen. Die Kegelschnittkurven, die sonst in der Schule kaum eine Rolle spielen (vielleicht bis auf die Parabel), rücken damit in den Bereich dessen, was man mit Schülern behandeln kann.*

INFOBOX

KONSTRUKTION VON D-KREISEN

Kreise werden in der euklidischen Geometrie für alle Arten von Konstruktionen sehr häufig benötigt. Mit dem Zirkel steht ein geeignetes technisches Hilfsmittel zur Verfügung, Kreise mit gegebenem Mittelpunkt und Radius schnell zu zeichnen. Wer tiefer in die polareuklidische Geometrie eindringen und sich hier zeichnerisch betätigen will, benötigt eine Möglichkeit, auch d-Kreise schnell und unkompliziert zu konstruieren.

Ein mechanisches Hilfsmittel analog zum Zirkel haben wir hier nicht, doch auch ohne ein solches lässt sich schnell eine Übersicht über Lage und Gestalt eines d-Kreises gewinnen, bis hin zu einer genauen Zeichnung. Eine Konstruktion aus dem Mittelstrahl und einem Strahl des d-Kreises (zur Erinnerung: d-Kreise bestehen aus den Tangenten eines Kegelschnitts) ist dual zur euklidischen Konstruktion von weiteren Kreispunkten eines euklidischen Kreises aus seinem Mittelpunkt und einem Kreispunkt möglich. Eine solche Konstruktion kann man aufgrund unserer Kreisdefinition (Seite 114) folgendermaßen bewerkstelligen: Man spiegelt den gegebenen Punkt am Mittelpunkt und erhält so einen weiteren Kreispunkt. Dann wählt man zwei zueinander rechtwinklige Geraden durch die beiden Kreispunkte. Deren Schnittpunkt ist dann ein neuer Kreispunkt.

Die dazu duale Konstruktion lässt sich so beschreiben: Zunächst d-spiegelt man den d-Kreisstrahl d_1 am Mittelstrahl m. Damit hat man zwei Strahlen d_1, d_2 eines d-Durchmessers (Ummessers). Dann kann man zu einem beliebigen Punkt P auf einem der beiden Strahlen den orthogonalen Punkt $P^\perp$ auf dem anderen konstruieren und beide verbinden. Das liefert einen weiteren Strahl s_P des d-Kreises. Den Punkt S_P auf der Ordnungskurve dieses Strahles findet man schließlich noch, indem man zum Schnittpunkt des Strahles mit dem Mittelstrahl den orthogonalen Punkt auf dem Strahl einzeichnet. Auf diese Weise kann man beliebig viele weitere Strahlen und Punkte des d-Kreises konstruieren.

Euklidisch kann man einen e-Punkt D_1 folgendermaßen an einem e-Punkt M spiegeln: Man wählt zwei Geraden durch M und eine durch D_1. Das ergibt zwei Schnittpunkte. Durch diese zieht man Parallelen zur Verbindungsgerade s von D_1 und M. Diese haben mit den beiden Geraden durch M zwei neue Schnittpunkte. Schneidet man deren Verbindungsgerade mit s, so erhält man D_2, den an M gespiegelten Punkt D_1.

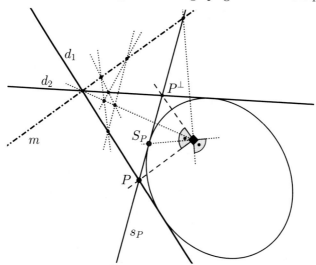

d-Kreis aus Mittelstrahl m und einem Strahl d_1

Wenn der Leser sich eine Skizze zu dieser Konstruktion anfertigt, wird er feststellen, dass sie ganz einfach ist. Dual dazu ist eine d-Spiegelung einer d-Geraden d_1 an einer d-Geraden m, wie sie für die oben beschriebene Konstruktion eines d-Kreises benötigt wird. Deren Ausführung sollte sich der Leser als Übungsaufgabe selber überlegen. In der Abbildung ist die Konstruktion durch dünne gepunktete Linien dargestellt.

4.5.3 Umkreis und Inkreis

In der euklidischen Geometrie geht der *Umkreis* eines Dreiecks durch alle drei Ecken und der *Inkreis* berührt alle drei Seiten (Abb. 4.32).

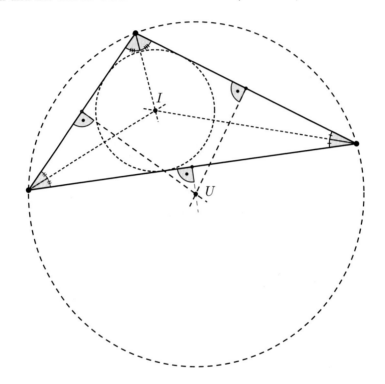

ABB. 4.32: Umkreis und Inkreis beim Dreieck

Der Umkreismittelpunkt U ist der gemeinsame Schnittpunkt der drei *Mittellote*, d. h. der Lote auf die Dreieckseiten in deren Mittelpunkten. Der Inkreismittelpunkt I ist der gemeinsame Schnittpunkt der drei (inneren) Winkelhalbierenden des Dreiecks. Wir wollen diese Begriffe nun dualisieren.

E- UND D-UMKREIS EINES DREIECKS BZW. DREISEITS

Zunächst die Definition:

Der e-Umkreis eines Dreiecks ist der (eindeutig bestimmte) e-Kreis, dem alle drei Ecken des Dreiecks angehören.	Der d-Umkreis eines Dreiseits ist der (eindeutig bestimmte) d-Kreis, dem alle drei Seiten des Dreiseits angehören.

Die Seiten des Dreiseits sind also Geraden des d-Inkreises, d. h. die Dreiseitseiten sind Tangenten an den als Ordnungskurve betrachteten d-Inkreis. Euklidisch betrachtet ist er also eine Art „*Inkegelschnitt*".

Der Mittelpunkt des e-Umkreises bei einem Dreieck ist der gemeinsame Schnittpunkt der drei Geraden, welche durch die Seitenmittelpunkte gehen und zu den Seiten orthogonal sind.	Der Mittelstrahl des d-Umkreises bei einem Dreiseit ist die gemeinsame Verbindungsgerade der drei Punkte, welche in den Eckenmittelstrahlen liegen und zu den Ecken orthogonal sind.

Die drei Geraden (links) bzw. Punkte (rechts) nennen wir *die Mittelsenkrechten* (Geraden oder Punkte). Mit dieser Bestimmung wird auch ausgesagt, dass die drei Mittelsenkrechten sich überhaupt in einem Punkt schneiden bzw. in einer Geraden liegen!

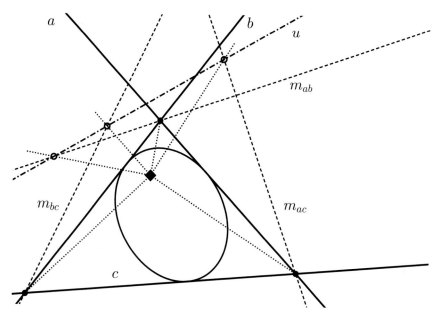

ABB. 4.33: d-Umkreis eines Dreiseits *abc*, wenn der a. M. im Punktinnern des Dreiseits liegt

In den Beispielen in den Abbildungen 4.33 und 4.34 sind die Eckenmittelstrahlen (Mittelstrahlen der Ecken) m_{ab}, m_{ac} und m_{bc} gestrichelt, die mittelsenkrechten Punkte hohl gezeichnet, und der Mittelstrahl u des d-Umkreises ist strichpunktiert. In Abb. 4.34 ist das gleiche Dreiseit wie in Abb. 4.33 gezeigt, nur liegt der a. M. jetzt in dem euklidisch Äußeren. Man sieht, dadurch wird der euklidische *In*kreis bzw. *In*kegelschnitt zu einem sogenannten *An*kreis bzw. *An*kegelschnitt des zugehörigen Dreiecks.[a]

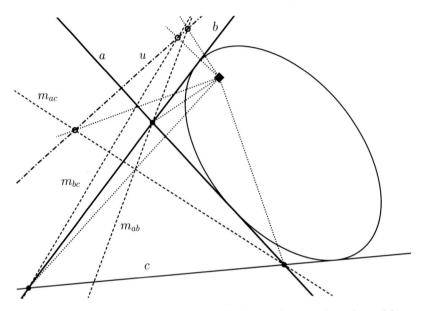

ABB. 4.34: d-Umkreis des gleichen Dreiseits *abc*, nur dass der a. M. nun im euklidischen Äußeren des Dreiseits liegt

E- UND D-INKREIS EINES DREIECKS BZW. DREISEITS
Zuerst wieder die Definition:

Der e-Inkreis eines Dreiecks ist der e-Kreis, für den alle drei Seiten des Dreiecks Tangenten sind.	Der d-Inkreis eines Dreiseits ist der d-Kreis, für den alle drei Ecken des Dreiseits Stützpunkte sind.

Die Ecken des Dreiseits sind also Stützpunkte des d-Inkreises, d. h. Punkte des als Ordnungskurve betrachteten d-Inkreises. Euklidisch betrachtet ist er also eine Art „*Um*kegelschnitt".

---

[a]* Wenn wir den e-Inkreis dieses Dreiseits (als Dreieck betrachtet) ins Auge fassen, dann ist dieser auch ein d-Umkreis des Dreiseits; aber für welche Lage des a. M.? Nun, der d-Kreis muss dann als Ordnungskurve ein e-Kreis sein, d. h., wie wir früher überlegt hatten, der Mittelstrahl dieses d-Umkreises ist die u. G. Der a. M. muss dann im Inkreismittelpunkt *I* des als Dreieck aufgefassten Dreiseits liegen. Man kann sich überlegen, dass dann die Mittelstrahlen in den Ecken mit den äußeren Winkelhalbierenden zusammenfallen.

Der Mittelpunkt des e-Inkreises bei einem Dreieck ist der gemeinsame Schnittpunkt der drei inneren e-Winkelhalbierenden (Geraden) in den drei Ecken.

Der Mittelstrahl des d-Inkreises bei einem Dreiseit ist die gemeinsame Verbindungsgerade der drei inneren d-Winkelhalbierenden (Punkte) in den drei Seiten.

Links sind die Winkelhalbierenden natürlich Geraden, rechts Punkte.

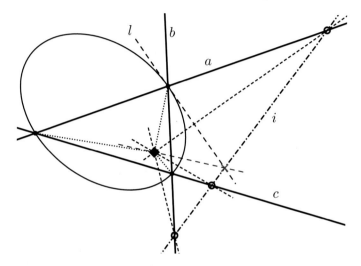

ABB. 4.35: d-Inkreis eines Dreiseits *abc*. Die winkelhalbierenden Punkte sind hohl dargestellt.

In der Illustration in Abb. 4.35 sind die inneren Winkelhalbierenden (Punkte) hohl, der Mittelstrahl i des d-Inkreises ist strichpunktiert. Die weit gestrichelte Gerade l durch die obere Dreiseitecke ist die Verbindungsgerade der Ecke mit dem zur Ecke orthogonalen Punkt auf dem Mittelstrahl i des d-Inkreises, also die Lotdachgerade des Lotpunktes vom Mittelstrahl zu einer Ecke. Diese ist eine Gerade des d-Inkreises, die zu dessen Konstruktion benötigt wird. (Dual wird zur Konstruktion des e-Inkreises neben dessen Mittelpunkt der Schnittpunkt einer Seite mit der zur Seite orthogonalen Geraden durch den Mittelpunkt benötigt, also der Lotfußpunkt des Lotes vom Mittelpunkt auf eine Seite.[a] (Zu Lotpunkt und Lotgerade, Lotfußpunkt und Lotdachgerade vgl. Abschnitt 3.4, Seite 88f.))

---

[a] ∗ Wenn wir den e-Umkreis eines Dreiseits (als Dreieck betrachtet) ins Auge fassen, dann ist dieser für eine geeignete Lage des a. M. auch d-Inkreis des Dreiseits. Der d-Kreis muss dann, wie eben, als Ordnungskurve ein e-Kreis sein, der Mittelstrahl ist also die u. G. und der a. M. muss im Umkreismittelpunkt U des als Dreieck aufgefassten Dreiseits liegen.

4.6 GEOMETRISIEREN INNERHALB DER PEG

In diesem Abschnitt soll gezeigt werden, wie man *ganz innerhalb* der polareuklidischen Geometrie arbeitet, statt zwischen euklidischer und dualeuklidischer Geometrie hin und her zu schalten. Wir haben schon Beispiele dafür kennengelernt, aber nun wird dieses Vorgehen unter Ausnutzung des Dualitätsprinzips der polareuklidischen Geometrie aus Abschnitt 3.5 einmal an einem größeren Beispiel demonstriert.

Wir sehen dazu wieder die (vervollständigte) euklidische Geometrie und die dualeuklidische Geometrie als in der polareuklidischen Geometrie enthalten an. Jede Aussage der euklidischen oder der dualeuklidischen Geometrie kann genauso in der polareuklidischen Geometrie getroffen werden und hat dort den gleichen Sinn. Wir haben in der PEG das gesamte begriffliche Instrumentarium der projektiven, der euklidischen *und* der dualeuklidischen Geometrie zur Verfügung, also insgesamt mehr Begriffe als in jeder dieser Geometrien für sich. Das bringt es mit sich, dass wir eine geometrische Konfiguration mit den euklidischen oder den dualeuklidischen Begriffen beschreiben oder beide Begriffssysteme auch mischen können. Dies ist mitunter von großem Vorteil und erlaubt es, uns kurz und elegant auszudrücken.

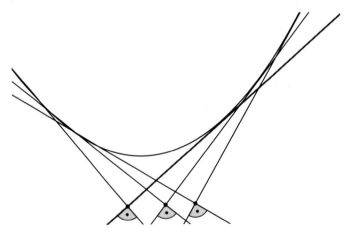

ABB. 4.36: Schnittpunkte orthogonaler Tangenten einer Parabel

Wir wollen uns zunächst in der ebenen Geometrie die Frage stellen: *Welches ist der geometrische Ort der Schnittpunkte orthogonaler Tangenten an eine Parabel?* Anders gefragt: Was kann man über die Punkte sagen, in denen sich zueinander senkrechte Tangenten an eine gegebene Parabel schneiden? Wo liegen alle diese Punkte? Kann man dafür ein allgemeines Gesetz angeben?[41*] Abb. 4.36 zeigt ein Beispiel mit drei solchen Schnittpunkten.

Wir betrachten die Frage innerhalb der polareuklidischen Geometrie. Über die (euklidische) Lage des a. M. können wir dabei frei verfügen und wir legen ihn in den Brennpunkt F der Parabel. Da auch die u. G. Teil der PEG ist, deuten wir auch auf sie in der Abbildung hin. Eine Skizze dazu in der PEG sähe dann aus wie in Abb. 4.37.

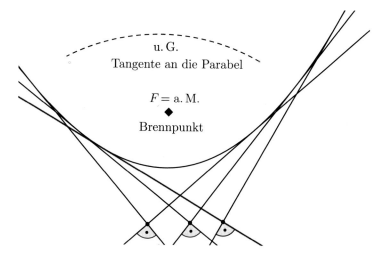

ABB. 4.37: Schnittpunkte orthogonaler Tangenten einer Parabel innerhalb der PEG

Diese dargestellte Situation kann man innerhalb der PEG nun anders auffassen: Die Parabel ist ein Kegelschnitt, und der a. M. liegt im Brennpunkt. Es handelt sich also, wenn wir die Kurve als Klassenkurve ansehen, um einen d-Kreis (siehe dazu Abschnitt 4.4, Seite 120). Die u. G. ist Tangente an die Parabel bzw. Gerade des d-Kreises. Dualisieren wir dies, so erhalten wir als Kurve einen gewöhnlichen e-Kreis, und da die u. G. Gerade des d-Kreises war, ist nach dem Dualisieren der a. M. Punkt des Kreises. Aus den orthogonalen Tangenten werden orthogonale Kreispunkte und aus den Tangentenschnittpunkten werden Verbindungsgeraden der orthogonalen Punkte. Eine Skizze der zur Situation in Abb. 4.37 dualen Situation sieht aus wie in Abb. 4.38.

Hier ist sofort zu sehen (und leicht zu beweisen), dass die Verbindungsgeraden der orthogonalen Punkte alle durch einen gemeinsamen Punkt gehen, den Mittelpunkt des Kreises.[a] Also müssen in der Situation von Abb. 4.37 die Tangentenschnittpunkte alle in einer Geraden liegen, nämlich dem Mittelstrahl der als d-Kreis aufgefassten Parabel, bzw. der Leitlinie der Parabel (vgl. Abschnitt 4.5.1, Seite 129).

---

[a] Das ist die Umkehrung des Thalessatzes.

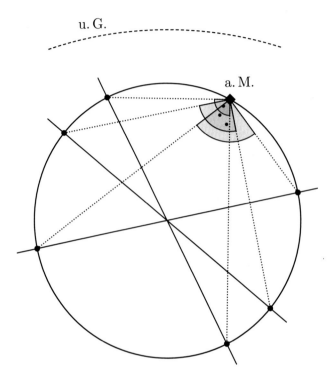

ABB. 4.38: Zur Situation in Abb. 4.37 duale Konfiguration

Damit haben wir die Antwort auf die ursprüngliche Frage gefunden: *Die Schnittpunkte orthogonaler Tangenten einer Parabel liegen in einer Geraden, der Leitlinie der Parabel.*

Dieser letzte Satz könnte auch als Satz der euklidischen Geometrie angesehen werden. Dualisieren wir ihn innerhalb der PEG, so erhalten wir:

Die Schnittpunkte orthogonaler Tangenten einer e-Parabel liegen in einer gemeinsamen Geraden, der Leitgeraden der e-Parabel.	Die Verbindungsgeraden orthogonaler Stützpunkte einer d-Parabel gehen durch einen gemeinsamen Punkt, den Leitpunkt der d-Parabel.

Der Leitpunkt einer d-Parabel wäre dual zur Leitlinie der e-Parabel. Um den rechten Text zu verstehen, müssen wir noch wissen, was eine d-Parabel ist, das duale Gebilde zu einer Parabel. Eine Parabel lässt sich charakterisieren als Kegelschnittkurve, an welche die u. G. Tangente ist. Dann ist also eine d-Parabel als Klassenkurve ein Kegelschnitt, mit dem a. M. als Stützpunkt. Oder aufgefasst als Ordnungskurve ein Kegelschnitt, in welcher der a. M. als Punkt liegt (vgl. Abschnitt 4.4, Seite 119).

Sprechen wir das Ergebnis rechts euklidisch aus, so erhalten wir also den schönen Satz:

SATZ 4.6.1 *Die Verbindungsgeraden je zweier Punkte einer Kegelschnittkurve, die von einem festen Kurvenpunkt aus unter einem rechten Winkel erscheinen, gehen durch einen gemeinsamen Punkt.*

Diesen gemeinsamen Punkt sollte man sachgemäß den *Leitpunkt* des Kegelschnitts bezüglich des gegebenen Kurvenpunktes nennen.

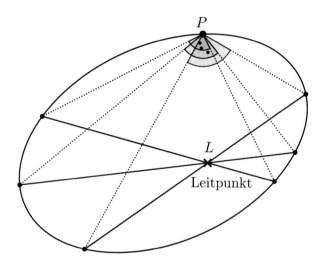

ABB. 4.39: Die Verbindungsgeraden von Ellipsenpunkten, die von P aus unter einem rechten Winkel gesehen werden, gehen durch einen Punkt, den Leitpunkt der Ellipse bezüglich P

In der Skizze in Abb. 4.39 ist die d-Parabel als Ellipse dargestellt, in Abb. 4.40 als Hyperbel.

ZUSAMMENFASSUNG   Ausgangspunkt war eine Frage der euklidischen Geometrie: *Wo liegen die Schnittpunkte orthogonaler Parabeltangenten?* Wir haben diese Frage innerhalb der polareuklidischen Geometrie betrachtet, wozu wir den a. M. an eine geschickt gewählte Stelle gelegt haben. Zunächst haben wir die gegebene Konfiguration mit anderen Begriffen interpretiert (*als orthogonale Geraden eines d-Kreises*) und dualisiert. In der dualen Fassung nahm die anfängliche Frage eine andere Form an: *Wo liegen die Verbindungsgeraden der Kreispunkte, die mit einem gegebenen Punkt einen rechten Winkel einschließen?* In dieser Form ließ sie sich leicht beantworten: *Die Verbindungsgeraden*

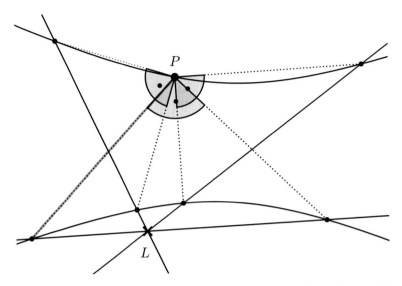

ABB. 4.40: Die Verbindungsgeraden von Hyperbelpunkten, die von P aus unter einem rechten Winkel gesehen werden, gehen durch einen Punkt L

gehen durch den Kreismittelpunkt. Diese Antwort wurde durch erneute Dualisierung zurückübertragen und wiederum euklidisch formuliert. Damit war die anfängliche Frage beantwortet: *Die gesuchten Schnittpunkte liegen in einer Geraden.*

Alsdann nahmen wir diese Antwort als Satz und dualisierten ihn in der PEG. Das Ergebnis: *Die Verbindungsgeraden orthogonaler Stützpunkte einer d-Parabel gehen durch einen gemeinsamen Punkt* formulierten wir mit euklidischen Begriffen und erhielten so Satz 4.6.1, den man auch als Satz der euklidischen Geometrie auffassen kann.

Besonders an dieser Zusammenfassung sieht man, *wie wir in der polareuklidischen Geometrie frei zwischen den verschiedenen Beschreibungen einer einzigen geometrischen Situation wechseln und durch wiederholtes Dualisieren zwischen verschiedenen Konfigurationen hin und hergehen können.* Das schafft ganz neue Möglichkeiten des Geometrisierens, die man aus der gewohnten Geometrie, der EG, welche nur die eine Hälfte eines zusammengehörigen Ganzen ist, nicht kennt!

4.7 Innen und Aussen

Innen und Außen sind in unserer Anschauung sehr stark verankerte, gleichwohl schillernde und nicht ganz klar umrissene Begriffe. Das Innere und das Äußere eines Hauses, einer Flasche, einer Sphäre, einer Tasse usw. sind uns klar. Das Innere ist irgendwie umgeben von einer Hülle, be-

Müsset im Naturbetrachten
Immer eins wie alles achten;
Nichts ist drinnen, nichts ist draußen:
Denn was innen, das ist außen.
So ergreifet ohne Säumnis
Heilig öffentlich Geheimnis.

Goethe, Epirrhema

grenzt, geborgen, geschützt vor dem Außen. Die Hülle trennt das Innere vom Äußeren. Das Äußere ist weit und ausgedehnt, unbegrenzt, es reicht bis in den Himmel. Solange es sich nicht um Grenzfälle handelt, sind wir in der Anwendung dieser Bestimmungen sicher. Aber wenn wir eine genaue und möglichst allgemeine Definition geben sollten, fiele uns das doch schwer. Wir sprechen auch von einem „Insider" und einem Außenseiter, von unserer Innenwelt und unserer Außenwelt, vom Inneren als dem Wesen, dem Kern einer Sache, gegenüber der bloßen Außenseite der Dinge.

Diese Überlegungen sollen die *geometrische* Begriffsbestimmung motivieren, die nun vorgenommen werden soll. Wir betrachten nur einfache Objekte aus den Grundelementen Punkt, Gerade und Ebene sowie Kegelschnittkurven. Schon daran werden die Besonderheiten beim Dualisieren deutlich, die dann auch in komplizierteren, reicher strukturierten Gebilden wiederzufinden sind.[a]

Dasjenige Objekt der PEG, zu dem man gewissermaßen physisch, wenn man den Ausdruck hier richtig verstehen will, nicht hingelangen kann (wohl aber „sehend", d. h. gedanklich!), ist die Fernebene des Raumes, die u. E. Sie ist für die Sicht aus dem Zentrum (Abschnitt 1.1) „unendlich weit" entfernt. Ihre Punkte, die Fernpunkte, wollen wir daher im Folgenden im Außen ansiedeln. Die Fernpunkte liegen also im Außen jedes euklidischen Objektes, sie sind äußere Punkte jedes Objektes.

Doch nicht nur die Fernpunkte liegen im Außen. Auch alle die Punkte, die man in einen Fernpunkt „verschieben kann" oder von denen aus man einen Fernpunkt erreichen kann, ohne das geometrische Objekt, um das es geht, zu „treffen", liegen außen, im Äußeren des Objektes. Mit „treffen" ist gemeint, dass der Punkt beim Verschieben niemals in einen Punkt, eine Gerade oder eine Ebene, die zu dem Objekt gehört, fallen darf. Und mit „verschieben" ist

---

[a]Die folgenden Überlegungen sind noch sehr anfänglich und die Begriffsbildungen ein erster Versuch. Wir wollen zunächst versuchen, die Idee zu erfassen. Desweiteren sei daran erinnert, dass wir im zwei- und im dreidimensionalen Raum arbeiten, in dem man von stetigen, also sprunglosen Bewegungen sprechen kann, die man immer irgendwo „anhalten" und „einfrieren" kann. Von einer Axiomatisierung dieser Dinge wird abgesehen.

eine stetige Bewegung des Punktes gemeint, ohne Sprünge, auch eine solche, wie sie im Abschnitt 1.3.2 „Durchlaufen einer Punktreihe" auf Seite 18 beschrieben wurde, mit der man also innerhalb der PEG wirklich zu einem Fernpunkt gelangen kann. Die Idee dahinter ist, dass man, um von außen nach innen zu gelangen, irgendeine durch das Objekt gegebene Grenze (Rand, Mauer, ...) überschreiten muss. Überall, wo man von außen hingelangen kann, ohne eine solche Grenze zu überschreiten, ist ebenfalls außen. Wir definieren also in der räumlichen Geometrie:

DEFINITION Innere und äußere Punkte

Gegeben sei ein geometrisches Objekt, bestehend allein aus Punkten (d. h., seine Geraden werden aufgefasst als Punktreihen und seine Ebenen als Punktfelder). Die Punkte des Raumes, die dem Objekt nicht angehören, werden in innere *und* äußere *Punkte des Objekts* unterteilt. *Ein solcher Punkt ist ein* äußerer Punkt, *wenn er ein Fernpunkt ist oder wenn er in einen Fernpunkt verschoben werden kann, ohne dabei jemals mit einem Punkt des Objekts zusammenzufallen. Er ist ein* innerer Punkt, *wenn er bei jeder Verschiebung in die Fernebene (u. E.) einen Punkt des Objektes treffen müsste.*[42*]

Die Punkte des Objektes selber, also auch diejenigen, die in seinen Geraden oder Ebenen liegen, rechnen wir weder zu den inneren noch zu den äußeren Punkten des Objektes. In der ebenen Geometrie lautet die Definition ganz analog, nur dass dort der Bezug auf die Ebenen des Objekts entfällt und die Ferngerade (u. G.) an die Stelle der Fernebene tritt.

Diese Definition erscheint auf den ersten Blick ziemlich kompliziert, ist es jedoch nicht wirklich, wie wir bald sehen werden. Dass wir die Punkte eines Dreiecks oder eines Kreises selbst weder zu seinen inneren noch zu seinen äußeren Punkten rechnen, mag befremdlich erscheinen, wo wir doch von *den inneren Punkten des Kreises* sprechen wollen. Und nun gehören die Punkte des Kreises gar nicht dazu. *Die inneren Punkte des Kreises* sind eben die Punkte des Kreisinnern, also desjenigen Gebietes der Ebene, das vom Kreis umschlossen wird. Sie sind in Bezug auf den Kreis innere Punkte, aber sie gehören dem Kreis nicht an. Daran kann man sich gewöhnen. Eine weitere Besonderheit ist, dass z. B. eine Kreis*fläche* oder eine Dreiecks*fläche* in der Ebene nach unserer Definition keine inneren Punkte hat. Innere Punkte in unserem Sinne sind Punkte, die von dem Objekt „umschlossen" werden, nicht solche, die ihm angehören.

Nun betrachten wir die dualen Verhältnisse. Dasjenige Objekt, zu dem ich nicht hinblicken kann, also gewissermaßen sehend nicht hingelangen kann (wohl aber tastend!), das ist mein eigener Blickpunkt, der Nahpunkt des Raumes, der a. M., insofern ich mich im a. M. denke. Er ist mir „unendlich nah" bzw. für die Sicht aus der Peripherie (Abschnitt 1.1) unendlich weit entfernt. Seine Ebenen, die Nahebenen, wollen wir daher dem Außen zurechnen. Die Nahebenen liegen also im Außen jedes dualeuklidischen Objektes, sie sind äußere Ebenen jedes Objektes.

Wie bei den Punkten gehen wir genau dual auch bei den Ebenen vor. Auch alle Ebenen, die man in eine Nahebene „verschieben" kann, ohne das geometrische Objekt, um das es geht, zu „treffen", liegen im Äußeren des Objektes. Mit „treffen" ist wieder gemeint, dass die Ebene niemals in eine Ebene, eine Gerade oder insbesondere in einen Punkt des Objekts fallen darf. Insbesondere die Punkte des Objekts bilden „Ebenenstopper", die bewegte Ebene darf sie niemals treffen. Wir können also festlegen:

DEFINITION Innere und äußere Ebenen
Gegeben sei ein geometrisches Objekt, bestehend allein aus Ebenen (d. h., seine Geraden werden aufgefasst als Ebenenbüschel und seine Punkte als Ebenenbündel). Die Ebenen des Raumes, die dem Objekt nicht angehören, werden in innere *und* äußere Ebenen des Objekts *unterteilt. Eine solcher Ebene ist eine* äußere Ebene, *wenn sie eine Nahebene ist oder wenn sie in eine Nahebene verschoben werden kann, ohne dabei jemals mit einer Ebene des Objekts zusammenzufallen. Sie ist eine* innere Ebene, *wenn sie bei jeder Verschiebung in den Nahpunkt (a. M.) mit einer Ebene des Objektes zusammenfallen müsste.*

In der ebenen PEG lautet die Definition ganz analog, nur dass „Ebene" durch „Gerade" zu ersetzen ist und „Ebenenbüschel" durch „Strahlenbüschel" und dass der Hinweis, Geraden seien durch Ebenenbüschel zu ersetzen, entfällt.

In der ebenen polareuklidischen Geometrie haben wir damit innere und äußere Punkte und Geraden und in der räumlichen PEG innere und äußere Punkte und Ebenen definiert. Die Lage der inneren und äußeren Geraden bzw. Ebenen hängt von der Lage des a. M. zum Objekt ab. Ohne a. M. sind sie nicht definiert.

Innerhalb der PEG sprechen wir, wenn wir die Gesamtheit der inneren bzw. äußeren Punkte, Geraden und Ebenen in den Blick fassen, vom *Punktinnern* bzw. vom *Punktäußeren* sowie in der ebenen PEG vom *Strahlinnern* bzw. *Strahläußeren* und in der räumlichen PEG vom *Ebeneninnern* bzw. vom *Ebenenäußeren* eines geometrischen Objekts. Wir sehen uns nun ein paar Beispiele an.

4.7.1 DREIECK, DREISEIT UND TETRAEDER

Ein Dreieck in der ebenen euklidischen Geometrie, bestehend aus drei Punkten (den Ecken), die nicht alle in einer Geraden liegen, und deren Verbindungsgeraden (den Seiten) (hier aufgefasst als Punktreihen), zerlegt die euklidische Ebene in sieben *Punktgebiete*. Von diesen grenzen sechs an die Ferngerade (d. h. enthalten einen Fernpunkt, sind „unendlich groß"), eines, das Gebiet 7, jedoch nicht (Abb. 4.41). Ein beliebiger Punkt der Ebene, der nicht in den Seiten des

Dreiecks liegt, gehört zum Punktinnern, wenn er sich nicht in die Ferngerade verschieben lässt, ohne dass er dabei in eine Dreiecksseite fällt. Also sind die Punkte des Gebiets 7 innere Punkte, das Gebiet 7 ist *das Punktinnere* des Dreiecks, die Punkte in den Gebieten 1 bis 6 sind äußere Punkte des Dreiecks, sie bilden sein *Punktäußeres*.

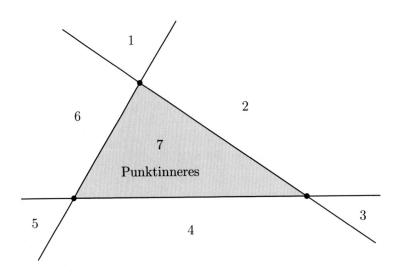

ABB. 4.41: Die sieben Punktgebiete beim Dreieck. Gebiet 7 ist das Punktinnere, die anderen sechs Punktgebiete bilden das Punktäußere des Dreiecks

Dual zum euklidischen Dreieck ist ein dualeuklidisches Dreiseit, bestehend aus drei d-Geraden (den Seiten) in der dualeuklidischen Ebene, die nicht alle durch einen Punkt gehen, samt ihren drei Schnittpunkten, hier aufgefasst als Strahlenbüschel, den Ecken des Dreiseits.[43*]

Das Strahlinnere kann verschieden aussehen, je nachdem, wo der a. M. liegt. In Abb. 4.42 sind vier gleiche (d. h. e-kongruente) Dreiseite gezeigt, die jeweils eine andere Lage zum a. M. einnehmen und daher vier verschiedene innere *Strahlenbereiche* haben.

Das *Strahlinnere* besteht bei jedem der vier Dreiseite aus den Geraden, die ganz in dem zugehörigen schattierten Gebiet liegen und durch keine Ecke des Dreiseits gehen. Eine solche Gerade ist jeweils gestrichelt eingezeichnet.[44*] Diese Gerade kann also nur innerhalb ihres zugehörigen schattierten Bereichs bewegt werden, ohne einen Eckpunkt des Dreiseits zu berühren (und damit in eine Gerade des Dreiseits zu fallen). Oder anders gesagt: Ein Punkt der ge-

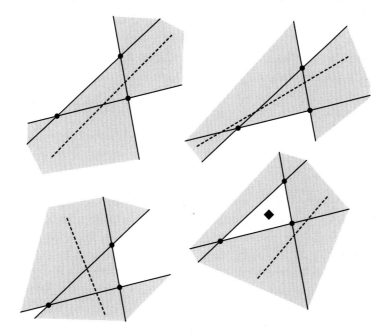

ABB. 4.42: Vier verschiedene Lagen eines Dreiseits zum a. M. und die dazugehörenden vier inneren Strahlenbereiche, das jeweilige Strahlinnere. Der eingezeichnete a. M. gehört zu allen vier Dreiseiten.

strichelten Gerade kann sich nur in dem schattierten Gebiet bewegen, wobei er die Gerade mit sich tragen soll und diese dabei keine Ecke berühren darf. Die Geraden, die nicht vollständig in den schattierten Gebieten liegen, gehören zum *Strahläußeren* des Dreiseits.

Da ein Dreieck samt seinen Seiten und ein Dreiseit samt seinen Ecken gleiche Konfigurationen sind, die nur unterschiedlich aufgefasst werden, haben wir also beim Dreieck und beim Dreiseit jeweils ein Punktinneres und Punktäußeres sowie ein Strahlinneres und Strahläußeres. Rechts unten in Abb. 4.42 ist der a. M. ein innerer Punkt des von den Ecken des Dreiseits gebildeten Dreiecks.

In diesem Falle sind die Punkte auf den inneren Geraden just die äußeren Punkte. Es ist also gewissermaßen das Strahlinnere, als Punktgebiet aufgefasst (also als Gesamtheit aller Punkte, die in inneren Strahlen liegen), das Punktäußere.	Dual dazu sind die Geraden durch die inneren Punkte eben die äußeren Geraden. Es ist also gewissermaßen das Punktinnere, als Strahlenbereich aufgefasst (also als Gesamtheit aller Strahlen, die durch innere Punkte gehen), das Strahläußere.

Nun wollen wir uns ein Beispiel für Innen und Außen im Dreidimensionalen ansehen, und zwar beim Tetraeder (vgl. Abschnitt 2.4.1):

Ein e-Tetraeder ist gegeben durch vier e-Punkte in allgemeiner Lage sowie deren sechs Verbindungsgeraden und vier Verbindungsebenen.	Ein d-Tetraeder ist gegeben durch vier d-Ebenen in allgemeiner Lage sowie deren sechs Schnittgeraden und vier Schnittpunkte.

Der Einfachheit halber haben wir die Elemente des Tetraeders wieder als Punkte, Ebenen und Geraden beschrieben, wie im Kapitel 2.4.1. (Zum Begriff „allgemeine Lage" siehe Glossar.) Aus euklidischer Anschauung hat man eher einen begrenzten Körper vor Augen, dessen Kanten Strecken statt Geraden und dessen Seiten Dreiecksflächen statt Ebenen sind. Das Duale eines solchen Gebildes lässt sich zwar ohne Schwierigkeiten formal definieren, doch wer ungeübt ist, wird sich nur sehr schwer eine Anschauung dazu bilden können. Deswegen greifen wir zu der Vereinfachung. Wenn man Beispiele zeichnet, fällt die Vorstellung am leichtesten, wenn man den a. M. im Punktinnern setzt.

Das Innere des e-Tetraeders besteht aus Punkten. Ein Punkt P gehört zum Innern des e-Tetraeders, wenn es in *jeder* Geraden durch P zwei Punkte des Tetraeders gibt, welche den Punkt vom Fernpunkt der Gerade trennen.	Das Innere des d-Tetraeders besteht aus Ebenen. Eine Ebene P gehört zum Innern des d-Tetraeders, wenn es durch *jede* Gerade in P zwei Ebenen des Tetraeders gibt, welche die Ebene von der Nahebene der Gerade trennen.
Die Punkte der u. E. sind äußere Punkte. Man bekommt die anderen äußeren Punkte, indem man von der u. E. aus Punkte den Raum durchwandern lässt, ohne dass sie auf Ebenen des e-Tetraeders treffen.	Die Ebenen des a. M. sind äußere Ebenen. Man bekommt die anderen äußeren Ebenen, indem man vom a. M. aus Ebenen den Raum durchwandern lässt, ohne dass sie auf Punkte des d-Tetraeders treffen.

Das Tetraeder hat also ein Punktinneres und ein Ebeneninneres. Seine inneren Punkte sind die, welche nicht in die Fernebene bewegt werden können, ohne zwischendurch einmal in eine Tetraederebene zu liegen zu kommen. Entsprechend sind seine inneren Ebenen jene, die nicht in den absoluten Mittelpunkt bewegt werden können, ohne zwischendurch einmal durch einen Tetraederpunkt zu gehen.

Die inneren Punkte „füllen das Tetraeder aus", und wenn der a. M. ein innerer Punkt ist, dann „umhüllen" es die inneren Ebenen. Sie füllen den ganzen Raum (genauer: den Ebenenraum) aus, nur diejenigen Ebenen, welche innere Tetraederpunkte enthalten, fehlen. Das d-Tetraeder „ist" also, euklidisch gesehen, gewissermaßen *ein Hohlraum im Punktraum*.[45]

Angemerkt werden soll noch, dass für die Bestimmung des Punkt- und des Ebeneninnern die Begriffe „parallel" bzw. „zentriert" und „orthogonal" nicht benötigt wurden.

4.7.2 Kreis und Sphäre

Wir sehen uns die Sache erst beim Kreis in der ebenen polareuklidischen Geometrie an. Die inneren Punkte eines e-Kreises sind dann die, von denen aus man die u. G. nicht auf stetigem Wege erreichen kann, ohne auf einen Kreispunkt zu treffen. Das sind offenbar genau die Punkte, die man auch gewöhnlich als „innerhalb des Kreises gelegen" nennen würde. Und die äußeren Punkte liegen eben außen, wo man die „unendliche Ferne", vertreten durch die Ferngerade, erreichen kann.

Und wie ist es bei den Geraden? Dazu fassen wir den e-Kreis als Klassenkurve auf, also als geometrischen Ort der Tangenten, welche den Kreis umhüllen. Wenn der a. M. innerer Punkt des Kreises ist, dann liegen die inneren Kreisgeraden „außen herum", also da, wo sie den Kreis nicht schneiden. Das sind also die *inneren* Geraden des Kreises, sie liegen im Punktäußeren, alle Punkte der inneren Geraden sind äußere Punkte! Wenn dagegen der Nahpunkt ein äußerer Punkt ist, dann sind *alle Geraden*[a] äußere Geraden, weil man jede dieser Geraden in einen Nahstrahl verwandeln kann, ohne dass sie zwischenzeitlich den Kreis tangiert. In diesem Falle hat der e-Kreis also keine inneren Geraden![46*]

Nun sehen wir uns einen d-Kreis an, da sollten die Verhältnisse dual sein. Der d-Kreis wird auch als Ordnungs- und Klassenkurve aufgefasst und ist euklidisch ein Kegelschnitt mit einem Brennpunkt im a. M. Die inneren Geraden des d-Kreises sind die Geraden, von denen aus man den a. M. nicht erreichen kann, ohne dass die Gerade zwischendurch Tangente der Ordnungskurve wird. Das sind die Geraden, welche die Kurve nicht schneiden. Die äußeren Geraden sind jene, welche die Kurve schneiden.

Und wie ist es bei den Punkten? Das hängt davon ab, ob die Ferngerade innere oder äußere Gerade ist. Wenn die Ferngerade innere Gerade ist, die Kurve also nicht schneidet, dann ist der d-Kreis eine euklidische Ellipse und die inneren Punkte liegen da, wo man sie anschaulich vermuten würde. Ist die Ferngerade dagegen äußere Gerade, schneidet also den d-Kreis als Ordnungskurve, dann ist die Kurve euklidisch eine Hyperbel. Dann gibt es überhaupt keine inneren Punkte, alle Punkte sind äußere Punkte![b] Das entspricht ja durchaus der unbedarften Anschauung. Eine Hyperbel schließt ja nicht wirklich ein Inneres

---

[a]Abgesehen von den Kreistangenten, die ja dem Kreis angehören und deshalb bei den inneren und äußeren Geraden nicht mitgerechnet werden.
[b]Bis auf die Kurvenpunkte, welche wiederum nicht mitgerechnet werden.

ein. Man kann von überall aus die Punkte der Ferngeraden erreichen, ohne die Hyperbelkurve zu „kreuzen" (Bild 4.43).[a]

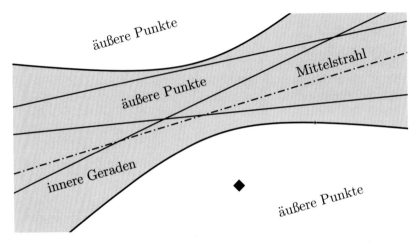

ABB. 4.43: d-Kreis, der euklidisch eine Hyperbel ist. Die inneren Geraden liegen in dem schattierten Gebiet.

Für andere Kegelschnitte als Kreise können die verschiedensten Fälle eintreten, die wir hier nicht besprechen (vgl. Projekt dazu im Abschnitt 7.2).

Ein seltsamer Fall tritt ein für e-Kreise, bei denen der a. M. innerer Punkt ist, und bei d-Kreisen, für die die u. G. innere Gerade ist.

Das für unsere Anschauung Seltsame ist dann, dass anscheinend im Strahl*inneren* die *äußeren* Punkte liegen und durch das Punkt*innere* die *äußeren* Geraden gehen. Daran sehen wir wieder, dass unsere Anschauung ganz auf das Punkthafte gerichtet ist und wir uns die Strahlengebilde mühsam ins Bewusstsein rufen müssen. *Das Innere* sehen wir spontan wie selbstverständlich als ein Gebiet an, in dem Punkte liegen, nicht Geraden. Die Beschäftigung mit der polareuklidischen Geometrie kann uns eine von uns bis dato übersehene „Welt" zu Bewusstsein bringen, und Übung in der polareuklidischen Denkweise kann unser Wahrnehmungsvermögen schulen und uns ganz neue Ansichten der Dinge eröffnen.

Wenn, beispielsweise, der Radius eines Kreises immer kleiner wird, würde man sagen: Der Kreis zieht sich auf seinen Mittelpunkt zusammen. Dual müsste man dann vielleicht sagen: Der d-Kreis zieht sich auf seinen Mittelstrahl zusammen. Doch wie sieht das aus, wenn sich ein d-Kreis auf seinen Mittel-

---

[a]* Gegenüber Mathematikern sei zugegeben, dass unsere Definition mit der üblichen (projektiven) Definition von inneren und äußeren Punkten und Geraden bei Kegelschnitten ganz und gar nicht übereinstimmt![47]*

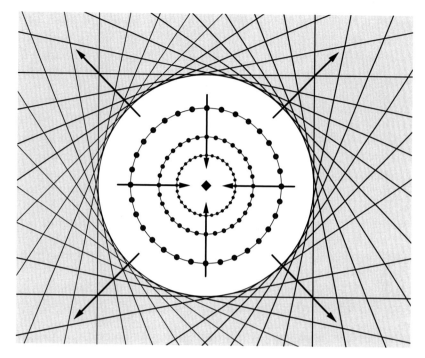

ABB. 4.44: e- und d-Kreis-Metamorphose

strahl zusammenzieht? Euklidisch angeschaut *weitet* er sich dabei immer mehr,
sein Punktinneres wird immer umfassender! Der e-Kreis schrumpft im Extrem
zum Punkt, seinem Mittelpunkt. Dual weitet sich der d-Kreis immer mehr und
schmiegt sich seinem Mittelstrahl an, wird im Extrem zu diesem Mittelstrahl!
Sein Punktinneres umfasst nun die ganze Ebene als Punktfeld (mit Ausnahme der Punkte des Mittelstrahls). Dual umfasst, wenn der e-Kreis zum Punkt
geschrumpft ist, sein Strahlinneres die ganze Ebene als Strahlenfeld (mit Ausnahme der Strahlen des Mittelpunktes).

Wenn wir als Mittelpunkt des Kreises den a. M. und als Mittelstrahl des
d-Kreises die u. G. annehmen, dann sehen e-Kreis und d-Kreis in diesem Prozess beide wie konzentrische, gewöhnliche Kreise aus, nur dass der eine von
Punkten gebildet wird, die zum Mittelpunkt hin wandern ins Punktinnere, der
andere von Strahlen, die zur u. G. „nach außen" (ins Strahlinnere!) wandern
(Abb. 4.44).

IM RAUM   liegen die Verhältnisse in Bezug auf e- und d-Sphäre ganz ähnlich
wie in der Ebene bei den Kreisen. Auch bei der Sphäre gibt es also in der PEG
nicht *das* Innere, sondern vielmehr das *Punktinnere* und das *Ebeneninnere*. Das

Punktinnere ist das, was wir gewöhnlich das Innere nennen würden, weil wir die u. E., genauer: die Fernpunkte, wohl auf jeden Fall „Außen" denken, und die Kugelfläche die inneren Punkte von der u. E. „abtrennt": Man kann einen inneren Punkt nicht „durch Herumschieben" in einen Fernpunkt verwandeln, ohne die Kugelfläche zu „durchstoßen", d. h., ohne dass er einmal mit einem Randpunkt zusammenfällt. Wenn der a. M. innerer Punkt ist, kann man dagegen eine innere Ebene ohne Weiteres in die u. E. „verschieben", ohne dass je ein Punkt der Sphäre getroffen wird. Eine e-Sphäre denkt man sich eben aus dem Mittelpunkt heraus gestaltet, gewissermaßen durch „Aufblähen" des Mittelpunktes.

Die duale Sichtweise aber geht von der Mittelebene, beispielsweise der u. E., aus. Von dieser lösen sich Ebenen ab und „wandern" in den Raum hinein, wobei sie eine Sphäre umhüllen. (Wenn man sich Abb. 4.44 als ebenen Schnitt durch eine d-Sphäre vorstellt, trifft man in etwa das Richtige.) Die Bildung der d-Sphäre geht also von der Mittelebene aus, und deshalb ist es sachgemäß, die Mittelebene in ihrem Inneren zu denken.

Wenn wir „das Gestaltungszentrum", dasjenige, von dem aus die Sphäre gebildet wird, „im Innern" denken, dann kann „das Innere" der Sphäre als Punktinneres oder als Ebeneninneres gedacht werden, je nachdem, wie man sich den Bildeprozess denkt. Beim Plastizieren einer Hohlkugel etwa sind beide Prozesse beteiligt.

TEIL II

WEITERER AUFBAU

5 Gestalt und Bewegung

In unserem alltäglichen Raumerlebnis teilen wir die erlebte äußere Welt in *Gegenstände* ein: Hier ein Baum, da ein Haus, eine Gabel, ein Auto, die Vordertür eines Autos, der Griff an der Vordertür des Autos usw. Wir grenzen also gewisse Bereiche unserer äußeren Erfahrung von anderen ab und betrachten sie unter einem einheitlichen Gesichtspunkt, als zusammengehörig. So teilen wir die Welt in verschiedene „Dinge" ein, die sich voneinander unterscheiden lassen. Die meisten dieser Dinge haben eine bestimmte *Form* (oder Gestalt), sie sind so oder so geformt, so und so lang, breit, hoch, haben hier eine Ausbuchtung, dort eine Rundung und so weiter. Manche haben auch keine bestimmte Form, etwa der Himmel, oder eine veränderliche, wie eine Wasserwoge oder eine Rose.

Dinge mit einer bestimmten Form bezeichnet man oft als *Körper*. Man spricht in der Physik auch von einem *starren Körper* und deutet damit gerade auf seine unveränderliche Form. Unveränderlich bezieht sich auf *Bewegungen* des Körpers im Raum. Man kann etwa eine Kaffeetasse von links nach rechts über den Tisch schieben, sie ändert dabei ihre Form nicht. Man kann sie auch anheben und beliebig drehen (wenn sie leer ist!), auch dabei ändert sich ihre Form nicht. Man sagt, eine Bewegung ändere die *Lage* eines Körpers im Raum, nicht aber seine Form. Man meint damit, dass vor und nach einer Bewegung einander entsprechende Abstände (Längen) und Winkel an dem Körper übereinstimmen, sich bei der Bewegung nicht geändert haben. Wenn man dagegen einen wassergefüllten Luftballon, der auf dem Tisch liegt, anhebt, ändert sich sowohl seine Lage im Raum als auch seine Form. Ein solcher Ballon ist eben kein starrer Körper.

Dass die Dinge bei Bewegung ihre Form behalten, ist von unschätzbarer Bedeutung für unser geometrisches Erleben. Man stelle sich nur einmal vor, wie es wäre, wenn die Gegenstände ihre Form änderten, wenn man sie im Raum bewegt. Wenn sie, beispielsweise, länger würden, sich bögen und verdrehten, rund würden und dann Spitzen bekämen etc. Wir hätten gar keinen Formbegriff, wenn wir nichts Konstantes wahrnehmen würden, das sich bei einer bloßen Bewegung im Raum nicht ändert.

Der Begriff einer Länge oder eines Abstandes ist eng mit dem Formbegriff verknüpft. Ohne Formbegriff hätte es wenig Sinn, von Längen zu sprechen. Mathematiker sprechen von *Isometrien* des euklidischen Raumes und meinen damit, dass sämtliche Abstände zwischen Punkten (und damit auch alle Winkel) bei der Bewegung erhalten bleiben.

Eigentliche Bewegungen im dreidimensionalen euklidischen Raum sind *Parallelverschiebungen* (Translationen) und *Drehungen* um eine Achse. Man kann mehrere solche Bewegungen hintereinander ausführen, dann ist das Ergebnis auch eine Bewegung. Und man kann solche Bewegungen *kontinuierlich* ausführen, als eine stetige Folge kleiner und kleinster Teilbewegungen. Zu den Isometrien zählen noch die *Ebenenspiegelung* (bei der das Objekt in sein Spiegelbild übergeht) und die *Punktspiegelung*. Man nennt diese „Bewegungen" auch *uneigentliche Bewegungen*, weil sie die „Orientierung" ändern. Sie lassen sich an einem physischen Objekt in der Regel nicht wirklich ausführen.

Die Bewegungen im euklidischen Raum sprechen wir in unserem Zusammenhang als e-Bewegungen an. In unserem durch die Fernebene erweiterten euklidischen Raum lassen sie die u. E. als Ganzes fest. Die Parallelverschiebungen lassen sogar die einzelnen Punkte und Geraden der u. E. fest. Dual zu den e-Bewegungen wären d-Bewegungen, welche dann den a. M. als Punkt fest lassen. Statt von Parallelverschiebungen sprechen wir künftig meist von e-Verschiebungen. Die dazu dualen d-Verschiebungen müssten sogar, dual zu den e-Verschiebungen, die Nahebenen und Nahstrahlen als Ganze fest lassen. Wie sehen die d-Bewegungen anschaulich aus? Weil e-Bewegungen e-Winkel und e-Abstände unverändert lassen, müssten d-Bewegungen d-Winkel und d-Abstände erhalten. Die haben wir noch gar nicht eingeführt. Das macht jedoch nichts, wir gewinnen die d-Bewegungen durch Dualisierung der e-Bewegungen. Dafür brauchen wir keine Winkel und Längen. Aber wir wissen jetzt schon, dass d-Bewegungen die d-Abstände und d-Winkel der ihnen unterworfenen geometrischen Konfigurationen nicht verändern.

Bevor wir die Verhältnisse im Einzelnen studieren, wollen wir versuchen, aus unserer bloßen Raumvorstellung heraus eine Idee davon zu gewinnen, worum es sich bei den d-Bewegungen handeln wird.

Wir erinnern uns: Die euklidische Geometrie ist die „Geometrie des Tastraums". Sie beschreibt die geometrischen Eigenschaften physischer Körper so, wie sie sich dem Tastsinn ergeben. Die unveränderliche, charakteristische e-Form eines Gegenstandes ist also etwas, was sich dem Tastsinn ergibt. Für das Sehen ändern sich die Dinge durchaus, wenn sie im Raum bewegt werden. Ihr Aussehen ändert sich, mathematisch idealisiert, gemäß den Gesetzen der *Perspektive*, genauer: der *Zentralperspektive*.

Das Auge bildet das, was sich ihm im Raum darbietet, auf eine gekrümmte Fläche, die Netzhaut, ab, die wir einmal vereinfachend als Stück einer Ebene ansehen. Die sogenannte *Zentralprojektion* beschreibt grob, wie das geschieht: Die Punkte der Objekte im Raum werden mit einem festen Punkt, dem Projektionszentrum oder *Augenpunkt*, durch Geraden verbunden, und dieses Strahlenbündel im Augenpunkt wird mit einer Ebene (der Bildebene, entsprechend der Netzhaut) geschnitten. Die Schnittpunkte der Strahlen mit der Bildebene bestimmen das projizierte Bild. Dabei geht jede „Tiefeninformation" verloren, weil in dem Bildpunkt keine Information darüber mehr enthalten ist, wie weit der Objektpunkt vom Augenpunkt entfernt war. Außerdem erhalten verschiedene Punkte, die auf dem gleichen „Sehstrahl" liegen, den gleichen Bildpunkt. Insgesamt wird also bei der Projektion ein räumliches Bild in ein ebenes umgewandelt, wobei Information verloren geht.

Wir Menschen können trotzdem räumlich sehen, weil wir erstens zwei Augen mit verschiedenen Blickpunkten haben (stereoskopisches Prinzip), zweitens wir uns selber bewegen und dabei die relativen Verschiebungen naher und ferner Objekte gegeneinander abschätzen, drittens die mit der Akkommodation verbundene Muskelbewegung berücksichtigen und schließlich auch frühere Seherfahrungen nutzen.

Schauen wir einmal auf die gewöhnliche euklidische e-Verschiebung, bei der Objekte parallel, also in der gleichen Richtung und um die gleiche Entfernung, verschoben werden. Einen Gegenstand anzuheben oder über eine Tischplatte zu schieben, ohne ihn dabei zu drehen, wäre ein Beispiel. Charakteristisch für eine solche e-Verschiebung ist die zugehörige Richtung. In diese Richtung werden alle Punkte, Geraden und Ebenen um eine bestimmte, immer gleich lange Strecke verschoben. Dabei bleiben die Fernpunkte aller e-Geraden und die Ferngeraden aller e-Ebenen unverändert, weil diese Objekte ja parallelverschoben werden, d. h. in ihrer Ausgangslage und ihrer Endlage zueinander parallel sind. Deshalb bleiben die u. E. als Ganze sowie ihre Geraden und Punkte bei der e-Verschiebung unverändert.

Was heißt das für die duale d-Verschiebung? Eine solche lässt dann den a. M. fest und auch alle Nahstrahlen und Nahebenen. Das heißt aber, dass z. B. die Punkte im Raum bei einer d-Verschiebung auf ihren Nahstrahlen bleiben, also auf ihren Nahstrahlen „wandern" müssen. Entsprechend müssen sich die Geraden in ihren Nahebenen verschieben. Schon daraus sieht man, *dass bei einer d-Verschiebung die euklidischen Abstände und Winkel nicht unverändert bleiben können.*

Also sind die d-Verschiebungen und ebenso alle anderen d-Bewegungen Transformationen, welchen die euklidische Form der Objekte verändern! Die Objekte machen folglich bei einer d-Bewegung aus euklidischer Sicht eine Metamorphose durch, welche ihre tastbare Gestalt verändert.

Nun sind aber die e-Bewegungen Transformationen, welche etwas Wesentliches (nämlich die Form) an den geometrischen Konfigurationen erhalten. Sie sind Transformationen, welche die Objekte in kongruente Objekte verwandeln, die nur an einem anderen Ort zu tasten sind. Was also erhalten dann die d-Bewegungen? Gewiss, die d-Längen und die d-Winkel. Aber was ist die *Invariante* der d-Bewegungen, das, was sich bei einer d-Transformation nicht ändert, *für unser Erleben, für unsere Anschauung?* Was können wir dazu *a priori*, ohne eine nähere Untersuchung anzustellen, sagen – oder wenigstens vermuten?

Nach allem, was wir bisher erarbeitet haben, wäre eine plausible Vermutung vielleicht folgende:

e-Bewegungen verändern die tastbare Gestalt nicht, wohl aber die sichtbare.	d-Bewegungen verändern die sichtbare Gestalt nicht, wohl aber die tastbare.

Wie könnte das zugehen? Wenn wir unseren Blickpunkt, unser Auge, in den a. M. verlegen, können wir an Punkten, die sich auf ihrem Nahstrahl verschieben, und Geraden, welche sich in ihrer Nahebene bewegen, keine Veränderung „sehen", da sich ihre Lage nur „in der Tiefe" ändert, in ihrem e-Abstand zum a. M. Von einem anderen Blickpunkt aus sähe man eine Formänderung des Objektes, nicht aber vom a. M. aus. Vom a. M. aus sieht das Objekt also aus wie vorher. Das tastbare Objekt veränderte dagegen seine Form, und von einem anderen Blickpunkt aus sähe man dann vielleicht so etwas wie „eine perspektivische Veränderung" des Ausgangsobjektes.

Die bisherigen Überlegungen zu den Bewegungen haben wir aus der bloßen Anschauung heraus entwickelt, und sie waren auch recht vage. Wir wollen uns nun die Verhältnisse bei den einzelnen Bewegungen genau ansehen und feststellen, inwieweit sich unsere Vermutungen bestätigen oder korrigiert werden müssen. *Um mögliche Verwirrung zu vermeiden, möge der Leser dabei beachten, dass wir uns stets in der polareuklidischen Geometrie bewegen, und wenn von der euklidischen Geometrie die Rede ist, dann ist die erweiterte EG (mit der u. E.) gemeint und diese ist als innerhalb der PEG gelegen, als Teil der PEG anzusehen.*

Hinweis für die Leser: Der Autor hat sich bemüht, die folgende Darstellung einfach zu halten, aber sie ist wahrscheinlich trotzdem nicht leicht zu verstehen. Bei den Ausführungen zur e- und d-Verschiebung sollten Sie so lange wie möglich durchhalten, die Abbildungen studieren und sich eigene Skizzen machen. Wenn es Ihnen zu mühsam wird, lesen Sie wenigstens die Abschnitte über die Interpretation und die Zusammenfassung. Die Abschnitte 5.2 über Drehung und Schabung sowie 5.3 über Spiegelung können Sie notfalls überspringen. Lesen Sie dafür den Abschnitt 5.4, der alle Ergebnisse noch einmal zusammenfasst.

5.1 E- UND D-VERSCHIEBUNG

Eine e-Verschiebung ist durch die Angabe von zwei e-Punkten bestimmt: eines beliebigen Punktes A und des Punktes A', in den A verschoben wird. A' heißt dann der *Bildpunkt* oder einfach das *Bild* von A. Bei einer e-Verschiebung wird dann jeder e-Punkt des zu verschiebenden Objektes in die gleiche Richtung und um die gleiche Entfernung verschoben. Die Punkte der u. E. werden nicht verschoben, sie bleiben fest. Wenn man diese Transformation ohne den Begriff „Entfernung" beschreiben will, kann man sagen: Nach der e-Verschiebung bilden zwei Objektpunkte A, B und die verschobenen Punkte A', B' die Ecken eines Parallelogramms, in dem sich die Ecken A und B' sowie A' und B bzw. die Seiten AA' und BB' sowie AB und $A'B'$ gegenüber liegen. Diese Konstruktion funktioniert nur dann nicht, wenn A, A' und B in einer Geraden liegen. Dann nimmt man einen Hilfspunkt C dazu, der nicht in AA' liegt, konstruiert dessen Bildpunkt C' und verschiebt dann B mit Hilfe von C, C'.

Diese Beschreibung kann man sowohl in der räumlichen als auch in der ebenen Geometrie verwenden (Abb. 5.1). In der ebenen Geometrie bleiben dann die Punkte der u. G. unverändert.

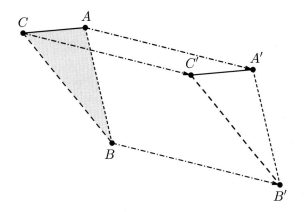

ABB. 5.1: e-Verschiebung eines Dreiecks

Die zu einer e-Verschiebung duale Transformation nennen wir vorläufig d-Verschiebung. Links schreiben wir die Konstruktion des Bildpunktes B' zu einem gegebenen Punkt B bei einer e-Verschiebung. Sie lässt sich in der Ebene und gleichermaßen im Raum verwenden. Rechts daneben schreiben wir zunächst die dazu *in der Ebene* duale Konstruktion:

Eine e-Verschiebung ist durch die Angabe eines e-Punktes A und dessen e-Bildpunktes A' bestimmt.	Eine d-Verschiebung ist durch die Angabe einer d-Geraden a und deren d-Bildgerade a' bestimmt.

Sei B ein e-Punkt, der nicht in AA' liegt. Dann ist der e-verschobene Punkt B' der Schnittpunkt der zur Geraden AA' e-parallelen Geraden durch B mit der zu AB e-parallelen Geraden durch A'.

Sei b eine d-Gerade, die nicht durch aa' geht. Dann ist die d-verschobene Gerade b' die Verbindungsgerade des zum Punkt aa' d-parallelen Punktes in b mit dem zu ab d-parallelen Punkt in a'.

Eine Skizze zur d-Verschiebung ist in Abb. 5.2 zu sehen. Statt „e-Verschiebung" sagen wir auch „Translation".[48*]

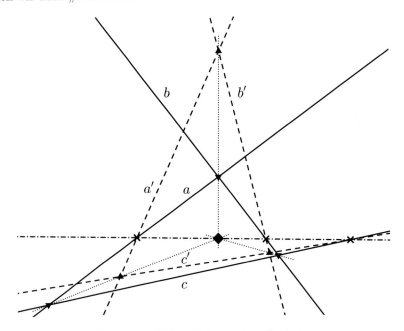

ABB. 5.2: d-Verschiebung eines Dreiseits

Jetzt schreiben wir links dasselbe hin wie eben, *dualisieren* die Konstruktion *aber nun im Raum:*

Eine e-Verschiebung ist durch die Angabe eines e-Punktes A und dessen e-Bildpunktes A' bestimmt.
Sei B ein e-Punkt, der nicht in AA' liegt. Dann ist der e-verschobene Punkt B' der Schnittpunkt der zur Geraden AA' e-parallelen Geraden durch B mit der zu AB e-parallelen Geraden durch A'.

Eine d-Verschiebung ist durch die Angabe einer d-Ebene A und deren d-Bildebene A' bestimmt.
Sei B eine d-Ebene, die nicht durch AA' geht. Dann ist die d-verschobene Ebene B' die Verbindungsebene der zur Geraden AA' d-parallelen Geraden in B mit der zu AB d-parallelen Geraden in A'.

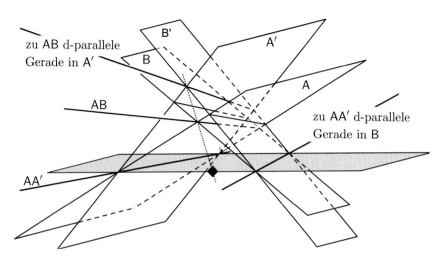

zu AB d-parallele
Gerade in A′

zu AA′ d-parallele
Gerade in B

ABB. 5.3: Konstruktion der Bildebene B′ zu einer Ebene B bei einer durch die Ebenen A und A′ bestimmten d-Verschiebung

(∗ Die zu AA' bzw. AB parallelen Geraden durch B bzw. A' schneiden sich auch im Raum, weil sie beide in der durch A, A', B aufgespannten Ebene liegen. Dual existiert rechts die Verbindungsebene B′.) Eine Illustration zu einer räumlichen d-Verschiebung ist in Abbildung 5.3 gegeben. Die Konstruktion in der Ebene und besonders im Raum sieht recht kompliziert aus, doch wir werden bald eine viel einfachere und vor allem intuitive finden.

Die e-Verschiebung verschiebt nicht nur die Punkte, sondern auch die Geraden und im Raum die Ebenen, indem sie auf die Punkte der Geraden und Ebenen wirkt. Aber durch Angabe der Verschiebung einer Geraden oder Ebene im Raum ist eine e-Verschiebung *nicht* bestimmt. Daraus allein lässt sich nämlich nicht ableiten, wie die Punkte verschoben werden. Analoges gilt für die d-Verschiebung.

5.1.1 E- UND D-VERSCHIEBUNG IN DER EBENEN PEG

Eine e-Verschiebung wird in der euklidischen Geometrie durch einen beliebigen Punkt und sein Bild festgelegt, eine d-Verschiebung in der dualeuklidischen Geometrie dagegen in der Ebene durch eine beliebige Gerade und ihr Bild bzw. im Raum durch eine beliebige Ebene und ihr Bild. Innerhalb der polareuklidischen Geometrie können wir als einen der Punkte auch den a. M. nehmen, als eine der Geraden die u. G. bzw. im Raum als eine der Ebenen die u. E. *In der polareuklidischen Geometrie lässt sich also eine e- oder d-Verschiebung bereits durch die Angabe eines einzigen Elementes festlegen.* Als solches können wir sogar für die e-Verschiebung eine einzige Gerade bzw. eine einzige Ebene wählen und für die d-Verschiebung einen einzigen Punkt. Wie das geht und wozu das äußerst nützlich ist, soll nun *zunächst in der ebenen PEG* beschrieben werden.[49]

Gegeben sei eine e-Gerade o. Es sei S der zu ihr orthogonale Fernpunkt.

Die Gerade o bestimmt eine e-Verschiebung, und zwar diejenige, welche den zu S zentrierten Punkt R in o in den a. M. verschiebt und damit o selber in den zu o parallelen Nahstrahl o'.

Das Bild p' einer e-Geraden p unter dieser e-Verschiebung wird, sofern p nicht parallel zu o ist, folgendermaßen bestimmt:
Schneide p mit o,
verbinde den Schnitt mit S,
schneide den Schein mit o',
verbinde den Schnitt mit dem Fernpunkt von p.

Gegeben sei ein d-Punkt O. Es sei s der zu ihm orthogonale Nahstrahl.

Der Punkt O bestimmt eine d-Verschiebung, und zwar diejenige, welche die zu s parallele Gerade r durch O in die u. G. verschiebt und damit O selber in den zu O zentrierten Fernpunkt O'.

Das Bild P' eines d-Punktes P unter dieser d-Verschiebung wird, sofern P nicht zentriert zu O ist, folgendermaßen bestimmt:
Verbinde P mit O,
schneide den Schein mit s,
verbinde den Schnitt mit O',
schneide den Schein mit dem Nahstrahl von P.

(Statt „Schein" könnte man auch sagen „Verbindungsgerade" und statt „Schnitt" „Schnittpunkt". Wir haben „Schnitt" und „Schein" geschrieben, weil wir dann später in der räumlichen Geometrie die Formulierungen unverändert übernehmen können.)

Wenn p parallel zu o ist, bestimmt man wie angegeben zunächst das Bild a' einer nicht zu o parallelen Geraden a. Dann bestimmt man p' wie eben, nur dass a und a' an die Stelle von o und o' treten.

Wenn P zentriert zu O ist, bestimmt man wie angegeben zunächst das Bild A' eines nicht zu O zentrierten Punktes A. Dann bestimmt man P' wie eben, nur dass A und A' an die Stelle von O und O' treten.

(Wie man zu einer e-Verschiebung, die durch einen Punkt und sein Bild festgelegt ist, die Gerade o bzw. im dualen Fall den Punkt O findet, kann man in Anmerkung 50 nachlesen.)

Abbildung 5.4 zeigt die linke und die rechte Konstruktion dual nebeneinander. Anhand dieser Abbildung kann der Leser den Konstruktionsprozess genau studieren und sich seine Fragen hoffentlich beantworten.

Für das Folgende ist vor allem die rechte Seite wichtig, denn wir wollen der d-Verschiebung nun eine neue Deutung geben. Sehen wir uns dazu den obigen Text rechts und dazu das rechte Bild in Abb. 5.4 genauer an:

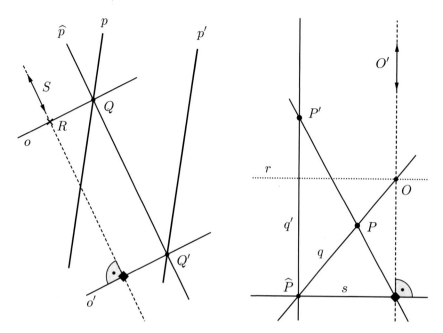

ABB. 5.4: Konstruktion einer e- (links) und einer d-Verschiebung (rechts) in der Ebene

Wir stellen uns den Punkt O als „Projektionszentrum" vor, von dem „Projektionsstrahlen" ausgehen. Die Gerade durch O und P ist ein solcher Projektionsstrahl. Er trifft im Punkt $\widehat{P}$ auf die Gerade s, die wir uns als (eindimensionale) „Leinwand" denken. $\widehat{P}$ ist also der Bildpunkt von P bei Zentralprojektion auf die „Bildtafel" s vom Projektionszentrum O aus. Andererseits ist $\widehat{P}$ auch Bildpunkt von P' bei der Zentralprojektion vom Fernpunkt O' aus. (Eine solche Projektion von einem Fernpunkt aus nennt man üblicherweise eine „Parallelprojektion", weil die Projektionsstrahlen, die ja alle durch O' gehen, untereinander parallel sind.) Die „Leinwand" s bleibt übrigens punktweise fest, d. h., die Punkte von s werden bei der d-Transformation nicht verschoben. Schließlich sind P und P' zentriert, liegen also auf dem gleichen Nahstrahl. Oder, anders gesagt, für einen Beobachter im a. M. liegen P und P' in einer Linie, auf einem „Sehstrahl". Ein solcher Beobachter „sieht" also gar keine Veränderung.

Kurz gesagt: *$\widehat{P}$ ist das Bild von P unter Zentralprojektion von O aus und ebenfalls das Bild von P' unter der zu s senkrechten Parallelprojektion. Da P' auf dem Nahstrahl von P liegen muss, ist P' damit eindeutig bestimmt (sofern P nicht zentriert zu O ist).*

Mit dieser Erkenntnis können wir die Konstruktion des Bildes K' einer Konfiguration K, bestehend aus den Punkten $ABC\ldots$ unter einer d-Translation, die durch einen d-Punkt O gegeben ist, sehr einfach konstruieren (Abb. 5.5):

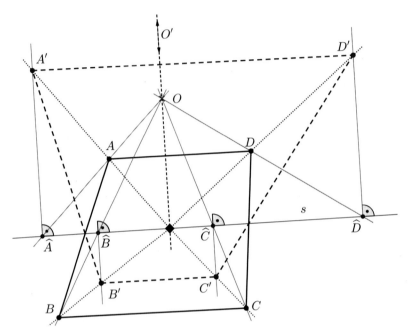

ABB. 5.5: Vom Projektionszentrum O bewirkte d-Verschiebung des durchgezogenen Vierecks $ABCD$ in das gestrichelte Viereck $A'B'C'D'$ in der Ebene

Man konstruiere zunächst den Nahstrahl des Projektionszentrums O, dann den Fernpunkt O' dieses Nahstrahls und schließlich die „Bildebene" oder „Leinwand" s als zu O' und O d-orthogonalen Nahstrahl. (In der ebenen Geometrie ist die „Bildebene" s bloß eine Gerade.) Für jeden Punkt $A, B, C, \ldots$ des zu d-translatierenden Objektes K bestimme man den Bildpunkt, indem man zunächst den Punkt von O aus auf s projiziert. Dabei entsteht das „perspektivische" Bild $\widehat{K}$ des Objektes mit den Bildpunkten $\widehat{A}, \widehat{B}, \widehat{C}, \ldots$, welches hier in einer Geraden, nämlich s, liegt. Dieses perspektivische Bild wird dann durch „umgekehrte Parallelprojektion" orthogonal zur „Bildebene" wieder „entfaltet": Die Bildpunkte $A', B', C', \ldots$ der d-Translation K' von K sind die Schnittpunkte der Lotgeraden in den entsprechenden Punkten $\widehat{A}, \widehat{B}, \widehat{C}, \ldots$ in der „Leinwand" s mit den Nahstrahlen der Originalpunkte $A, B, C, \ldots$ des Objekts.

Der Leser probiere die Konstruktion selber aus und überzeuge sich davon, dass sie ganz einfach zu bewerkstelligen ist!

INTERPRETATION DER EBENEN D-VERSCHIEBUNG ALS PERSPEKTIVISCHE VERWANDLUNG

Die d-Verschiebung gestattet eine interessante Interpretation. Wenn man verschiedene Beispiele selber zeichnet, gewinnt man den Eindruck, dass die d-translatierten Objekte K' aussehen wie perspektivisch verzerrte Ansichten des Originalobjektes K. Das lässt sich in der Tat begründen. Genau genommen verhält es sich wie folgt: (Vergleichen Sie dazu Abb. 5.6, in der die jetzt zu schildernde Situation in Parallelperspektive dargestellt ist. *Darin wird die Konfiguration K durch einen einzigen Punkt P vertreten.*)

Man stelle sich die Zeichenebene, in der K liegt, waagerecht vor, darin den a. M. und den Punkt O, der die d-Translation festlegt, sowie die invariante Gerade s und den Punkt O'', das Bild von O' unter der d-Translation, welcher da liegt, wo der am a. M. gespiegelte Punkt O zu liegen käme. Nun denke man sich eine zur Zeichenebene orthogonale Ebene, die Bildebene (diesmal eine wirkliche Ebene), welche die Zeichenebene in der Geraden s schneidet. Dazu einen Augenpunkt O_1, welcher senkrecht zur Zeichenebene über O liegt, und zwar so hoch, wie O vom a. M. entfernt ist. Von diesem Punkt aus wird K angeblickt, und die Blickstrahlen schneiden die Bildebene in einer perspektivischen Darstellung K_1 von K. Klappt man nun die Bildebene um die Achse s um $90°$ nach hinten (in Abb. 5.6 durch gebogene Pfeile angedeutet), von O_1 weg, in die Zeichenebene und hält dabei die perspektivische Darstellung in der Bildebene fest, so fällt sie in der Zeichenebene mit K' zusammen.[51*]

K′ zeigt also dem senkrechten Blick auf die Zeichenebene,[a] *wie K von O_1 aus aussieht.* Daher sagen wir: Eine d-Verschiebung leistet eine *perspektivische* Veränderung.[52*] Man beachte dabei aber: Die d-Verschiebung verändert die euklidische Form eines Objektes. Die Veränderung findet in der Zeichenebene statt, der Ebene, die in der ebenen polareuklidischen Geometrie betrachtet wird. Für einen gedachten „Beobachter in der Zeichenebene" ist nicht ohne weiteres klar, was eine „Ansicht" eines 2D-Objektes für ihn wäre.[53] Die beschriebene Charakterisierung der Veränderung, die ein (zweidimensionales) Objekt in der Ebene durch eine d-Verschiebung erfährt, ist eine Charakterisierung, die nur ein Beobachter aus der dritten Dimension geben kann. Blickte ein solcher senkrecht auf die Zeichenebene, so sähe er die stetige Verwandlung von K in K' so, wie sie sich einem Beobachter darstellte, der, sich auf dem Nahstrahl von O_1 bewegend, von der Fernebene aus nach O_1 vorrückte.

Nun wollen wir sehen, ob sich die Angelegenheit im Raum ebenso elegant beschreiben lässt.

---

[a]Nicht perspektivisch zu verstehen, sondern im Sinne einer Parallelprojektion.

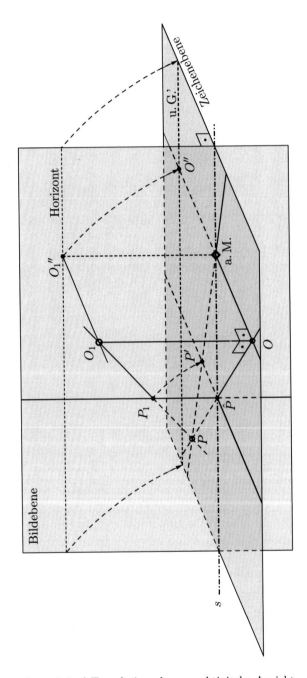

ABB. 5.6: d-Translation als perspektivische Ansicht

5.1.2 E- und d-Verschiebung in der räumlichen PEG

Wir stellen genau die entsprechenden Überlegungen an wie in der ebenen PEG und führen die analogen Konstruktionen durch. So erhalten wir:

Gegeben sei eine e-Ebene O. Es sei S der zu ihr orthogonale Fernpunkt.

Die Ebene O bestimmt eine e-Verschiebung, und zwar diejenige, welche den zu S zentrierten Punkt R in O in den a. M. verschiebt und damit O selber in die zu O parallele Nahebene O′.

Das Bild P′ einer e-Ebene P unter dieser e-Verschiebung wird, sofern P nicht parallel zu O ist, folgendermaßen bestimmt:
Schneide P mit O,
verbinde den Schnitt mit S,
schneide den Schein mit O′,
verbinde den Schnitt mit der Ferngeraden von P.

Wenn P parallel zu O ist, bestimmt man wie angegeben zunächst das Bild A′ einer nicht zu O parallelen Ebene A. Dann bestimmt man P′ wie eben, nur dass A und A′ an die Stelle von O und O′ treten.

Gegeben sei ein Punkt O. Es sei S die zu ihm orthogonale Nahebene.

Der Punkt O bestimmt eine d-Verschiebung, und zwar diejenige, welche die zu S parallele Ebene R durch O in die u. E. verschiebt und damit O selber in den zu O zentrierten Fernpunkt $O′$.

Das Bild $P′$ eines d-Punktes P unter dieser d-Verschiebung wird, sofern P nicht zentriert zu O ist, folgendermaßen bestimmt:
Verbinde P mit O,
schneide den Schein mit S,
verbinde den Schnitt mit $O′$,
schneide den Schein mit dem Nahstrahl von P.

Wenn P zentriert zu O ist, bestimmt man wie angegeben zunächst das Bild $A′$ eines nicht zu O zentrierten Punktes A. Dann bestimmt man $P′$ wie eben, nur dass A und $A′$ an die Stelle von O und $O′$ treten.

(Wie man zu einer räumlichen e-Verschiebung, die durch einen Punkt und sein Bild festgelegt ist, die Ebene O bzw. im räumlich dualen Fall den Punkt O findet, kann man, analog zu Anmerkung 50 für den ebenen Fall, in Anmerkung 54 nachlesen.)

Man kann Abbildung 5.4 nach entsprechender Umdeutung auch für die Translationen im Raum verwenden, aber der Deutlichkeit halber sei in Abb. 5.7 noch eine speziell für den Raum angefertigte Darstellung angegeben.

In dieser Abbildung sind rechts P und O gegeben. $O′$ ist der Fernpunkt des Nahstrahls von O. Die zu $O′$ orthogonale Nahebene S, die „Leinwand", bleibt punktweise fest, d. h., die Punkte in S werden bei der d-Translation nicht verschoben. Wir sehen S als Bildebene zweier Projektionen an. Die Punkte, wie P, werden vom Projektionszentrum O aus per Zentralprojektion auf die invariante Ebene S projiziert. Das ergibt $\widehat{P}$. Anschließend wird das zweidimensionale perspektivische Bild in S wieder in den dreidimensionalen Raum „entfaltet", und

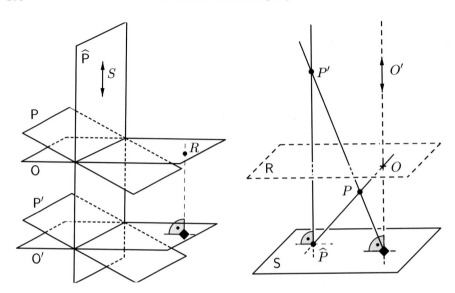

ABB. 5.7: Konstruktion einer e- (links) und einer d-Verschiebung
(rechts) im Raum

zwar so, dass die Lotgeraden in den perspektiven Bildpunkten mit den Nahstrahlen der entsprechenden Punkte des Ausgangsobjektes geschnitten werden.
Wir können das Ergebnis also mit den gleichen Worten wie im ebenen Fall
(in Abschnitt 5.1.1 auf Seite 165) formulieren: $\widehat{P}$ *ist das Bild von* P *unter*
Zentralprojektion von O *aus und ebenfalls das Bild der zu* S *senkrechten Paral-*
lelprojektion von P'. *Da* P' *auf dem Nahstrahl von* P *liegen muss, ist* P' *damit*
eindeutig bestimmt (sofern P nicht zentriert zu O ist).

Das Bild u. E.' der Fernebene unter einer d-Translation hat übrigens folgende
Bedeutung: Da parallele Geraden und Ebenen eines Objektes in der Fernebene „zusammenkommen", d. h. sich schneiden, schneiden sich die d-translatierten Bilder dieser Geraden und Ebenen in der verschobenen Fernebene, der
u. E.'. Diese Ebene ist also eine Art „Fluchtebene" für das dreidimensionale
d-translatierte „Bild" eines Objektes. Sie ist leicht zu finden: Sie ist parallel zur
„Leinwandebene" S und geht durch das am a. M. e-gespiegelte Projektionszentrum, also den am a. M. e-gespiegelten Punkt O. Dieser ist das Bild von O' bei
der betrachteten d-Verschiebung, und wir bezeichnen diesen Punkt folglich mit
O''.[55*]

Mit diesen Erkenntnissen können wir das Bild einer Konfiguration unter einer
d-Translation, die durch das Projektionszentrum O gegeben ist, sehr einfach
konstruieren (Abb. 5.8):

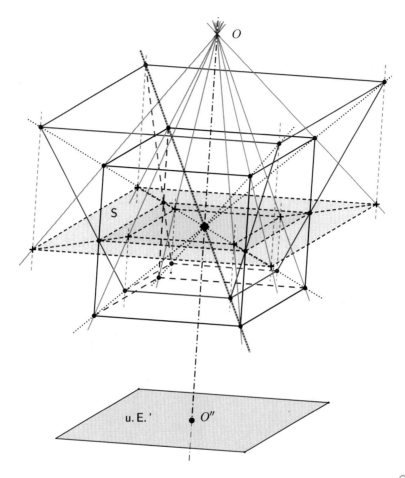

ABB. 5.8: d-Verschiebung eines Hexaeders im Raum, dargestellt in
Parallelperspektive

Man konstruiere zunächst die „Leinwand", also die Bildebene S als Nahebene
orthogonal zum Nahstrahl von O. Für jeden Punkt des zu d-translatierenden
Objektes bestimme man den Bildpunkt der Zentralprojektion von O aus auf
die Bildebene. Dabei entsteht das perspektive Bild des Objektes, welches in
Abb. 5.8 kurz gestrichelt ist. Diese perspektivische Bild wird dann durch „umgekehrte Parallelprojektion" orthogonal zur Bildebene wieder „entfaltet": Der
entfaltete Bildpunkt ist der Schnittpunkt des Lotes im Punkt auf der Bildebene
mit dem Nahstrahl des Originalpunktes.

In Abb. 5.8 wurde nach dieser Methode die d-Verschiebung eines Hexaeders
(Würfels) konstruiert, der so im Raum liegt, dass sein Mittelpunkt im a. M.

zu liegen kommt. O liegt in der Mitte über der oberen Hexaederfläche. Die Situation ist in Abb. 5.8 natürlich selbst perspektivisch dargestellt, nämlich in einer geeigneten Parallelprojektion. Die kurz gestrichelte Form ist die Zentralprojektion des schwarzen Hexaeders auf die Nahebene, welche die Bildebene darstellt, die rot gezeichnete Form stellt in Parallelperspektive das d-translatierte schwarze Hexaeder dar.

In der Abbildung sind die dünnen Linien die Projektionsstrahlen der Zentralprojektion von O aus, die dünnen kurz gestrichelten die Projektionsstrahlen der Parallelprojektion und die gepunkteten die Projektionsstrahlen des schwarzen Hexaeders aus dem a. M. heraus. Außerdem ist das Bild u. E.' der Fernebene bei der d-Parallelprojektion eingezeichnet.

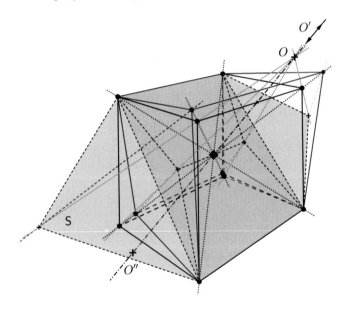

ABB. 5.9: Weitere d-Verschiebung eines Hexaeders im Raum, diesmal in Zweipunktperspektive dargestellt

In Abb. 5.9 ist ein weiteres Beispiel zu sehen. Der a. M. befindet sich wieder in der Mitte eines Hexaeders, aber diesmal ist die (nicht eingezeichnete) u. E.' parallel zu der hervorgehobenen Diagonalebene des schwarzen Hexaeders. Der Punkt O, der die d-Verschiebung festlegt, liegt in einer Geraden, welche den Würfelmittelpunkt mit der Mitte der rechts oben liegenden Würfelkante verbindet. Die kurz gestrichelte ebene Form in der (hervorgehobenen) invarianten Nahebene ist die Zentralprojektion des Würfels von O aus, und die rote Form ist der d-parallelverschobene schwarze Würfel. Zu beachten ist, dass die Abbildung die realen räumlichen Verhältnisse wiederum perspektiv, diesmal in einer Zweipunktperspektive, wiedergibt.

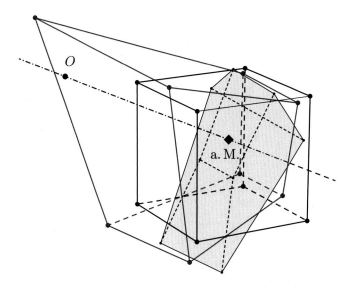

ABB. 5.10: Hier liegt der a. M. etwas neben der Würfelmitte und auch
O liegt asymmetrisch

Die Abbildungen 5.10, 5.11 und 5.12 zeigen drei abschließende Beispiele,
diesmal ohne Konstruktionslinien und Nahstrahlen. Gezeigt ist lediglich die
Projektion des Hexaeders auf die invariante Nahebene. In Abb. 5.10 liegt der
a. M. nicht genau in der Mitte des Hexaeders, und das Projektionszentrum O
liegt asymmetrisch vor der linken Würfelfläche, oberhalb des Hexaeders.

In Abb. 5.11 liegt der a. M. in der Würfelmitte und O fast genau auf einer
Raumdiagonale des Würfels. Und in Abb. 5.12 liegt der a. M. außerhalb des
Würfels.

INTERPRETATION DER RÄUMLICHEN D-VERSCHIEBUNG ALS PERSPEKTIVISCHE VERWANDLUNG

Wenn man sich genügend viele Beispiele für d-Translationen räumlicher Konfigurationen im Raum genauer ansieht, kann man zu der Frage kommen, ob
sie sich nicht ebenfalls, wie im Zweidimensionalen, als „perspektivische" Verwandlungen auffassen lassen. Eine direkte Analogie zur Argumentation im ebenen Fall (Seite 167 f.) würde allerdings einen Blickpunkt im *vier*dimensionalen
Raum ergeben, von dem aus die originale 3D-Konfiguration K so *aussieht*, wie
sich die d-translatierte Konfiguration als K' im Raum „materialisiert". Lässt
sich die anschauliche Wirkung einer d-Verschiebung auch allein im dreidimensionalen Raum beschreiben?

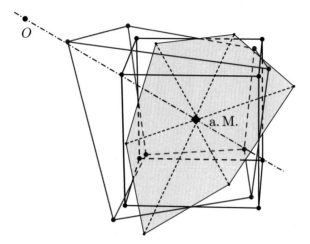

ABB. 5.11: Hier liegt der a. M. in der Würfelmitte und O fast auf der Würfeldiagonale

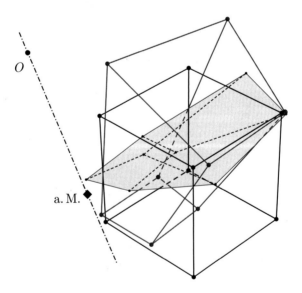

ABB. 5.12: Hier liegt der a. M. außerhalb des Würfels

Um keine Missverständnisse aufkommen zu lassen, sei betont: Rein mathematisch gibt es um die d-Verschiebung kein Problem. Es ist völlig klar, wie eine d-Verschiebung mathematisch aussieht, und wir haben die Konstruktion oben genau beschrieben. Die Frage richtet sich auf die Möglichkeit einer *anschaulichen Interpretation* der Transformation im dreidimensionalen Raum. Wie würde die d-Verschiebung einem Beobachter im dreidimensionalen Raum *erscheinen*? Diese Frage kann nicht durch mathematische Überlegungen allein geklärt werden, sondern dabei spielen wohl auch sinnespsycho- und -physiologische Gesichtspunkte eine Rolle.

Manches spricht dafür, dass K' vielleicht als eine Art „Materialisierung" derjenigen räumlichen Konfiguration verstanden werden könnte, die ein Beobachter innerlich vor sich hätte, der K von einem anderen Ort als dem a. M. aus mit beiden Augen ansähe. Als ob also das, was ein solcher Beobachter innerlich vor sich hätte, mit allen perspektivischen Verzerrungen tastbar als K' im Äußeren vorhanden wäre.

Diese Frage bedarf weiterer Klärung. Hier wird vorläufig auch im räumlichen Falle bei der e-Wirkung einer d-Verschiebung von einer „perspektivischen Veränderung" gesprochen, auch wenn hier gegebenenfalls ein „Beobachter in der vierten Dimension" vorausgesetzt werden müsste.

Für eher mathematisch interessierte Leser schließen sich hier die Anmerkungen 56, 57* und 58* an. Eine zusammenfassende Charakterisierung der d-Verschiebung ist in Abschnitt 5.4 auf Seite 185 enthalten.

ANWENDUNG

Vielleicht finden die formverändernden Transformationen der d-Bewegungen einmal in Forschungsgebieten Anwendung, in denen heute die geometrische Behandlung noch keine Rolle spielt. Legt man beispielsweise den a. M. in den Blütenboden einer Blüte, dann beschreibt die durch die d-Verschiebung bewirkte Drehung der Ebenen um ihre Schnittlinien mit der invarianten Ebene qualitativ das Öffnen der Blüte.

In Abbildung 5.13 sind vier konzentrische e-Kreise um den a. M. dargestellt, welche also zugleich d-Kreise mit Mittelstrahl u. G. sind. Diese vier Kreise werden nun einer d-Verschiebung unterworfen. Die strichpunktierte Linie ist das Bild der u. G. unter dieser Verschiebung und zugleich der Mittelstrahl der koaxialen d-Kreise, in welche die konzentrischen Kreise bei der d-Translation transformiert werden. Links ist ein frühes, rechts ein späteres Stadium der d-Translation dargestellt.

Man erkennt auch hier eine öffnende, entfaltende Geste wie beim Öffnen einer Blüte oder beim Wachsen eines Salates. Das zugehörige räumliche Bild (mit konzentrischen e-Sphären und koplanaren d-Sphären, d. h. solchen mit gemeinsamer Mittelebene) erhält man durch Drehung um die gestrichelte Achse.[59]

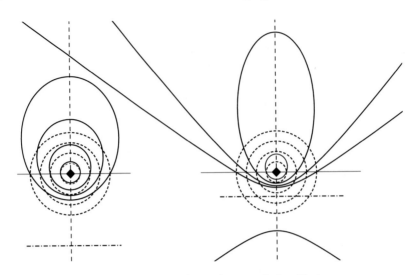

ABB. 5.13: d-Translation konzentrischer Kreise

5.2 DREHUNG UND SCHABUNG[a]

Eine e-Drehung im Raum ist durch die Angabe einer e-Geraden als *Drehachse* und eines *Drehwinkels* bestimmt. In der ebenen Geometrie wird statt einer Drehachse ein *Mittelpunkt* als Zentrum der Drehung angegeben. Zusätzlich muss man noch eine Orientierung, also eine Drehrichtung, festlegen.

DREHUNGEN IN DER EBENE

In der ebenen Geometrie kann man die Wirkung einer Drehung mit Mittelpunkt M und Drehwinkel α auf einen e-Punkt P durch die Formulierung unten links beschreiben. Rechts daneben steht, was die Dualisierung ergibt, wie also aus einer d-Geraden p bei einer d-Drehung um einen *Mittelstrahl* m und um einen Drehwinkel α die Bildgerade p' entsteht:

Man bestimmt den e-Kreis $\mathcal{K}$ mit Mittelpunkt M, der durch P geht. Dann bewegt man den Strahl MP im Strahlenbüschel M um den Winkel α. Dabei bewegt sich P auf dem e-Kreis $\mathcal{K}$ von P zum Bildpunkt P'.	Man bestimmt den d-Kreis $\mathcal{K}$ mit Mittelstrahl m, in dem p liegt. Dann bewegt man den Punkt mp in der Punktreihe m um den Winkel α. Dabei bewegt sich p in dem d-Kreis $\mathcal{K}$ von p zur Bildgeraden p'.

In Abbildung 5.14 sieht man links, wie das Bild P' eines Punktes P unter einer e-Drehung entsteht, rechts die duale Situation mit einer d-Drehung. Die Gerade p „gleitet" oder „schabt" gewissermaßen auf der Ordnungskurve des

---

[a]Dieser Abschnitt kann beim ersten Lesen übersprungen werden.

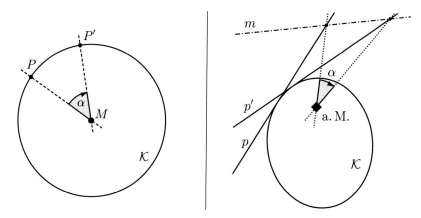

ABB. 5.14: Eine e-Drehung eines Punktes P und eine d-Drehung (Schabung) einer Geraden p

d-Kreises $\mathcal{K}$ entlang, deshalb nennt Locher-Ernst in [18] die ebene d-Drehung eine *Schabung*. Auch wir werden diesen treffenden Ausdruck hin und wieder verwenden.

Um die Formulierung auf der rechten Seite zu verstehen, muss man noch wissen, wie man, dual zum Winkel zwischen zwei Geraden, den Winkel zwischen zwei Punkten misst. Wir behandeln das erst später (in Kapitel 6.1) und erklären hier im Vorgriff kurz und bündig: *Der Winkel zwischen zwei d-Punkten ist der gewohnte e-Winkel, unter dem die beiden Punkte vom a. M. aus gesehen werden, also der e-Winkel zwischen den Nahstrahlen der beiden Punkte.*

Die e-Drehung eines Punktes um einen Mittelpunkt M bzw. die d-Drehung einer Geraden „um" einen Mittelstrahl in der ebenen PEG wäre damit beschrieben. Während man sich die gewohnte e-Drehung einer geometrischen Figur gemäß der Beschreibung gut vorstellen kann, ist die Beschreibung der d-Drehung, der Schabung, noch unbefriedigend, weil wir uns mit unseren gewohnten Vorstellungen nur schwer ein Bild davon machen können. Zu jeder Geraden einer Figur gehört ja ein anderer d-Kreis $\mathcal{K}$, und diese d-Kreise sind alle Kegelschnittkurven, die nicht leicht zu überblicken sind. Um eine Vorstellung von der Wirkung einer Schabung auf eine Figur zu gewinnen, betrachte man Abb. 5.15. In dieser Abbildung ist m der Mittelstrahl der Schabung. Ein Viereck (anfänglich ein Quadrat) wird zweimal um jeweils $\alpha = 50°$ d-gedreht. Der besseren Sichtbarkeit wegen wurde jeweils eine „Fläche" des Vierecks getönt. Die vier Seiten gleiten bzw. schaben auf den vier eingezeichneten d-Kreisen entlang. Die zur Konstruktion erforderlichen Hilfslinien wurden weitgehend entfernt, aber die Bildgeraden wurden wie oben beschrieben konstruiert.[60]

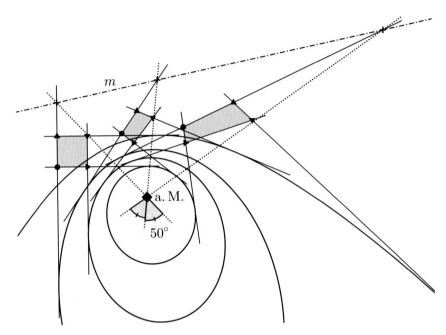

ABB. 5.15: Zweimalige Schabung einer Figur um jeweils 50°

Man sieht, dass auch die d-Drehung die euklidische Form ändert. Gleichzeitig erkennt man in Abb. 5.15 die Grundgebärde einer euklidischen Drehung. Das Bild vermittelt, besonders wenn man es mit den Abbildungen 5.2 und 5.5 von ebenen d-Translationen vergleicht, den Eindruck einer Art Kombination einer d-Verschiebung mit einer gewöhnlichen euklidischen Drehung. Da wir für die d-Translation eine schöne Interpretation mittels der Perspektive gefunden haben, wäre es natürlich passend, wenn uns Ähnliches auch für die Schabung gelingen würde.

In der Tat ist das recht einfach: In der ebenen euklidischen Geometrie kann man eine Drehung um einen Punkt P bewirken, indem man erst P in einen beliebigen Hilfspunkt P' verschiebt, dann das zu drehende Objekt mittels der zur Verschiebung von P nach P' gehörenden e-Verschiebung ebenfalls verschiebt, sodann das verschobene Objekt um den Hilfspunkt P' dreht und anschließend das gedrehte Objekt mittels der umgekehrten e-Verschiebung wieder zurückschiebt. Das können Sie leicht mit einer kleinen Schablone, die Sie auf dem Tisch herumschieben können, ausprobieren.

Wenn wir als Hilfspunkt in der ebenen PEG den a. M. nehmen und dieses beschriebene Verfahren dualisieren, so heißt das Folgendes:

Um eine Schabung mit Mittelstrahl p vorzunehmen, können wir das zu „schabende" Objekt zunächst einer d-Verschiebung unterwerfen, welche den Mittelstrahl p der Schabung in die u. G. schiebt, dann die verlangte Schabung ausführen, aber mit Mittelstrahl u. G. statt p, und anschließend das d-gedrehte Objekt mittels der umgekehrten d-Verschiebung, also der, welche die u. G. nach p zurückbringt, zurückschieben.

Der Witz an dieser scheinbar umständlichen Prozedur ist, dass die d-Kreise, die bei der d-Drehung mit Mittelstrahl u. G. benötigt werden, *alle auch konzentrische e-Kreise mit Mittelpunkt a. M.* sind! Damit ist die d-Drehung des d-translatierten Objektes eine ganz gewöhnliche e-Drehung um den a. M., welche sich leicht überblicken lässt!

Zusammengefasst ergibt sich also: Um ein Objekt einer d-Drehung oder Schabung zu unterwerfen, d-translatiert man es mittels derjenigen d-Verschiebung, welche den Mittelstahl der Schabung in die u. G. schafft, dreht es dann mittels einer gewöhnlichen e-Drehung um den a. M. und schiebt es mittels der zur ersten umgekehrten d-Verschiebung wieder zurück.[61]

Für die ebene Geometrie folgt daraus, *dass die d-Drehung sich von der gewöhnlichen Drehung durch eine zusätzliche „perspektivische Formänderung" unterscheidet, wie sie von einer d-Verschiebung bewirkt wird.*

Nun wollen wir die Angelegenheit im Raum untersuchen und hoffen auf ein ähnlich schönes Ergebnis.

DREHUNGEN IM RAUM

Im Raum ist eine Drehung durch eine e-Gerade a, die *Drehachse* oder einfach *Achse* der Drehung, und einen Winkel gegeben (wobei man sich noch über die Orientierung, links, oder rechtsherum, einigen muss). Dual dazu ist eine räumliche d-Drehung, die wir wahlweise auch wieder eine Schabung nennen wollen, durch eine d-Gerade als Achse und einen Drehwinkel gegeben.

Analog zur Drehung in der Ebene kann man in der polareuklidischen Geometrie das Objekt der Drehung und die Achse vor der Ausführung der Drehung so parallelverschieben, dass die Achse durch den a. M. geht, dann die Drehung um die verschobene Achse ausführen und anschließend das gedrehte Objekt samt der verschobenen Achse durch die umgekehrte Verschiebung wieder zurückschieben.

Dual bedeutet das: Man kann das Objekt der Schabung und die Achse der Schabung zu Anfang so d-translatieren, dass die Achse in die Fernebene rückt, dann eine Schabung mit dieser verschobenen Achse, also einer Ferngeraden, ausführen und schließlich die Achse samt dem Objekt der Schabung durch die umgekehrte d-Verschiebung wieder zurück„schieben".

Die Frage ist nun also nur noch: Wie sieht eine räumliche Schabung aus, deren Achse eine Ferngerade ist? Das wollen wir nun näher untersuchen. Dabei gehen wir ganz langsam und Schritt für Schritt vor:

Gegeben sei ein Nahstrahl a als Achse einer räumlichen Drehung. Sei weiter P irgendein e-Punkt.	Gegeben sei eine Ferngerade a als Achse einer räumlichen Schabung. Sei weiter P irgendeine d-Ebene.

Wir wollen den Punkt P' konstruieren, in den P bei einer Drehung mit Achse a übergeht, bzw. die Ebene P', in die P bei einer Schabung übergeht. Die Drehung wirkt also zunächst auf Punkte, die Schabung auf Ebenen.

Wenn P in a liegt, bleibt er bei der Drehung unverändert.	Wenn P durch a geht, bleibt sie bei der Schabung unverändert.

Die Punkte auf der Drehachse bleiben bei der Drehung fest, und dual dazu bleiben die Ebenen durch die Schabungsachse fest. Da die Schabungsachse eine Ferngerade ist, heißt das, dass alle Ebenen der zugehörigen parallelen Schar bei der Schabung als Ganze unverändert bleiben.

Ansonsten gibt es eine Ebene Q, die e-orthogonal zu a ist und durch den Punkt P geht.	Ansonsten gibt es einen Punkt Q, der d-orthogonal zu a ist und in der Ebene P liegt.

Der Punkt Q rechts ist der Schnittpunkt des zu den parallelen Ebenen durch a orthogonalen Nahstrahls mit der Ebene P. Anders ausgedrückt:

Die Ebene Q geht durch die zu a orthogonale Ferngerade.	Der Punkt Q liegt auf dem zu a orthogonalen Nahstrahl.

Die Ebene Q hat mit der Achse a einen Schnittpunkt M.	Der Punkt Q hat mit der Achse a eine Verbindungsebene M.

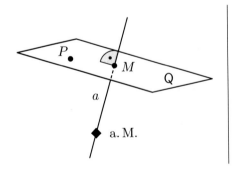 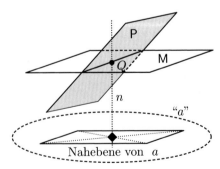

ABB. 5.16: Eine Drehung eines Punktes P und eine Schabung einer Ebene P

Und schließlich gewinnen wir den letzten Schritt links aus der Anschauung und rechts zunächst durch formale Dualisierung:

Der Bildpunkt P' ist das Ergebnis der e-Drehung des Punktes P um den Punkt M in der Ebene Q.	Die Bildebene P' ist das Ergebnis der d-Drehung der Ebene P um die Ebene M in dem Punkt Q.

Was links steht, auf der e-Seite, ist anschaulich recht klar: Die räumliche Drehung des Punktes P um die Achse a findet statt wie eine ebene Drehung von P mit Mittelpunkt M in der Ebene Q. Was rechts steht, ist mit dem, was wir bisher erarbeitet haben, nicht ohne Weiteres zu verstehen. Was soll eine „d-Drehung der Ebene P um die Ebene M in dem Punkt Q" sein? Links steht ein Sachverhalt der ebenen Geometrie, nämlich dass sich ein Punkt um einen Mittelpunkt in der Ebene Q dreht. Rechts steht das dazu *räumlich Duale*. Das zu einem Geschehen in einer Ebene räumlich Duale ist aber ein Geschehen „in einem Punkt", im Punkt Q. Dieses Geschehen gehört der *polareuklidischen Geometrie im Punkt* an, die wir bisher nicht erwähnt haben. Sie ergibt sich ähnlich wie die in Anmerkung 9 erwähnte *projektive Geometrie im Punkt*, auf die wir nicht weiter eingegangen sind. Von einer Behandlung der PEG im Punkt wird in diesem Buche abgesehen (siehe jedoch Abschnitt 7.6). Wer das Bisherige genau verfolgt hat, kann sich jedoch aus der ebenen PEG und dem Dualitätsprinzip im Raum selbst gewisse Vorstellungen dazu bilden.

Im Folgenden wird daher im Ergebnis mitgeteilt, was die obige rechte Seite besagt. Man betrachte dazu die rechte Seite der Abb. 5.16: Jede d-Ebene P schneidet den zu a orthogonalen Nahstrahl n in einem Punkt Q. Die Ebene P bestimmt einen Kreis-Doppelkegel mit Q als Spitze und dem Nahstrahl n als Achse. Die Ebene P „schabt" nun auf dem Mantel dieses Doppelkegels entlang, „dreht" sich also gewissermaßen um den Nahstrahl n als Achse, wobei sie stets durch den festen Punkt Q geht. Zu jeder Ebene P gehört ein eigener Doppelkegel, so wie auf der linken Seite zu jedem Punkt P eine eigene Ebene Q und darin ein eigener Kreis durch P gehört.

Das Ganze lässt sich recht gut vorstellen, und wenn man weiter überlegt, wie derartige räumliche Schabungen mit Achsen in der Ferngerade auf d-Punkte und d-Geraden wirken, so sieht man, dass es sich bei diesen Schabungen *ganz einfach um räumliche e-Drehungen um Achsen durch den a. M. handelt*.

So kommen wir schließlich auch in der räumlichen Geometrie zu dem Ergebnis, *dass die d-Drehung sich von der gewöhnlichen Drehung nur durch eine „perspektivische Formänderung" unterscheidet, wie sie von der d-Verschiebung bewirkt wird.*

5.3 E- UND D-SPIEGELUNG[a]

Parallelverschiebungen und Drehungen nennt man in der Mathematik *eigentliche Bewegungen*. Man kann sie schrittweise ausführen, also z. B. bei einer Parallelverschiebung erst um ein Stückchen schieben, dann um ein weiteres Stückchen und so weiter. Bei einer Drehung um 50° kann man erst um 10° drehen, dann nochmals um 10° usw., bis die 50° erreicht sind. Oder man kann die ganze Bewegung kontinuierlich ausführen, die Verschiebung oder Drehung in der gleichen Weise fortsetzen, bis das Ende erreicht ist.

Neben diesen eigentlichen Bewegungen gibt es noch andere Transformationen euklidischer Körper, welche deren Längen und Winkel unverändert lassen und die man nicht schrittweise oder kontinuierlich ausführen kann. Das sind die *Spiegelungen*, beispielsweise die gewöhnliche Spiegelung an einer Ebene, bei der ein Objekt in sein Spiegelbild übergeht. Man kann darüber streiten, ob das eine „Bewegung" ist, weil sich eine solche Formänderung ja mit wirklichen, d. h. physischen Objekten in der Regel nicht ausführen lässt. Mathematiker rechnen die Spiegelungen dennoch auch zu den Bewegungen und nennen diejenigen, bei denen sich die „Orientierung" ändert, *uneigentliche Bewegungen*.

In der ebenen euklidischen Geometrie unterscheidet man die Spiegelung an einer Geraden und die Spiegelung an einem Punkt, dem Mittelpunkt der Spiegelung. Bei der Punktspiegelung geht jeder Punkt in den Punkt über, der ihm bezüglich des gegebenen Mittelpunktes diametral gegenüberliegt. Die ebene Punktspiegelung ist eigentlich eine Drehung um 180°, wie sich der Leser überlegen mag, und damit doch eine eigentliche Bewegung.

In der räumlichen Geometrie kann man ein Objekt an einer Ebene, einer Geraden oder einem Punkt spiegeln. Die Spiegelung an einer Geraden, der Spiegelachse, ist wie im Zweidimensionalen eigentlich eine Drehung um 180° um diese Achse. Die Punktspiegelung, bei der wieder jeder Punkt in seinen ihm bezüglich eines gegebenen Mittelpunktes diametral gegenüberliegenden Punkt übergeht, kann man durch drei hintereinander ausgeführte Spiegelungen an drei zueinander senkrechten Ebenen durch den Mittelpunkt beschreiben.

In Abb. 5.17 beispielsweise wird der Würfelmittelpunkt P zuerst an der unteren Würfelebene nach P_1, dann an der linken nach P_2 und zuletzt an der vorderen Würfelebene nach P_3 gespiegelt. Das Ergebnis ist das gleiche, wie wenn P an der vorderen unteren linken Würfelecke M nach P' gespiegelt wird.

Um die Spiegelungen zu verstehen, müssen wir uns also in der ebenen Geometrie nur mit der Geradenspiegelung, der Spiegelung an einer Spiegelgeraden, und in der räumlichen Geometrie nur mit der Ebenenspiegelung, der Spiegelung an einer Spiegelebene, befassen.

---

[a]Dieser Abschnitt kann beim ersten Lesen übersprungen werden.

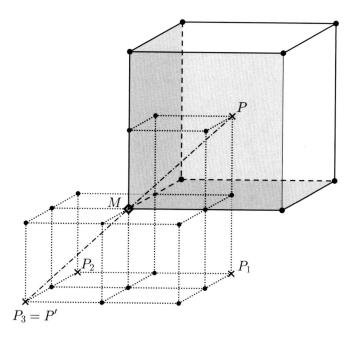

ABB. 5.17: Punktspiegelung an M, dargestellt durch drei Ebenenspiegelungen

Hier gilt nun das Gleiche, was wir schon bei der Drehung festgestellt haben: Statt eine bestimmte Spiegelung in der ebenen Geometrie gleich auszuführen, können wir zuerst durch eine e-Verschiebung von Objekt und Spiegelachse dafür sorgen, dass die Spiegelachse durch den Nahpunkt geht, also ein Nahstrahl ist. Wenn wir dann die Spiegelung des Objektes an dieser verschobenen Achse vornehmen und anschließend Achse und gespiegeltes Objekt durch die e-Verschiebung in umgekehrter Richtung wieder zurückschieben, haben wir das Gleiche erreicht, wie wenn wir gleich an der vorgegebenen Achse gespiegelt hätten (Abb. 5.18). Analog kann man im Raum, statt sofort an der vorgegebenen Ebene zu spiegeln, die Spiegelebene erst parallel in eine Nahebene verschieben, dann das mitverschobene Objekt an dieser spiegeln und anschließend Objekt und Nahebene wieder zurückschieben.

Die zur ebenen e-Spiegelung an einer Geraden duale d-Spiegelung hat einen Punkt als spiegelndes Element. Nach unseren Vorüberlegungen reicht es, uns die Sache für einen Fernpunkt als „Spiegelzentrum" klarzumachen. In Abb. 5.19 ist auf der linken Seite die Situation bei einer ebenen e-Spiegelung dargestellt. Die Punkte P und Q sowie ihre Verbindungsgerade r werden an der Spiegelgeraden

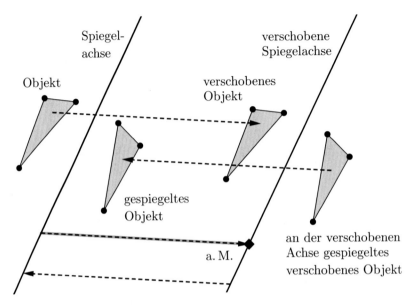

ABB. 5.18: Ebene Geradenspiegelung direkt und mittels Parallelverschiebungen vor und Rückverschiebung nach der Spiegelung

a (einem Nahstrahl) gespiegelt. l_P, l_Q sind die Lote von P, Q auf a und M_P, M_Q
deren Fußpunkte. A ist der zu a orthogonale Fernpunkt.

Auf der rechten Seite von Abb. 5.19 ist die genau duale Situation gezeichnet.
Die Geraden p und q sowie ihr Schnittpunkt R werden an dem spiegelnden
Punkt A (einem Fernpunkt) gespiegelt. L_p, L_q sind die Lotpunkte von p, q zu
A und m_p, m_q deren Dachgeraden. a ist der zu A orthogonale Nahstrahl.

Anhand der Zeichnung kann man sich davon überzeugen (und es lässt sich
auch beweisen), dass die Spiegelbilder p', q', R' von p, q und R genau die Spiegelbilder der e-Spiegelung an dem Nahstrahl a sind, welcher orthogonal zum
spiegelnden Punkt A ist.

Im Raum kann man eine analoge Überlegung anstellen und die gleiche Abbildung 5.19 verwenden, wenn man sie räumlich interpretiert: P und Q sind
dann Punkte, die an einer Ebene A gespiegelt werden, welche orthogonal zur
Zeichenebene ist, die sie in der Geraden a schneidet, usw. Im Ergebnis ist die
d-Spiegelung an einem Fernpunkt A im Raum das Gleiche wie die gewöhnliche
e-Spiegelung an der zu A orthogonalen Nahebene.

Zusammenfassend haben wir damit Folgendes herausgebracht: In der Ebene
wie im Raum kann man die d-Spiegelung an einem Punkt so durchführen, dass
man den Punkt mittels einer d-Verschiebung in die Fernebene schafft und das
Objekt der gleichen d-Verschiebung unterwirft. Dann spiegelt man das Objekt

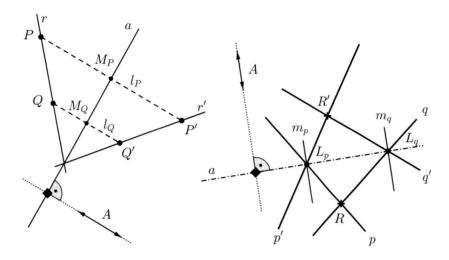

ABB. 5.19: Links e-Spiegelung an einer Geraden a und rechts d-Spiegelung an einem Fernpunkt A

mittels einer gewöhnlichen e-Spiegelung an dem Nahstrahl bzw. der Nahebene, welche orthogonal zu dem verschobenen spiegelnden Punkt ist, und schiebt es anschließend mittels der zur ersten umgekehrten d-Verschiebung wieder zurück.

So kommen wir insgesamt zu dem Schluss, *dass auch die d-Spiegelungen sich von den gewöhnlichen Spiegelungen nur durch zusätzliche „perspektivische Formänderungen" unterscheiden, wie sie die d-Verschiebungen hervorbringen.*[a]

5.4 ZUSAMMENFASSUNG UND FAZIT

Die d-Verschiebung oder d-Translation ist eine Bewegung des dualeuklidischen Raumes, bei welcher die d-Entfernungen und d-Winkel nicht verändert werden, wohl aber die e-Entfernungen und e-Winkel und damit die euklidische (getastete) Form. *Sie ist gegeben durch die Angabe eines d-Punktes O als Projektionszentrum.* Im Raum lässt sich Folgendes sagen: Die zu O orthogonale Nahebene S ist Fixebene, ihre Punkte und Geraden bleiben bei der d-Translation unverändert. Das Bild u. E.' der Fernebene des Raumes ist unter der d-Translation die zur Fixebene parallele Ebene durch O'', dem Bild des zu O zentrierten Fernpunktes O' unter der d-Translation, auch zu finden als das

---

[a]Übrigens kann man jede Drehungen auch durch zwei Spiegelungen darstellen. Wir hätten die Drehungen also gar nicht extra untersuchen müssen, haben das aber der größeren Anschaulichkeit halber getan.

am a. M. e-gespiegelte Projektionszentrum. e-parallele Geraden des Objekts schneiden sich nach der d-Translation in dieser Ebene u. E.'. Die Punkte und Geraden des d-translatierten Objektes bilden vom a. M. aus denselben Schein wie die Punkte und Geraden des Ausgangsobjektes.

Um die Punkte und Geraden des d-translatierten Objektes zu erhalten, wird das Originalobjekt zunächst von O aus zentral auf S projiziert. Dann wird der Schein dieses Bildes in S mit O', dem Fernpunkt des Nahstrahls von O, gebildet. Und schließlich werden die Strahlen und Ebenen dieses Scheins mit den Nahstrahlen und Nahebenen der Punkte und Geraden des ursprünglichen Objekts geschnitten.

Das d-translatierte Objekt ist also bestimmt dadurch, dass es vom a. M. aus genau so aussieht wie das Originalobjekt (d. h. denselben Schein besitzt) und von dem Fernpunkt O' aus die gleiche Projektion in S hat wie das Originalobjekt von O aus.[62] Man könnte anschaulich auch sagen: Vom a. M. aus sieht das d-translatierte Objekt aus wie das Originalobjekt, und aus dem Unendlichen (d. h. in Parallelperspektive) erscheint es so wie das Originalobjekt von O aus.

Wenn O in der u. E. liegt, fallen O, O' und O'' zusammen, und die d-Translation verschiebt gar nichts, das Objekt bleibt unverändert. Je mehr sich O auf seinem Nahstrahl auf den a. M. zubewegt, desto stärker wird die Veränderung. Die Punkte des verschobenen Objekts „wandern" auf ihren Nahstrahlen, gewissermaßen gezogen von den Geraden und Ebenen des Scheins, den der Fernpunkt O' mit der sich verändernden Zentralprojektion des Objekts von O aus in S bildet. Wenn das Projektionszentrum schließlich in den zu verschiebenden Körper hineinrückt, wächst die verschobene Form bis in die u. E. und darüber hinaus, kommt also „auf der anderen Seite wieder".

In der ebenen Geometrie gelten ganz analoge Aussagen. Zusätzlich können wir im ebenen Falle der d-Verschiebung die geschilderte Interpretation als perspektivische Verwandlung geben.

Bei einer e-Verschiebung ändert ein Objekt nicht seine e-Form, also nicht seine getastete Form, die gegeben ist durch seine euklidischen Längen und Winkel. Bei einer d-Verschiebung ändert ein Objekt seine d-Form nicht, also nicht seine gesehene Form, die gegeben ist durch seine dualeuklidischen Längen und Winkel. Wir wissen nun, wie das geschieht. Bei der d-Translation verschieben sich die Objektpunkte nur auf ihren Nahstrahlen und die Objektgeraden nur in ihren Nahebenen. Diese Veränderungen sind also *vom a. M. aus* gewissermaßen unsichtbar. Die Objekte können also tatsächlich ihre euklidische Form ändern, ohne dass das (vom a. M. aus) zu sehen ist; aber es könnte ertastet werden. Für einen unbewegten Beobachter außerhalb des a. M. ändert sich die Ansicht des Objektes bei einer d-Verschiebung „perspektivisch", also so, *als habe er selber seinen Blickpunkt geändert.*

Das Endergebnis ließe sich dann, unter Einschluss der oben (Abschnitt 5.1.2, Seite 175) vertretenen Ansicht von der „perspektivischen Veränderung", etwa so formulieren:

Bei der e-Translation ändert das Objekt seinen e-Ort, also sein e-Verhältnis zu den anderen e-Dingen, und damit seine Ansicht von einem festen Ort aus in eine perspektivische, aber nicht seine getastete Beschaffenheit von der u. E. aus, d. h. nach Maßgabe der u. E.	Bei der d-Translation ändert das Objekt seinen d-Ort, also sein d-Verhältnis zu den anderen d-Dingen, und damit seine Antastung von einem festen Ort aus in eine perspektivische, nicht aber seine gesehene Beschaffenheit vom a. M. aus, d. h. nach Maßgabe des a. M.

(Wir haben, dual zu „Ansicht", die „Antastung" erfunden als die Art, wie ein Objekt sich anfühlt.)

Dieses schöne (aber noch vage formulierte) Ergebnis zeigt wieder, wie der euklidische und der dualeuklidische Raum ineinandergreifen und die polareuklidische Geometrie den richtigen Rahmen schafft, in dem der Mensch seine Erlebnisse als Sehender und Tastender begrifflich fassen kann.

Der euklidischen Drehung steht dual die d-Drehung oder Schabung gegenüber, der euklidischen Spiegelung die d-Spiegelung. Beide verändern, wie die d-Verschiebung, die euklidische Form. Die Wirkung dieser beiden Transformationen lässt sich vom euklidischen Standpunkt aus leicht überblicken, wenn man sich eine Anschauung von der d-Translation gebildet hat. Man kann nämlich die Schabung und die d-Spiegelung zusammensetzen aus einer d-Translation, gefolgt von einer gewöhnlichen e-Drehung um den a. M., bzw. einer gewöhnlichen e-Spiegelung an einer Nahebene bzw. einem Nahstrahl und schließlich wieder einer d-Translation, und zwar der „inversen", derjenigen, welche die erste rückgängig macht. Das heißt aber, dass auch die Schabung und die d-Spiegelung die oben für die d-Translation beschriebenen Charakteristika zeigen, sich also als gewissermaßen „perspektivische Formänderungen" verstehen lassen.

Diese Untersuchungen zu den Bewegungen in der polareuklidischen Geometrie sind allenfalls ein erster Schritt und müssen weiter studiert werden. Die rein mathematische Handhabung bietet zwar keinerlei Schwierigkeiten, aber man muss auch ein *Gefühl* für die eigentümlichen Metamorphosen der euklidischen Form entwickeln, welche mit den d-Bewegungen einhergehen. Nur dann wird man sie für die Anwendungen fruchtbringend einsetzen können.

6 MESSEN IN DER PEG

In den vorhergehenden Abschnitten haben wir alles bereitgestellt, was man braucht, um polareuklidische Geometrie zu treiben und anzuwenden. Im Wesentlichen sind das die Begriffe e- und d-parallel, e- und d-orthogonal sowie die Bewegungen und deren Dualisierungen. Besonders für die Anwendung will man jedoch Strecken und Winkel und deren duale Gebilde auch messen, also in ihrer Größe zahlenmäßig erfassen. Damit wollen wir uns jetzt befassen. Wir beschränken uns dabei im Wesentlichen auf die ebene Geometrie, geben aber an, wie die räumliche Verallgemeinerung zu bewerkstelligen ist.

Die Abschnitte über das Messen sind für Leser, denen die mathematische Vorgehensweise wenig vertraut ist, wohl deutlich schwerer zu bewältigen als die bisherigen, wobei auch das Kapitel über Bewegungen schon erhöhte Ansprüche gestellt hat. Man kann die folgenden Abschnitte aber auch einfach durchlesen, ohne alle Einzelheiten zu verstehen, und dabei einen ungefähren Eindruck gewinnen, wie man zu den Ergebnissen kommt. Und diese Ergebnisse selbst, also *wie man dual zum Winkel zwischen Geraden auch Winkel zwischen Punkten und dual zur Entfernung zwischen Punkten auch Entfernungen zwischen Geraden messen kann, das ist sehr einfach zu verstehen und anzuwenden.* Am Anfang der jeweiligen Abschnitte wird angegeben, wo man die Ergebnisse in kompakter Form findet. Um damit zu arbeiten reicht es, lediglich diese Abschnitte genauer zu erarbeiten.

6.1 WINKELMESSUNG

Die folgenden Überlegungen gelten zunächst alle *für die ebene Geometrie.* Was genau ein Winkel ist, lässt sich verschieden definieren, und je nach Zweck sind durchaus unterschiedliche Definitionen sinnvoll. Wenn es jedoch darum geht, die „Größe" eines Winkels zu messen, laufen fast alle Definitionen auf dasselbe hinaus. In der Schule misst man diese Größe meist im Gradmaß, Mathematiker bevorzugen das sogenannte Bogenmaß. Aber darauf kommt es nicht an. Die Definition eines Winkels, die wir hier verwenden, ist nicht einfach zu verstehen. Sie wurde gewählt, weil sie sich gut dualisieren lässt, aber insbesondere der duale Winkelbegriff lässt sich nur mit einigem Aufwand anschaulich machen. *Lesern, denen die Betrachtungen zum Winkelbegriff zu langwierig oder um-*

© Der/die Autor(en), exklusiv lizenziert durch
Springer-Verlag GmbH, DE, ein Teil von Springer Nature 2021
I. Diener, *Polareuklidische Geometrie,*
https://doi.org/10.1007/978-3-662-63300-4_7

ständlich sind, können versuchsweise gleich zum Abschnitt 6.1.2 auf Seite 195 *springen,* in dem erklärt wird, wie dualeuklidische Winkel gemessen werden. Gegebenenfalls müssen sie dann zurückblättern, um das eine oder andere nachzulesen. Das Endergbnis ist, in der Ebene wie im Raum, ganz einfach!

6.1.1 WAS IST EIN WINKEL?[a]

Die meisten Menschen haben eine anschauliche Vorstellung von einem Winkel. Folgendes bekam der Autor auf Nachfrage als Antwort: Da ist eine Ecke, da treffen zwei Schenkel (Halbgeraden, Strahlen) aufeinander, da ändert sich die Richtung, da wird der Raum zwischen zwei Linien eingeklemmt. Ein Winkel ist so etwas wie eine Ecke, ein Knick oder auch eine Nische. Umgangssprachlich kennt man die Ausdrücke „Winkeladvokat", „Winkelzug", „toter Winkel" usw. Der Begriff ist also schillernd. Auch für den mathematischen Winkel gibt es keine einfache Definition. Wir wählen im Folgenden eine naheliegende Möglichkeit, die nicht allen Ansprüchen gerecht wird, für unsere Zwecke jedoch ausreicht.

E-WINKEL UND D-WINKEL

Denken wir uns zwei Geraden a, b durch einen e-Punkt S, den *Scheitelpunkt*. Diese zerlegen das Büschel S (d. h. das Strahlenbüschel mit Träger S) in zwei Winkelfelder (siehe auch Abschnitt 4.2). Diese Winkelfelder bestehen jeweils aus Strahlen des Büschels S. Wir können jedes dieser Winkelfelder aber auch als Punktgebiet auffassen, zu dem wir alle Punkte rechnen, die in den Geraden des Winkelfeldes liegen. Nehmen wir die Ferngerade u. G. noch dazu, dann unterteilt sie jedes solche Punktgebiet in zwei.

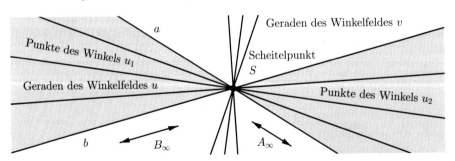

ABB. 6.1: Illustration zur Definition von e-Winkeln

In der Skizze 6.1 sind die beiden Winkelfelder mit u und v bezeichnet. u besteht als Punktgebiet aus den beiden schattierten Feldern u_1 und u_2, die ja über die Ferngerade hinweg zusammenhängen. Die Ferngerade unterteilt dieses

---

[a]Dieser Abschnitt kann beim ersten Lesen übersprungen werden.

Gebiet in die beiden Punktgebiete u_1, u_2. Diese nennen wir *Winkel*. Die Winkel u_1 und u_2, welche dem gleichen Winkelfeld „angehören", heißen *Scheitelwinkel*, zwei Winkel aus verschiedenen Winkelfeldern nennen wir *Nebenwinkel*.[a]

Das alles ist sicher nicht schwer vorzustellen. Was wir beschrieben haben, wäre genau genommen ein e-Winkel. Nun wollen wir die obigen Überlegungen dualisieren und sehen, wie ein d-Winkel zu beschreiben wäre.

Denken wir uns zwei Punkte A, B in einer d-Geraden s, der *Scheitelgeraden*. Diese zerlegen die Punktreihe s (d. h. die Punktreihe mit Träger S) in zwei Segmente (siehe auch Abschnitt 4.2). Diese Segmente bestehen jeweils aus Punkten der Reihe s. Wir können jedes dieser Segmente aber auch als Strahlenbereich auffassen, zu dem wir alle Strahlen rechnen, die durch die Punkte des Segmentes gehen. Nehmen wir den Nahpunkt a. M. noch dazu, dann unterteilt er jedes solche Strahlengebiet in zwei.

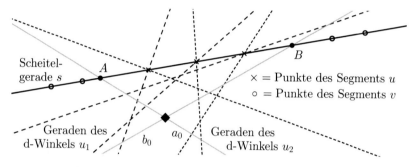

ABB. 6.2: Illustration zur Definition von d-Winkeln

In der Skizze 6.2 sind die beiden Segmente mit u und v bezeichnet. u besteht als Strahlenbereich aus den mit u_1 und u_2 bezeichneten gestrichelten Geraden, also allen Geraden, die s zwischen A und B schneiden. Der a. M. unterteilt diesen Strahlenbereich in die beiden mit unterschiedlich gestrichelten Geraden u_1, u_2; anschaulich jenen, die links, und jenen, die rechts am a. M. vorbeigehen. Diese Strahlenbereiche nennen wir *d-Winkel*. Die d-Winkel u_1 und u_2, welche dem gleichen Segment „angehören", heißen *d-Scheitelwinkel*, zwei Winkel aus verschiedenen Segmenten nennen wir *d-Nebenwinkel*.[b]

Die d-Winkel sind, als Strahlenbereiche, deutlich schwerer vorzustellen. Wie wir sehen werden, macht das aber nichts, weil wir für die praktische Arbeit mit den Winkeln diese Vorstellungen gar nicht benötigen. Wir wollen noch festhalten, dass ein Winkelfeld schon durch den Scheitelpunkt S und die Fernpunkte

---

[a] Die Punkte auf den „Rändern" der Punktgebiete, also auf den „Randstrahlen" a, b oder der u. G. rechnen wir nicht zu den Winkeln.

[b] Die Geraden, welche die „Ränder" der Strahlenbereiche bilden, also durch die „Randpunkte" A, B oder den a. M. gehen, rechnen wir nicht zu den Winkeln.

der beiden Geraden a, b bestimmt ist und ein Segment (also ein d-Winkelfeld) durch die Scheitelgerade s und die Nahstrahlen der beiden Punkte A, B.

In der folgenden Definition fassen wir das Bisherige kompakt und dual gegenübergestellt zusammen:

DEFINITION (Winkel, Scheitel- und Nebenwinkel, Abb. 6.1 und 6.2)

Ein Strahlenbüschel mit e-Trägerpunkt S wird durch die Fernpunkte A_∞, B_∞ zweier seiner Strahlen a, b in zwei Winkelfelder zerlegt. Jedes solche Winkelfeld wird, als Punktgebiet betrachtet, durch die u. G. in zwei Gebiete zerlegt. Solche Gebiete nennen wir e-Winkel.

Die beiden zu einem Winkelfeld gehörenden e-Winkel heißen e-Scheitelwinkel, *zwei zu verschiedenen Winkelfeldern gehörende e-Winkel heißen* e-Nebenwinkel. *Der Trägerpunkt S ist der* Scheitelpunkt, *und die Geraden a, b sind die* Schenkelgeraden *der vier e-Winkel.*

Eine Punktreihe mit d-Trägergerade s wird durch die Nahstrahlen a_0, b_0 zweier ihrer Punkte A, B in zwei Segmente zerlegt. Jedes solche Segment wird, als Strahlenbereich betrachtet, durch den a. M. in zwei Bereiche zerlegt. Solche Bereiche nennen wir d-Winkel.

Die zu einem Segment gehörenden d-Winkel heißen d-Scheitelwinkel, *zwei zu verschiedenen Segmenten gehörende d-Winkel heißen* d-Nebenwinkel. *Die Trägergerade s ist die* Scheitelgerade, *und die Punkte A, B sind die* Schenkelpunkte *der vier d-Winkel.*

Statt Scheitelpunkt und Scheitelgerade bzw. Schenkelgerade und Schenkelpunkt sagen wir auch einfach *Scheitel* bzw. *Schenkel*, wenn klar ist, was gemeint ist. Zwei Fernpunkte und ein e-Scheitelpunkt bestimmen also vier e-Winkel. | Zwei Nahstrahlen und eine d-Scheitelgerade bestimmen also vier d-Winkel.

Und zwar werden jeweils zwei Gruppen von je zwei Scheitelwinkeln bestimmt. Zwei Winkel aus verschiedenen Gruppen sind dagegen Nebenwinkel.

DEFINITION (rechter Winkel)

Zu jeder Geraden g eines Strahlenbüschels, dessen Träger nicht in der u. G. liegt, gibt es genau eine orthogonale Gerade $g^\perp$. Die vier von g und $g^\perp$ gebildeten e-Winkel heißen rechte e-Winkel.

Zu jedem Punkt G einer Punktreihe, deren Träger nicht durch den a. M. geht, gibt es genau einen orthogonalen Punkt $G^\perp$. Die vier von G und $G^\perp$ gebildeten d-Winkel heißen rechte d-Winkel.

Wie kann man nun die e- und die d-Winkel in einer Konfiguration einzeln bezeichnen?

Ein e-Winkel kann durch drei verschiedene e-Punkte CAB angegeben | Ein d-Winkel kann durch drei verschiedene d-Geraden cab angegeben werden, die nicht in einer Geraden liegen. Der e-Winkel besitzt dann den e-Scheitel A und die e-Schenkel CA und BA. Von den vier e-Winkeln, welche durch diese Angaben bestimmt werden, ist der gesuchte Winkel jener, in dem der Mittelpunkt M_{BC} von $[BC]$ liegt. Wir bezeichnen diesen e-Winkel mit $\angle CAB$.

werden, die nicht durch einen Punkt gehen. Der d-Winkel besitzt dann den d-Scheitel a und die d-Schenkel ac und ab. Von den vier d-Winkeln, welche durch diese Angaben bestimmt werden, ist der gesuchte d-Winkel jener, in dem der Mittelstrahl m_{bc} von $[bc]$ liegt. Wir bezeichnen diesen d-Winkel mit $\angle cab$.

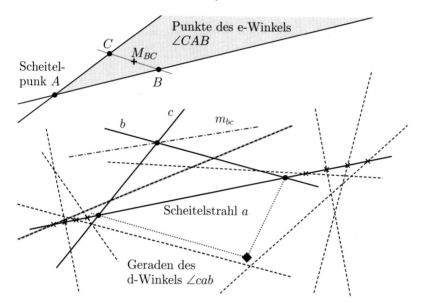

ABB. 6.3: Der e-Winkel $\angle CAB$ und der d-Winkel $\angle cab$

Zwei Spezialfälle wollen wir noch benennen:

Wenn bei einem e-Winkel $\angle CAB$ die Punkte A, B, C in einer Gerade liegen, dann nennen wir den Winkel einen *gestreckten e-Winkel*, falls der Scheitel A zwischen B und C liegt. Wenn dagegen B zwischen A, C oder C zwischen A, B liegt, dann sprechen wir von einem *e-Nullwinkel*.

Wenn bei einem d-Winkel $\angle cab$ die Punkte a, b, c durch einen Punkt gehen, dann nennen wir den Winkel einen *gestreckten d-Winkel*, falls der Scheitel a zwischen b und c liegt. Wenn dagegen b zwischen a, c oder c zwischen a, b liegt, dann sprechen wir von einem *e-Nullwinkel*.

Denkt man an die gewohnten Winkel aus der euklidischen Geometrie, so mögen Unterschiede zu unserer Definition auffallen. Dazu sei gesagt, dass wir

für unsere Zwecke keine „überstumpfen" Winkel benötigen, also keine Winkel
von mehr als 180°. Auch verzichten wir darauf, den Winkeln eine „Orientierung"
zu geben („im" oder „gegen den Uhrzeigersinn").

DEFINITION (stumpfe und spitze Winkel)(Abb. 6.4)

Sind a und b zwei nicht orthogona-
le Geraden eines Strahlenbüschels mit
e-Träger S, so liegen die beiden zu
a und b orthogonalen Geraden $a^\perp, b^\perp$
des Büschels in demselben der beiden
durch a, b bestimmten Winkelfelder.
Die beiden e-Winkel dieses Winkel-
feldes heißen stumpfe e-Winkel, *die*
beiden anderen heißen spitze e-Winkel.

Sind A und B zwei nicht orthogo-
nale Punkte einer Punktreihe mit
d-Träger s, so liegen die beiden zu A
und B orthogonalen Punkte $A^\perp, B^\perp$
der Punktreihe in demselben der bei-
den durch A, B bestimmten Segmen-
te. Die beiden d-Winkel dieses Seg-
ments heißen stumpfe d-Winkel, *die*
beiden anderen heißen spitze d-Winkel.

Einen Nullwinkel rechnen wir zu den spitzen, einen gestreckten Winkel zu den
stumpfen Winkeln. Ein rechter Winkel ist weder spitz noch stumpf.

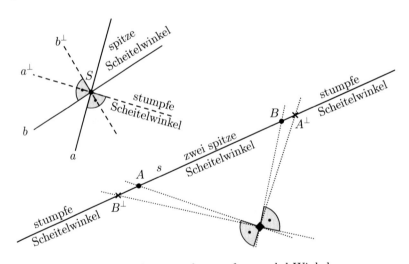

ABB. 6.4: Spitze und stumpfe e- und d-Winkel

Die Abbildung 6.4 ist folgendermaßen zu interpretieren: Links oben sieht man
die vier von a, b gebildeten Winkel. Zwei davon sind spitz und zwei stumpf. Die
spitzen und die stumpfen sind jeweils Scheitelwinkel voneinander.

Rechts unten ist die Scheitelgerade s eines d-Winkels mit den beiden Schen-
kelpunkten A, B zu sehen. Sie bilden vier d-Winkel. Zwei davon sind spitz
und d-Scheitelwinkel. Die Geraden, welche diesen Winkeln angehören, gehen

durch die Punkte desjenigen der beiden von A, B in s gebildeten Segments, welches mit der Beschriftung „zwei spitze Scheitelwinkel" versehen ist. Die anderen beiden d-Winkel sind stumpf und ebenfalls Scheitelwinkel. Ihre Geraden gehen durch die Punkte in dem anderen Segment, welches mit der Beschriftung „stumpfe Scheitelwinkel" versehen ist und welches sich über den Fernpunkt von s erstreckt.

6.1.2 WIE WINKEL GEMESSEN WERDEN

Wie in der euklidischen Geometrie wollen wir nun auch in der polareuklidischen Geometrie e-Winkel zwischen e-Geraden und, dual dazu, d-Winkel zwischen d-Punkten messen. Vorher soll noch auf Folgendes hingewiesen werden: Das Wort „Winkel" wird in der euklidischen Geometrie nicht einheitlich gebraucht. Einmal meint man damit ein gewisses Gebilde mit einem Scheitelpunkt und zwei Schenkeln, zum anderen „die Größe" dieses Gebildes, also eine Maßzahl, die dem Gebilde zugeordnet ist, z. B. 40 Grad oder 40°. So sagt man beispielsweise „Die Winkel α und β sind Scheitelwinkel", aber auch „Der Winkel α beträgt 40°". Wir wollen es bei dieser Uneinheitlichkeit belassen, weil wir uns dadurch kürzer ausdrücken können und aus dem Zusammenhang immer klar wird, was gemeint ist. Wenn nötig, bezeichnen wir die Größe oder das Maß des Winkels α mit $\alpha°$.

Die Winkel zwischen e-Geraden messen wir in der aus der Schulgeometrie bekannten Weise durch eine Maßzahl zwischen 0° und 180°. Wie diese Skala zustande kommt, erklären wir hier nicht. Scheitelwinkel sind gleich groß, erhalten also die gleiche Maßzahl. Nebenwinkel ergänzen sich zu 180°, die Summe ihrer Maßzahlen beträgt also 180°.

In der euklidischen Geometrie kann man feststellen, dass *alle spitzen* Winkel mit parallelen Schenkelgeraden, also gleichen Schenkel-Fernpunkten, gleich groß sind. Ebenfalls sind *alle stumpfen* Winkel mit gleichen Schenkel-Fernpunkten gleich groß. Das bedeutet, dass wir die Größe eines e-Winkels an den Fernpunkten seiner Schenkelgeraden ablesen können – wenn wir zusätzlich noch wissen, ob der Winkel spitz oder stumpf ist. Die Größe eines spitzen Winkels liegt zwischen 0° und 90°, die eines stumpfen Winkels zwischen 90° und 180°. Ein Nullwinkel misst 0°, ein rechter 90° und ein gestreckter 180°.

Wenn wir von einem e-Winkel α die beiden Schenkel-Fernpunkte kennen, können wir einen *spitzen Winkel* β mit irgendeinem Scheitelpunkt und diesen beiden Schenkel-Fernpunkten konstruieren. Dessen Größe $\beta°$ ist dann auch die Größe von α – *wenn α ein spitzer Winkel ist*. Ist α dagegen stumpf, dann beträgt seine Größe $180° - \beta°$.

Dual bedeutet das, dass wir die Größe eines d-Winkels aus seinen beiden Schenkel-Nahstrahlen ablesen können – wenn wir zusätzlich noch wissen, ob der Winkel spitz oder stumpf ist. Konkret: *Die Größe eines d-Winkels ist gleich* *der Größe des e-Winkels zwischen seinen beiden Schenkel-Nahstrahlen,* wobei, je nachdem, ob der d-Winkel spitz oder stumpf ist, der spitze oder der stumpfe Winkel zwischen diesen beiden Strahlen zu nehmen ist.[63*]

Trotz dem die Begriffsbestimmung der d-Winkel ziemlich kompliziert anmutet, ist die bloße Größenbestimmung eines d-Winkels also denkbar einfach. Wie wir in der euklidischen Geometrie vom *Winkel zwischen zwei Geraden* sprechen (wobei offenbleibt, ob der spitze oder sein stumpfer Nebenwinkel gemeint ist), sprechen wir dual vom *Winkel zwischen zwei Punkten.* Und *dieser Winkel ist der (gewöhnliche euklidische) Winkel, unter dem die beiden Punkte vom a. M. aus gesehen werden,* also der *Sehwinkel,* unter dem ein Beobachter im a. M. die beiden Punkte sieht. (Wie wir sehen werden, ist das auch im Raum so.) Das ist ein durchaus vertrauter Begriff etwa beim Feldmessen (bei dem man ständig d-Winkelwerte von verschiedenen Lagen des a. M. aus in euklidische Winkelwerte umrechnet) oder in der Astronomie. Wenn man in der Astronomie vom „Winkelabstand" zwischen zwei Sternen spricht, dann meint man den Winkel, unter dem die beiden Sterne von der Erde aus gesehen werden. Beispiel: Der Stern „Mizar" im „Knick" der Deichsel im Sternbild „Großer Wagen" ist ein Doppelstern. Er hat einen dunkleren Begleiter namens „Alkor". Die beiden Sterne erscheinen einem Beobachter auf der Erde unter einem Sehwinkel von ungefähr $0{,}2°$ und gelten als Prüfsterne für die Augen. Bei dunklem Himmel kann man mit normalsichtigen Augen beide Sterne getrennt wahrnehmen. Probieren Sie es doch einmal! Die beiden Sterne „Dubhe" und „Merak", die den hinteren Abschluss des Kastens im Sternbild „Großer Wagen" bilden und in deren Verlängerung man den Polarstern findet, haben einen Winkelabstand von ungefähr $5{,}4°$.

Abschließend einige Nachbemerkungen und Konventionen: Zwei Geraden eines Strahlenbüschels zerlegen das Büschel in zwei Winkelfelder. In jedem davon liegen gewissermaßen zwei (gleich große) e-Scheitelwinkel. Wir messen gelegentlich die *Winkelgröße eines solchen Winkelfeldes* durch das Maß der beiden (gleich großen) Scheitelwinkel, die in dem Winkelfeld liegen. Die Winkelgrößen der beiden Winkelfelder, in welche zwei Geraden ein Büschel teilen, ergeben also zusammen $180°$.

Dual dazu zerlegen zwei Punkte einer Punktreihe die Reihe in zwei Segmente. In jedem davon liegen gewissermaßen zwei (gleich große) d-Scheitelwinkel. Wir messen gelegentlich die *Winkelgröße eines Segments* durch das Maß der beiden Scheitelwinkel, die darin liegen. Die Winkelgrößen der beiden Segmente, in welche zwei Punkte eine Punktreihe teilen, summieren sich zu $180°$.

Wir sprechen im Folgenden mitunter, wie man das auch sonst tut, von *dem e-Winkel* zwischen zwei e-Geraden bzw. dual von *dem d-Winkel* zwischen zwei d-Punkten. Gemeint ist bei solchen Formulierungen natürlich das Winkel*maß,* welches durch zwei Geraden bzw. zwei Punkte bestimmt ist. Wie oben erklärt, handelt es sich dabei um das Maß der beiden betreffenden Winkelfelder bzw. Segmente. Das ist nicht eindeutig, weil die beiden Winkelfelder im Allgemeinen ein unterschiedliches Maß haben. Mit der besagten Sprechweise legt man sich bewusst nicht allgemein fest, kann das aber in jedem konkreten Fall ohne Weiteres tun, wenn es nötig ist.

Um uns mit den neuen Begriffen vertraut zu machen, sehen wir uns einige Anwendungen an.

6.1.3 Die Winkelsumme im Dreieck und im Dreiseit

Der bekannte Satz besagt: „Die Summe der Innenwinkel im Dreieck beträgt 180°" (Abb. 6.5). Wir müssten in der PEG vielleicht besser von den e-Innenwinkeln sprechen.

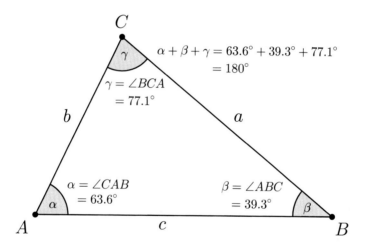

ABB. 6.5: Die Summe der e-Innenwinkel im Dreieck beträgt 180°

Dual hieße der Satz dann: „Die Summe der d-Innenwinkel im Dreiseit beträgt 180°" (Abb. 6.6). Welches sind die d-Innenwinkel bei einem Dreiseit? Beim Dreieck sind die e-Innenwinkel diejenigen, die einen Punkt mit der gegenüberliegenden Dreieckseite gemein haben. Also sind die d-Innenwinkel beim Dreiseit diejenigen, die eine Gerade mit dem gegenüberliegenden Dreiseitfächer gemein haben (vgl. Abschnitt 4.2). In Abb. 6.6 sind die Segmente der Seiten des Dreiseits, deren Sehwinkel am a. M. zu nehmen ist, fett dargestellt. Welche Segmente das sind, hängt natürlich von der Lage des a. M. ab. In Abbildung 6.7 liegt der a. M. im Punktinnern des Dreiseits.

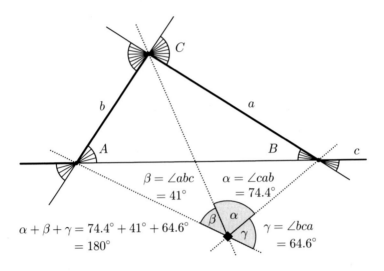

$$\beta = \angle abc$$
$$= 41°$$

$$\alpha = \angle cab$$
$$= 74.4°$$

$$\alpha + \beta + \gamma = 74.4° + 41° + 64.6°$$
$$= 180°$$

$$\gamma = \angle bca$$
$$= 64.6°$$

ABB. 6.6: Der a. M. liegt im Punktäußeren des Dreiseits und die Summe seiner d-Innenwinkel beträgt 180°

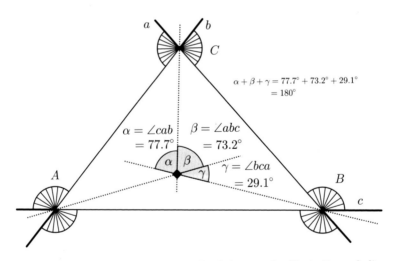

$$\alpha + \beta + \gamma = 77.7° + 73.2° + 29.1°$$
$$= 180°$$

$$\alpha = \angle cab$$
$$= 77.7°$$

$$\beta = \angle abc$$
$$= 73.2°$$

$$\gamma = \angle bca$$
$$= 29.1°$$

ABB. 6.7: Hier liegt der a. M. im Punktinnern des Dreiseits und die Summe der d-Innenwinkel beträgt wieder 180°

Da Scheitelwinkel gleich groß sind, kann man an den Nahstrahlen im a. M. den jeweils für die Skizze günstig gelegenen Scheitelwinkel einzeichnen.

6.1.4 SEHNEN-TANGENTENWINKEL

Der linke, euklidische Teil des folgenden Satzes ist anschaulich aus Symmetrie-gründen wohl sofort einleuchtend. Dagegen erscheint die duale Aussage rechts gar nicht ohne Weiteres richtig:

Je zwei Tangenten eines e-Kreises bilden mit der Verbindungsgerade ihrer Berührpunkte gleiche e-Winkel.	Je zwei Stützpunkte eines d-Kreises bilden mit dem Schnittpunkt ihrer Stützgeraden gleiche d-Winkel.

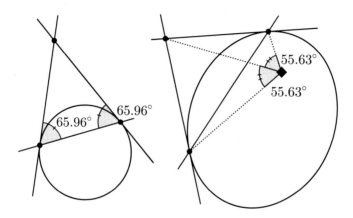

ABB. 6.8: Gleiche Sehnen-Tangenten-e-Winkel am Kreis und -d-Winkel an einer Ellipse

In Abb. 6.8 ist rechts als d-Kreis eine Ellipse dargestellt. Die Stützpunkte sind die beiden Punkte in der Ellipsenkurve, und die Stützgeraden sind die Tangenten in den Stützpunkten. Euklidisch könnte man die Aussage des Satzes rechts folgendermaßen formulieren:

Gegeben seien zwei Tangenten an einen Kegelschnitt und einer seiner Brennpunkte. Dann erscheint für jede der beiden Tangenten ihr Berührpunkt mit der Kurve und ihr Schnittpunkt mit der anderen Tangente von dem Brennpunkt aus unter dem gleichen Winkel.

6.1.5 DER PERIPHERIEWINKELSATZ

Der euklidische Peripheriewinkelsatz ist eine Verallgemeinerung des Satzes von Thales. Er besagt: *Peripheriewinkel über der gleichen Kreissehne sind gleich groß.* Damit ist Folgendes gemeint: Wenn man zwei Punkte A, B auf einem Kreis durch eine Strecke verbindet, so erhält man eine Kreissehne. Hat man einen weiteren, beweglichen Punkt C auf dem Kreis, so bilden seine Verbindungsstrecken mit A und B den Winkel $\gamma = \angle ACB$. Verschiebt man nun C

auf dem Kreis in die Position C', so wird aus γ der Winkel $\gamma' = \angle AC'B$. Der Satz sagt nun, dass γ und γ' gleich groß sind (Abb. 6.9).

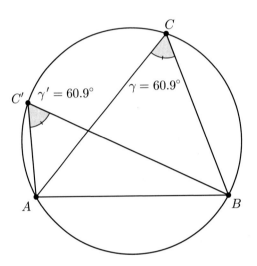

ABB. 6.9: Peripheriewinkel über der gleichen Kreissehne sind gleich groß

Dual wird aus dem Kreis ein d-Kreis, also ein Kegelschnitt mit einem Brennpunkt im a.M. Aus den beiden Kreispunkten A, B werden beim Dualisieren zwei d-Kreisgeraden a, b, also zwei Tangenten an den Kegelschnitt, und aus dem Kreispunkt C wird eine weitere, bewegliche Tangente c. Der duale Peripheriewinkelsatz besagt dann, dass der Winkel γ, unter dem die beiden Schnittpunkte ac und bc der beweglichen mit den festen Tangenten vom a.M. aus gesehen werden, sich nicht ändert, wenn die Tangente c sich an dem Kegelschnitt entlang bewegt (Abb. 6.10).

Aus euklidischer Perspektive können wir also den dualen Peripheriewinkelsatz folgendermaßen formulieren:

Der Winkel, unter dem die beiden Schnittpunkte einer beweglichen mit zwei festen Tangenten eines Kegelschnitts von einem seiner Brennpunkte aus erscheinen, ist konstant.

(Die Sätze dieses Abschnitts gelten in der angegebenen Form nur, wenn der Punkt C bzw. die Tangente c bei ihrer Bewegung nicht mit A, B bzw. a, b zusammenfallen. Sonst ist statt γ' dessen Nebenwinkel $180° - \gamma'$ zu nehmen.)

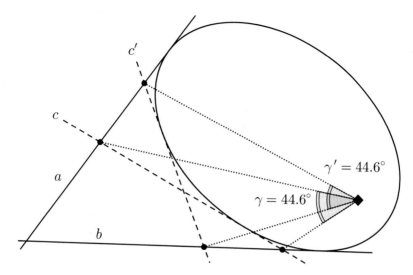

ABB. 6.10: Der duale Peripheriewinkelsatz

6.1.6 WINKEL IN DER RÄUMLICHEN GEOMETRIE[a]

In der ebenen Geometrie haben wir das duale Winkelmaß zwischen d-Punkten auf das euklidische Winkelmaß zwischen e-Geraden zurückgeführt, indem wir das zu zwei d-Punkten gehörende d-Winkelmaß auf das e-Winkelmaß zwischen den Nahstrahlen der Punkte zurückgeführt haben. Im Raum ist die Dualisierung des Winkelbegriffs noch mühsamer und umständlicher als in der Ebene, bietet jedoch keine grundsätzlichen Schwierigkeiten. Wir begnügen uns hier damit, das Ergebnis darzustellen:

Dual zum e-Winkel zwischen e-Ebenen wird der *d-Winkel zwischen d-Punkten im Raum* definiert. Wie in der ebenen Geometrie ist die Größe des Winkels zwischen zwei d-Punkten gleich dem e-Winkel zwischen den Nahstrahlen des Punktes.

Dual zum e-Winkel zwischen zwei e-Geraden wird der *d-Winkel zwischen zwei d-Geraden im Raum* definiert. Die Größe dieses Winkels ist gleich der Größe des e-Winkels zwischen den Nahebenen der beiden d-Geraden. Das ist der e-Winkel, unter dem sich die beiden Geraden zu schneiden scheinen, wenn man vom a. M. aus senkrecht auf ihren (eventuell scheinbaren) Schnittpunkt blickt (Abb. 6.11).[64*]

---

[a]Dieser Abschnitt kann beim ersten Lesen übersprungen werden.

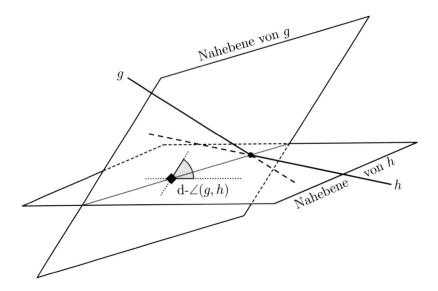

ABB. 6.11: Der d-Winkel zwischen zwei d-Geraden ist gleich dem e-Winkel zwischen ihren Nahebenen

Dual zum e-Winkel zwischen einer e-Gerade und einer e-Ebene wird der *Winkel zwischen einer d-Gerade und einem d-Punkt im Raum* definiert. Das Maß dieses Winkels ist gleich dem Maß des e-Winkels zwischen der Nahebene der d-Geraden und dem Nahstrahl des d-Punktes (Abb. 6.12).

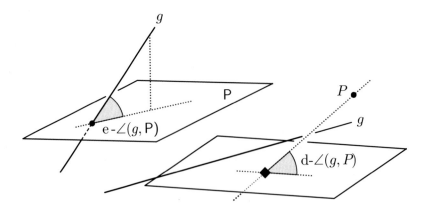

ABB. 6.12: e-Winkel zwischen einer Geraden g und einer Ebene P sowie d-Winkel zwischen einer Geraden g und einem Punkt P

Als gemeinsames Merkmal können wir festhalten:

> Der d-Winkel zwischen zwei d-Elementen im Raum ist gleich dem e-Winkel, unter dem diese beiden Elemente vom a. M. aus *gesehen* werden.

Dabei ist mit „d-Winkel" und „e-Winkel" natürlich das Maß dieser Winkel gemeint, nicht die Winkel selber. Außerdem bleibt, wie oben erklärt, unbestimmt, welcher der beiden möglichen Werte von Winkel und Nebenwinkel gemeint ist.

Zur anschaulichen Bedeutung der dualen Winkelmessung wollen wir noch etwas nachtragen: Wenn wir auf eine Zimmerecke blicken, wissen wir, dass die drei Fugen im rechten Winkel aufeinandertreffen. Doch wenn wir mit einem Geodreieck peilen, können wir uns davon überzeugen, dass die drei Winkel allesamt größer erscheinen und wir können deren scheinbare Größe sogar durch Peilen mit dem Geodreieck unmittelbar bestimmen. Wenn wir die Fläche des Geodreiecks dabei senkrecht zur Blickrichtung halten, messen wir so die d-Winkel zwischen den Fugen für einen a. M. in unserem peilenden Auge. Und so ist es überall, wenn wir umherschauen: Wir sehen überall die d-Winkel und nicht die e-Winkel. Die sind von ganz anderer Größe und lassen sich (da sie dem Tastraum angehören) aus der Entfernung nur in speziellen Fällen ermitteln.

6.2 STRECKEN- UND FÄCHERMESSUNG

Nun beschäftigen wir uns damit, wie Abstände in der PEG euklidisch und dual-euklidisch gemessen werden. Die folgenden Überlegungen gelten zunächst für die ebene Geometrie. Später wird dann etwas zur räumlichen Geometrie gesagt werden. Diejenigen Leser, die vornehmlich an den Ergebnissen der Überlegungen interessiert sind, können versuchsweise gleich zur Infobox auf Seite 216 springen und Fehlendes gegebenenfalls später nachlesen.

6.2.1 KONSTRUKTION EINER MESS-SKALA

Zunächst wollen wir sehen, wie wir mit den bereits vorhandenen Mitteln eine Mess-Skala, also eine Art Maßstab, konstruieren können, mit dem sich e-Abstände und e-Längen messen lassen. Dazu nehmen wir eine e-Gerade g und markieren auf ihr zwei Punkte P_0 und P_1. Diese beiden Punkte stellen die *Einheitslänge* auf der Skala dar. Wenn wir den e-Abstand zwischen P_0 und P_1 mit $|P_0 P_1|_e$ bezeichnen, dann definieren wir also $|P_0 P_1|_e := 1$. Der Deutlichkeit halber schreiben wir an den *Nullpunkt* P_0 eine 0 und an den *Einspunkt* P_1 eine 1. Den Fernpunkt auf g bezeichnen wir mit P_∞:

Nun wissen wir, wie man den Mittelpunkt zu P_0, P_1 konstruiert, und ebenfalls, wie man einen Punkt P_2 konstruiert, so dass P_1 der Mittelpunkt von P_0
und P_2 ist (z. B. durch e-Spiegelung von P_0 an P_1). Wir markieren P_2 mit 2.
Den Mittelpunkt zwischen P_0 und P_1 nennen wir $P_{1/2}$ und markieren ihn mit
$1/2$.

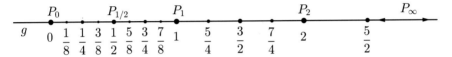

Nun können Sie sich sicher schon denken, wie es weitergeht. Durch fortgesetz-
te Mittenbildung und Punktspiegelung erhalten wir $1/4$ zwischen P_0 und $P_{1/2}$,
$3/4$ zwischen $P_{1/2}$ und P_1, $3/2$ zwischen P_1 und P_2, 3, 4 usw. und Punkte dazwischen. Auf diese Weise erhalten wir Punkte, die alle mit Brüchen markiert
sind, die im Nenner 1, 2, 4, 8, … haben, also eine Potenz von 2.

Wenn wir die Zahlen dezimal schreiben, erhalten wir:

Man erkennt, wie die Mess-Skala Schritt für Schritt entsteht und beliebig lang
gemacht werden kann. Durch immer feinere Halbierung kann man die Markierungen beliebig dicht machen und Mathematiker wissen genau, wie man durch
einen Prozess der Grenzwertbildung oder Vervollständigung so jedem e-Punkt
auf der Geraden eine reelle Zahl zuordnen kann, die für den e-Abstand des
Punktes von P_0 steht. Nichtmathematiker können sich anhand des beschriebenen Prozesses die Skala auch recht gut vorstellen, zumal sie ja aussieht wie eine
ganz gewöhnliche Linealeinteilung, nur dass hier die Maßeinheit zwischen P_0
und P_1 willkürlich gewählt wurde, wo gewöhnlich Zentimeter oder in England
Inch (1 inch $= 2{,}54\,$cm) stehen.[65]

Warum haben wir all das so genau beschrieben, wo das Ergebnis doch bekannt ist? Damit wir den Entstehungsprozess dualisieren können und eine Skala
zur Messung von d-Abständen zwischen Geraden schaffen können. Den d-Ab-
stand zwischen zwei d-Geraden a, b wollen wir fortan mit $|ab|_d$ bezeichnen. Das
ist nicht etwa der Winkel zwischen a und b! Der Winkel ist ja ein e-Maß, zu dem

der d-Winkel zwischen Punkten dual ist. Der d-Abstand zwischen zwei d-Geraden ist etwas ganz Neues und zunächst sehr Befremdliches. Wir werden aber später sehen, dass es sich dabei doch um etwas uns allen Vertrautes handelt!

Dualisieren wir also die Konstruktion des e-Lineals von oben und sehen wir, was dabei herauskommt! Dazu nehmen wir einen d-Punkt G und markieren durch ihn zwei Strahlen s_0 und s_1. Diese beiden Strahlen stellen die d-Abstandseinheit auf der Skala dar. Den d-Abstand zwischen s_0 und s_1 bezeichnen wir mit $|s_0 s_1|_d$. Wir definieren also $|s_0 s_1|_d := 1$. Der Deutlichkeit halber schreiben wir an den *Nullstrahl* s_0 eine 0 und an den *Einsstrahl* s_1 eine 1. Den Nahstrahl auf G bezeichnen wir mit s_∞ (Abb. 6.13).

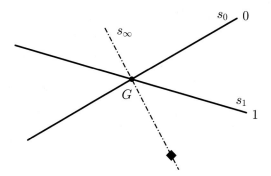

ABB. 6.13: Vorbereitungen zum Aufbau einer d-Skala

Nun wissen wir, wie man den Mittelstrahl zu s_0, s_1 konstruiert, und ebenfalls, wie man einen Strahl s_2 konstruiert, so dass s_1 der Mittelstrahl von s_0 und s_2 ist (z. B. durch d-Spiegelung von s_0 an s_1). Wir markieren s_2 mit 2. Den Mittelstrahl zwischen s_0 und s_1 markieren wir mit 1/2 usw. (Abb. 6.14). Mit Dezimalzahlen sieht die d-Mess-Skala für den d-Abstand zwischen s_0 und einer weiteren Geraden durch G aus wie in Abb. 6.15.

Wir sehen, die Einteilung ist bezüglich der e-Winkel keineswegs e-gleichmäßig. Vom Strahl 0 aus zum Strahl 1 und dann weiter zu $2, 3, 4 \ldots$ nehmen die e-Winkel immer langsamer zu, „stauen" sich die Strahlen gegen den Nahstrahl s_∞. Eine d-gleichmäßige Drehung um G im Büschel wird also euklidisch betrachtet immer langsamer, der Nahstrahl s_∞ hat eine Grenzlage und wird bei einer d-gleichmäßigen Drehung eines Strahls in G nicht erreicht.

Wir haben damit gesehen, wie man eine e-Skala mit (e-)gleichmäßigen e-Abständen und dual eine d-Skala mit d-gleichmäßigen d-Abständen aufbauen kann – wenn die Punkte P_0 und P_1 auf g bzw. die Strahlen s_0 und s_1 durch G, also die Einheitsmaße *auf g bzw. in G*, gegeben sind. Wenn wir den e-Abstand

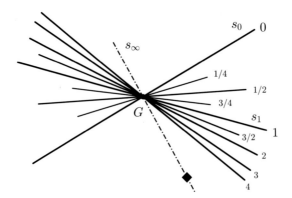

ABB. 6.14: d-Skala unter Konstruktion

zwischen Punkten messen wollten, die nicht in g liegen, oder den d-Abstand zwischen Geraden, die nicht dem Büschel G angehören, dann müssten wir den e-Maßstab durch eine e-Bewegung oder den d-Maßstab durch eine d-Bewegung in die nötige Lage bringen, also an die zu messenden Punkte bzw. Geraden „anlegen". Ein in irgendeiner Lage ein für alle Mal festgelegtes e- oder d-Einheitsmaß muss sich, ohne seine e- bzw. d-Länge zu ändern, in eine neue Lage bewegen lassen, um dort messen zu können. Das leisten gerade die e- und d-Bewegungen. Anschaulich: Ein Meterstab darf seine Länge nicht verändern, wenn man ihn im Raum bewegt, also verschiebt oder dreht. Sonst kann man damit nicht messen, denn man muss ihn ja drehen und verschieben, um ihn an eine Kante oder zwei Punkte anlegen zu können. Entsprechend darf ein d-Maßstab seine d-Maße nicht verändern, wenn man ihn durch d-Verschiebung und d-Drehung im Raum in die Lage bringt, die er zum Messen haben muss.

Die Frage ist also: Wie bekommt man das e- und das d-Einheitsmaß in eine bestimmte räumliche Lage, um dort einen Maßstab aufbauen und damit messen zu können?

Mit diesem Schritt sind allerlei Komplizierungen verbunden, weil wir uns die d-Bewegungen nicht so leicht vorstellen können. Wir stellen deshalb die e- und die d-Abstandsmessungen anders an, nämlich so, dass Verschiebungen beim Messen entfallen können.

6.2.2 MESSEN VOM A. M. UND DER U. G. AUS

Dazu messen wir in der PEG alle e-Entfernungen immer von einem festen Punkt, und zwar von a. M. aus. Der a. M. ist also der gemeinsame Nullpunkt aller e-Abstandsmessungen. Dual dazu messen wir alle d-Entfernungen immer

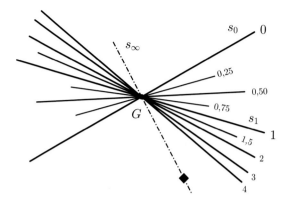

ABB. 6.15: d-Skala mit dezimaler Einteilung

von einer festen Geraden aus, der u. G. Die u. G. ist also der gemeinsame Null-strahl aller d-Abstandsmessungen.

Zur Abkürzung bezeichnen wir im Folgenden in Abbildungen und Formeln die Fernebene des Raumes durch E_∞, den Nahpunkt durch P_0 und die Fernge-rade der ebenen Geometrie durch g_∞.

Wie geht das Messen von einem festen Punkt und einer festen Geraden aus nun vor sich? Nun, die Idee ist recht einfach: Es seien A, B zwei e-Punkte, deren e-Entfernung zu bestimmen sei, und s ihre Verbindungsgerade. Wenn wir zwei zu s orthogonale Geraden a, b durch A und B legen, dann ist die e-Entfernung $|AB|_e$ offenbar gleich der Differenz der e-Abstände, die der a. M. von a und b hat – oder gleich der Summe dieser Abstände, wenn der a. M. „zwischen" a und b liegt. Um die Sache deutlicher zu machen, sei s' der zu s parallele Nahstrahl, und A', B' seien die Schnittpunkte von s' mit a und b. Dann ist der e-Abstand $|AB|_e$ zwischen A und B gleich der Differenz der Abstände, die A' und B' zum a. M. haben – bzw. gleich der Summe dieser Abstände, wenn der a. M. zwischen A' und B' liegt.

In Abb. 6.16 sind diese Verhältnisse anhand zweier e-Abstandsbestimmungen illustriert. In der linken Skizze liegt der a. M. P_0 nicht zwischen A' und B', in der rechten liegt P_0 zwischen A' und B'.

Wir dualisieren nun die obige Konstruktion wörtlich: Es seien a, b zwei d-Ge-raden, deren d-Entfernung zu bestimmen sei, und S ihr Schnittpunkt. Wenn wir zwei zu S orthogonale Punkte A, B in a und b legen, dann ist die d-Entfer-nung $|ab|_d$ offenbar gleich der Differenz der d-Abstände, welche die u. G. von A und B hat – oder gleich der Summe dieser Abstände, wenn die u. G. „zwischen" A und B liegt. Um die Sache deutlicher zu machen, sei S' der zu S zentrierte Fernpunkt, und a', b' seien die Verbindungsgeraden von S' mit A und B. Dann

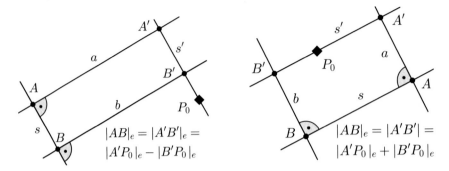

$$|AB|_e = |A'B'|_e = \qquad\qquad |AB|_e = |A'B'| =$$
$$|A'P_0|_e - |B'P_0|_e \qquad\qquad |A'P_0|_e + |B'P_0|_e$$

ABB. 6.16: e-Abstandsbestimmung vom a. M. aus

ist der d-Abstand $|ab|_d$ zwischen a und b gleich der Differenz der d-Abstände, die a' und b' zur u. G. haben – bzw. gleich der Summe dieser Abstände, wenn die u. G. zwischen a' und b' liegt.

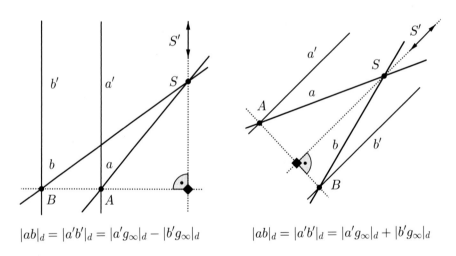

$$|ab|_d = |a'b'|_d = |a'g_\infty|_d - |b'g_\infty|_d \qquad\qquad |ab|_d = |a'b'|_d = |a'g_\infty|_d + |b'g_\infty|_d$$

ABB. 6.17: d-Abstandsbestimmung von der u. G. aus

In Abb. 6.17 sind diese Verhältnisse anhand zweier d-Abstandsbestimmungen illustriert. Links liegt die u. G. nicht zwischen a' und b', rechts liegt die u. G. zwischen a' und b'.[66]

Wir haben damit die e-Abstandsmessung zwischen zwei e-Punkten zurückgeführt auf die e-Abstandsmessung zwischen dem a. M. und zwei zentrierten e-Punkten, die also mit dem a. M. in einer Geraden liegen. Dual dazu haben wir die Messung des d-Abstandes zwischen zwei d-Geraden zurückgeführt auf die d-Abstandsmessung zwischen der u. G. und zwei parallelen d-Geraden, die also durch einen gemeinsamen Fernpunkt gehen.

Der e-Abstand von zentrierten Punkten wird vom a. M. aus gemessen – dem Nullpunkt der Messung. Das ist verständlich. Aber der d-Abstand von parallelen Geraden wird von der Ferngerade aus gemessen. Das ist etwas Neues, und wir werden bald erklären, wie dieser Abstand bestimmt wird.

Wir brauchen also für die e-Abstandsbestimmung nicht mehr eine Skala auf jeder e-Geraden g, sondern nur noch eine auf jedem Nahstrahl, bzw. für die d-Abstandsbestimmung nicht mehr eine d-Skala in jedem d-Punkt, sondern nur noch eine in jedem Fernpunkt G. Dabei liegt der Nullpunkt der e-Abstandsmessung im a. M. und der Nullstrahl der d-Abstandsmessung in der Ferngeraden.

6.2.3 DAS EINHEITSMASS

Dazu müssen wir wissen, wie wir das Einheitsmaß auf jeden Nahstrahl und in jeden Fernpunkt bekommen. Wir brauchen also zur Konstruktion der Skalen in jedem Nahstrahl einen Punkt, der vom a. M. den e-Abstand 1 LE hat und dual dazu durch jeden Fernpunkt eine Gerade, die von der u. G. den d-Abstand 1 WE hat.[a] Das bewerkstelligen wir folgendermaßen:

Wir legen einen e-Einheitskreis $\mathcal{K}_e$ mit Mittelpunkt im a. M. fest und definieren, dass alle Punkte dieses Kreises vom a. M. den e-Abstand 1 LE haben.	Wir legen einen d-Einheitskreis $\mathcal{K}_d$ mit Mittelstrahl in der u. G. fest und definieren, dass alle Geraden dieses Kreises von der u. G. den d-Abstand 1 WE haben.

Nun sei daran erinnert, dass ein d-Kreis wie $\mathcal{K}_d$, mit Mittelstrahl u. G., als Ordnungskurve aufgefasst, ein e-Kreis mit Mittelpunkt im a. M. ist (Abschnitt 4.4, Seite 120).

Damit alles zusammenpasst, *nehmen wir als e-Einheitskreis $\mathcal{K}_e$ und als d-Einheitskreis $\mathcal{K}_d$ den gleichen Kreis $\mathcal{K}$, einmal als aufgefasst als Ordnungskurve, einmal als Klassenkurve.* Auf diese Weise werden die beiden Entfernungsmaße miteinander verknüpft.

Der *Einheitskreis $\mathcal{K}$* ist also ein Kreis mit Mittelpunkt im a. M. und Mittelstrahl in der u. G. *Seine Punkte haben definitionsgemäß vom a. M. den e-Abstand 1 LE und seine Geraden (die Tangenten des e-Kreises) von der u. G. den d-Abstand 1 WE.*

Nun können wir e-Entfernungen zwischen e-Punkten und d-Entfernungen zwischen d-Geraden messen! Die e-Entfernung sind wir gewohnt, sie wird gewöhnlich in Metern gemessen, und wir können uns darunter ohne Weiteres

---

[a]1 LE ist eine e-Längeneinheit, die Länge einer Einheitsstrecke, 1 WE steht für eine d-Weiteneinheit, die Weite eines Einheitsfächers.

etwas vorstellen. Insbesondere bleiben e-Entfernungen zwischen einander entsprechenden Punkten eines Objektes bei einer e-Bewegung des Objekts, also einer gewöhnlichen Parallelverschiebung, Drehung oder Spiegelung, unverändert.
Wir wissen inzwischen, dass d-Bewegungen die Form ändern, aber die d-Entfernungen zwischen einander entsprechenden Punkten eines Objektes bleiben
dabei unverändert. Wie geht das zu? Daran sehen wir schon, dass das d-Entfer-
nungsmaß etwas sehr Ungewohntes sein muss. Wie können wir uns davon eine
Vorstellung bilden?

6.2.4 DIE VEREINIGTEN SKALEN

Dazu konstruieren wir eine e-Skala auf einem Nahstrahl g und eine d-Skala
durch den zu g senkrechten Fernpunkt G. Betrachten wir dazu Abbildung 6.18:

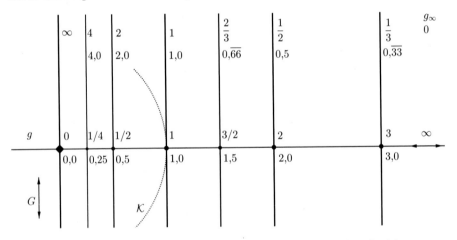

ABB. 6.18: Die vereinigten Skalen (mit gepunktetem Einheitskreisbo-
gen)

Auf der waagerechten d-Skala ist der Fernpunkt mit „∞" und der Nullpunkt
(der a. M.) mit „0" markiert, und es sind einige Teilpunkte eingezeichnet, insbesondere der mit „1" markierte Punkt. Der Abstand zwischen diesem Punkt und
dem a. M. ist die Einheitslänge für die e-Abstände. Die Konstruktion der Skala
durch Mittelpunktbildung und Spiegelung haben wir oben erklärt. Wir bezeichnen die Punkte in g im Folgenden durch ihre Markierungen. Per Konstruktion
bilden die Punkte 0 2 · 1 ∞ einen harmonischen Punktwurf, der Punkt 1 ist
von ∞ durch 0 und 2 harmonisch getrennt, ist also der Mittelpunkt von 0 und
2, weil wir Mittelpunkt so definiert haben. Ebenso ist 1/4 durch 0 und 1/2 wie
auch 2 durch 1 und 3 von ∞ harmonisch getrennt, also liegt 1/4 in der Mitte
von 0 und 1/2 sowie 2 in der Mitte von 1 und 3.

Nun zu den senkrechten Geraden in Abb. 6.18. Sie sind aus den Punkten von g entstanden, indem diese mit dem Fernpunkt G verbunden wurden. Diese Geraden sind also ein Schein der entsprechenden Punkte von g.

Nun erinnern wir uns an Satz 2.4.4 (Abschnitt 2.4.4), Seite 57), nach dem der Schein eines harmonischen Wurfes wieder ein harmonischer Wurf ist.

Der Schein der Punkte $0, 2, 1$ und ∞ in g besteht aus den (parallelen) Strahlen durch G, die mit $\infty, 1/2, 1$ und 0 markiert sind (die mit 0 markierte Gerade ist die mit g_∞ bezeichnete u. G.). Und weil die Punkte $0\ 2\cdot 1\ \infty$ einen harmonischen Punktwurf darstellen, bilden die Strahlen $\infty\ 1/2\cdot 1\ 0$ durch G einen harmonischen Strahlenwurf, wobei der mit ∞ markierte Strahl der Nahstrahl von G ist. Der mit $1/2$ markierte Strahl ist also durch die mit 0 und 1 markierten Strahlen vom Nahstrahl von G harmonisch getrennt und ist deshalb der Mittelstrahl der mit 0 und 1 markierten Strahlen. Dieser Strahl hat also von der u. G. den d-Abstand $1/2$, und deshalb wurde er auch so markiert.

Entsprechend verhält es sich mit den anderen Strahlen: Der g-Punkt $1/4$ ist durch die g-Punkte 0 und $1/2$ von ∞ getrennt, d. h. die g-Punkte $\infty\ 1/4\cdot 0\ 1/2$ bilden einen harmonischen Wurf. Demnach bilden die G-Strahlen (bezeichnet durch ihre Markierungen) $0\ 4\cdot\infty\ 2$ bzw., was das Gleiche ist, $\infty\ 2\cdot 0\ 4$ ebenfalls einen harmonischen Wurf. Das heißt, der Strahl 2 ist durch die Strahlen 0 (der u. G.) und 4 vom Nahstrahl harmonisch getrennt. Strahl 2 ist also der Mittelstrahl von Strahl 0 und Strahl 4 und deshalb auch mit 2 markiert.

So geht es weiter, und wir sehen: *Durch den Punkt mit der Markierung x auf g verläuft der Strahl mit der Markierung $1/x$ durch G.* Die Zahl $1/x$ nennt man den *Kehrwert* von x und setzt symbolisch $1/\infty = 0$ und $1/0 = \infty$. Beispiele: $1/4 = 0{,}25$, $1/0{,}1 = 10$, $1/20 = 0{,}05$, $1/0{,}05 = 20$. Der Kehrwert des Kehrwertes ist wieder der ursprüngliche Wert. Wir haben also herausgefunden (Abb. 6.19):

Der e-Abstand eines vom a. M. verschiedenen e-Punktes P vom a. M. ist gleich dem Kehrwert des d-Abstandes, den die zum Nahstrahl von P orthogonale Gerade p durch P von der u. G. hat.	Der d-Abstand einer von der u. G. verschiedenen d-Geraden p von der u. G. ist gleich dem Kehrwert des e-Abstandes, den der zum Fernpunkt von p orthogonale Punkt P in p vom a. M. hat.

Der in dem obigen Text beschriebene Zusammenhang lässt sich durch die Formel

$$|P\,P_0|_e \cdot |p\,g_\infty|_d = 1$$

ausdrücken. Der e-Abstand des a. M. bzw. der d-Abstand der u. G. von sich selbst ist natürlich gleich 0. Wenn es im Folgenden nützlich ist, sehen wir 0 als „Kehrwert" von „∞" und „∞" als „Kehrwert" von 0 an.

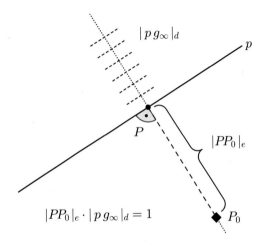

ABB. 6.19: Zusammenhang zwischen dem e-Abstand eines Punktes vom a. M. und dem d-Abstand einer Geraden von der u. G.

Da wir wissen, wie wir den e-Abstand eines Punktes zum a. M. bestimmen, können wir mit dieser Überlegung also leicht den d-Abstand einer Geraden zur u. G. bestimmen: Dieser ist gleich dem Kehrwert des e-Abstandes desjenigen Punktes vom a. M., in welchem der zur Geraden senkrechte Nahstrahl die Gerade schneidet. Da der Abstand einer Geraden von einem Punkt in der euklidischen Geometrie senkrecht zur Geraden gemessen wird, können wir die Sache noch kürzer und eleganter ausdrücken:

Der d-Abstand einer Geraden von der unendlichfernen Geraden ist gleich dem Kehrwert ihres e-Abstandes vom absoluten Mittelpunkt.

6.2.5 POLAREUKLIDISCHE ABSTANDSMESSUNG

Zusammen mit unseren Vorüberlegungen können wir nun auch den d-Abstand zwischen zwei d-Geraden bestimmen. Dazu beziehen wir uns noch einmal auf Abb. 6.17 und die Überlegungen dazu: Die d-Entfernung $|ab|_d$ zweier d-Geraden a, b voneinander ist gleich der Differenz bzw. Summe der d-Abstände, welche die beiden parallelen Geraden a' und b' von der u. G. haben. Und dieser Wert ist gleich der Differenz bzw. Summe der Kehrwerte der e-Abstände der Punkte A und B zum a. M. Übrigens sind Abstände gewöhnlich nicht negativ, also nimmt man stets die positive Differenz, den sogenannten *Betrag* der Differenz. Abb. 6.20 veranschaulicht die d-Abstandsbestimmung durch ein Zahlenbeispiel.

Über dem zum Schnittpunkt von a, b senkrechten Nahstrahl sind die e-Abstände vom a. M. aufgetragen, darunter deren Kehrwerte, die korrespondieren-

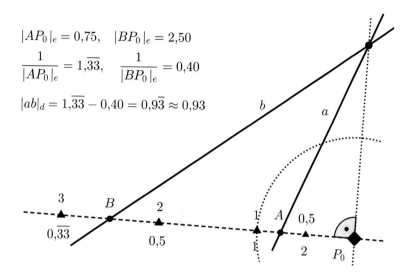

$|AP_0|_e = 0{,}75, \quad |BP_0|_e = 2{,}50$

$\dfrac{1}{|AP_0|_e} = 1{,}\overline{33}, \quad \dfrac{1}{|BP_0|_e} = 0{,}40$

$|ab|_d = 1{,}\overline{33} - 0{,}40 = 0{,}9\overline{3} \approx 0{,}93$

ABB. 6.20: Die Geraden a, b haben den d-Abstand 0,93

den d-Abstände. Der angedeutete Kreis ist der Einheitskreis $\mathcal{K}$, der das Einheitsmaß festlegt. Abb. 6.21 zeigt ein weiteres Beispiel.

In der euklidischen Geometrie definiert man auch den *e-Abstand zwischen einem e-Punkt und einer e-Geraden* als den e-Abstand zwischen dem Punkt und dem Fußpunkt des Lotes, das aus dem Punkt auf die Gerade gefällt wird. Dies könnte man leicht dualisieren und so den *d-Abstand zwischen einer d-Geraden und einem d-Punkt* definieren. Wir gehen darauf nicht weiter ein.

Außerdem definiert man in der euklidischen Geometrie den *e-Abstand zwischen parallelen e-Geraden* als den e-Abstand der beiden Punkte, in denen eine (beliebige) zu den Geraden orthogonale Gerade die beiden Geraden schneidet. Dual dazu definieren wir den *d-Abstand zwischen zentrierten d-Punkten* als den d-Abstand der beiden Geraden, die einen beliebigen, zu den beiden Punkten orthogonalen Punkt mit den beiden Punkten verbinden. Das ist also die (positive) Differenz bzw. Summe der reziproken[a] e-Abstände, welche die beiden Punkte vom a. M. haben.

Schließlich können wir nun auch die euklidische Länge einer Strecke $[AB]$ messen und dual dazu die Weite eines Fächers $[ab]$. Die *Länge einer Strecke* $[AB]$ ist einfach der e-Abstand $|AB|_e$ zwischen ihren Endpunkten. Dual dazu verstehen wir unter der *Weite eines Fächers* $[ab]$ (einer d-Strecke) den d-Abstand $|ab|_d$ zwischen seinen Endstrahlen.

---

[a]Der reziproke Wert einer Zahl ist ihr Kehrwert.

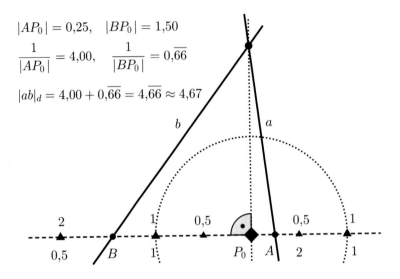

$|AP_0| = 0{,}25, \quad |BP_0| = 1{,}50$

$\dfrac{1}{|AP_0|} = 4{,}00, \quad \dfrac{1}{|BP_0|} = 0{,}\overline{66}$

$|ab|_d = 4{,}00 + 0{,}\overline{66} = 4{,}\overline{66} \approx 4{,}67$

ABB. 6.21: Die Geraden a, b haben den d-Abstand 4,67

Wir haben bisher noch nicht darüber gesprochen, in welcher Einheit wir e- und d-Längen messen wollen. Im täglichen Leben misst man Längen bzw. Entfernungen z. B. in der Einheit Meter (m). Eine Längenangabe besteht dann in der Angabe einer Zahl und der Einheit, z. B. beträgt die Breite eines Fußballtores (laut FIFA) 7,32 m. In welcher Einheit werden d-Längen gemessen? Wie wir gesehen haben, lassen sich d-Längen durch die Kehrwerte von e-Längen ausdrücken, ihre Einheit müsste demnach der Kehrwert von 1 m sein, also 1/m lauten, „1 pro Meter". Eine solche Einheit gibt es tatsächlich schon, es ist die *Dioptrie* (dpt), mit der in der Optik die sogenannte „Brechkraft" von Linsen gemessen wird. Unter der Brechkraft versteht man den Kehrwert der Brennweite. Da die Brennweite in Metern angegeben wird, versteht man, warum die Brechkraft dann in 1/m, also Dioptrien, gemessen wird. Wenn wir uns mit der anschaulichen Bedeutung der d-Längen und -Abstände im alltäglichen Leben beschäftigen werden, werden wir sehen, dass die Maßeinheit „pro Meter" für diese Größe ganz passend ist. Wir werden also d-Längen vorerst in 1/m messen, wozu wir manchmal auch „Dioptrie" (dpt) sagen.

BEZEICHNUNGEN

Für den Umgang mit e- und d-Längen sind einige mathematische Bezeichnungen hilfreich, an die sich der Leser sicher schnell gewöhnen wird.

Den e-Abstand bzw. die e-Entfernung $|AB|_e$ zwischen zwei e-Punkten oder die Länge der Strecke $[AB]$ bezeichnen wir auch einfach mit $|AB|$. Dual dazu bezeichnen wir den d-Abstand bzw. die d-Entfernung $|ab|_d$ zwischen zwei d-Geraden oder auch die Weite eines Fächers $[ab]$ auch einfach mit $|ab|$. Wenn zwischen den vertikalen Strichen $|\,|$ also zwei Punkte stehen, handelt es sich um deren e-Entfernung. Schließen die beiden Striche dagegen zwei Geraden ein, ist deren d-Entfernung gemeint. Wenn es hilfreich erscheint, zeigen wir auch durch einen Index „e" oder „d" an, ob das euklidische e-Maß oder das dualeuklidische d-Maß gemeint ist. Wir schreiben also mitunter $|AB|_e$ oder $|ab|_d$.

Für den oft benötigten euklidischen Abstand $|AP_0|$ eines e-Punktes A vom a. M. schreiben wir kurz $|A|$ oder $|A|_e$. Dual bezeichnen wir den d-Abstand $|a\,g_\infty|_d$ einer d-Geraden a von der u. G. durch $|a|$ oder $|a|_d$.

Der gewöhnliche euklidische Abstand zwischen dem a. M. und einer e-Geraden a ist der e-Abstand zwischen a. M. und dem Punkt, in dem der zu a orthogonale Nahstrahl die Gerade a schneidet, also der e-Abstand zwischen dem a. M. und dem Lotfußpunkt des aus dem a. M. auf a gefällten Lotes. Diesen e-Abstand bezeichnen wir durch $|a\,P_0|_e$ oder einfach $|a|_e$. Es ist also $|a|_d$ der d-Abstand einer d-Geraden a zur u. G. und $|a|_e$ der e-Abstand einer e-Geraden a zum a. M.

Dual definieren wir den d-Abstand zwischen der u. G. und einem d-Punkt A als den d-Abstand zwischen der u. G. und der Geraden, die A mit dem zu A orthogonalen Fernpunkt verbindet, also den d-Abstand zwischen der u. G. und der Lotdachgerade des in der u. G. zu A gehörenden Lotpunktes. Diesen Abstand bezeichnen wir durch $|A\,g_\infty|_d$ oder auch durch $|A|_d$. Es ist also $|A|_e$ der e-Abstand eines e-Punktes A zum a. M. und $|A|_d$ der d-Abstand eines d-Punktes A zur u. G.

Nach unseren bisherigen Überlegungen sind $|a|_d$ und $|a|_e$ Kehrwerte voneinander und ebenso $|A|_e$ und $|A|_d$. Es ist also:

$$|a|_d \cdot |a|_e = 1, \quad \text{und} \quad |A|_e \cdot |A|_d = 1$$

bzw.

$$|a|_d = \frac{1}{|a|_e}, \quad \text{und} \quad |A|_d = \frac{1}{|A|_e}.$$

6.2.6 Die Abstandsmasse in der räumlichen Geometrie

In der räumlichen Geometrie kann man ganz analog vorgehen. Dual zur e-Entfernung zwischen e-Punkten wird hier die d-Entfernung zwischen d-Ebenen gemessen. Da wir dual zum Mittelpunkt zweier Punkte im Raum den Begriff der Mittelebene zweier Ebenen entwickelt haben, können wir in jedem Ebenenbüschel mit einer d-Gerade als Träger eine d-Skala zum Messen des d-Abstands zwischen zwei Ebenen aufbauen. Auch die Zurückführung der e- und d-Abstandsmessungen auf Messungen vom a. M. bzw. von der u. E. aus gestaltet

INFOBOX

ZUSAMMENFASSUNG: ABSTÄNDE IN DER EBENE

Hier wollen wir kochrezeptartig zusammenfassen, was die bisherigen Überlegungen zum Messen von dualeuklidischen Abständen und Entfernungen in der ebenen Geometrie ergeben haben. Dabei gehen wir davon aus, dass bekannt ist, wie gewöhnliche euklidische Entfernungen gemessen werden.

1. Die gewöhnliche euklidische Entfernung eines e-Punktes A vom a. M. wird mit $|A P_0|_e$ oder $|A|_e$ bezeichnet.

1'. Die dualeuklidische Entfernung einer d-Geraden a von der u. G. wird mit $|a\, g_\infty|_d$ oder $|a|_d$ bezeichnet. Wir nennen sie auch *die Nähe der Geraden a* (am oder zum a. M., siehe weiter unten). Sie ist gleich dem Kehrwert des euklidischen Abstands zwischen a und dem a. M. (gemessen als Länge des Lotes vom a. M. auf a).

2. Die euklidische Entfernung einer e-Geraden vom a. M. wird mit $|a P_0|_e$ oder $|a|_e$ bezeichnet. Sie ist gleich dem Kehrwert $1/|a|_d$ der dualeuklidischen Entfernung zwischen a und der u. G.

2'. Die dualeuklidische Entfernung eines d-Punktes von der u. G. wird mit $|A\, g_\infty|_d$ oder $|A|_d$ bezeichnet. Wir nennen sie auch *die Nähe des Punktes A* (am oder zum a. M.), siehe 6.3.1. Sie ist gleich dem Kehrwert $1/|A|_e$ der euklidischen Entfernung zwischen A und dem a. M.

3. Die gewöhnliche euklidische Entfernung zweier e-Punkte A, B voneinander wird mit $|AB|_e$ oder $|AB|$ bezeichnet.

3'. Die dualeuklidische Entfernung zweier d-Geraden a, b voneinander wird mit $|ab|_d$, oder $|ab|$ bezeichnet. Sie kann folgendermaßen durch euklidische Maße berechnet werden: Sei S der Schnittpunkt von a, b. Der zum Nahstrahl von S orthogonale Nahstrahl schneide a in A und b in B. Wenn dann der a. M. zwischen A und B liegt, ist die d-Entfernung $|ab|_d$ von a, b gleich der Summe $1/|A| + 1/|B|$ der reziproken e-Entfernungen, die A, B vom a. M. haben (Abb. 6.21), ansonsten ist sie gleich der positiven Differenz $1/|A| - 1/|B|$ der reziproken e-Entfernungen (Abb. 6.20).

4. Die Länge der Strecke $[AB]$ ist die e-Entfernung $|AB|$ ihrer Endpunkte.

4'. Die Weite des Fächers $[ab]$ ist die d-Entfernung $|ab|$ seiner Endstrahlen.

5. Bei zentrierten e-Punkten A, B ist ihre e-Entfernung auch gleich der Summe bzw. positiven Differenz ihrer Entfernungen $|A|, |B|$ vom a. M.

5'. Bei zentrierten d-Geraden a, b ist ihre d-Entfernung auch gleich der Summe bzw. positiven Differenz ihrer Entfernungen $|a|, |b|$ von der u. G. bzw. ihrer Nähen zum a. M.

sich genau analog. Auf diese Weise wird der d-Abstand zweier d-Ebenen auf den d-Abstand zweier paralleler d-Ebenen zur u. E. zurückgeführt. Da eine d-Sphäre mit Mittelebene u. E. als Punktgebilde betrachtet das gleiche ist wie eine e-Sphäre mit Mittelpunkt im a. M., lässt sich auch die Einführung der Einheitssphäre und die Festlegung des Einheitsmaßes genau analog durchführen wie in der Ebene, und wir gelangen zu der Feststellung:

Der e-Abstand eines vom a. M. verschiedenen e-Punktes P vom a. M. ist gleich dem Kehrwert des d-Abstandes, den die zum Nahstrahl von P orthogonale Ebene P durch P von der u. E. hat.	Der d-Abstand einer von der u. E. verschiedenen d-Ebene P von der u. E. ist gleich dem Kehrwert des e-Abstandes, den der zur Ferngeraden von P orthogonale Punkt P in P vom a. M. hat.

Damit gestaltet sich auch der Rest wie im zweidimensionalen Fall, und man kann die Abbildungen 6.20 und 6.21 als ebene Schnitte einer räumlichen Situation auffassen.

Neu hinzu kommen in der räumlichen Geometrie die e-Abstände zwischen Punkt und Ebene, Punkt und Gerade, parallelen Ebenen oder Geraden, Gerade und paralleler Ebene sowie windschiefen Geraden. Dual dazu sind d-Abstände zwischen Ebene und Punkt, Ebene und Gerade, zentrierten Punkten oder Geraden, Gerade und zentriertem Punkt sowie windschiefen Geraden. Alle diese Abstände lassen sich leicht auf den e-Abstand zwischen Punkten bzw. den d-Abstand zwischen Ebenen zurückführen. Der e-Abstand zwischen windschiefen Geraden ist gleich dem e-Abstand der beiden parallelen Ebenen durch die beiden Geraden. Demnach wäre der d-Abstand windschiefer d-Geraden gleich dem d-Abstand der beiden zentrierten Punkte auf den beiden Geraden. Wir gehen darauf nicht näher ein (vergleiche jedoch Abschnitt 7.5).

6.3 Anwendungen des dualen Abstandsmasses

6.3.1 Auffassung als „Nähe"

Betrachten wir zunächst den e-Abstand eines Punktes vom a. M. und dual dazu den räumlichen d-Abstand einer Ebene von der u. G. Was soll man sich darunter vorstellen? Das Abstandsmaß wird kleiner, wenn die Ebene vom a. M. wegrückt.

Denken wir uns einmal, dass wir aus weiter Entfernung mit gleichmäßigen Schritten auf ein Gebäude zugehen. Es erscheint uns dann zunächst recht klein und wird, trotzdem wir doch immer darauf zugehen, gar nicht größer. Wir kommen ihm scheinbar gar nicht näher. Erst wenn wir schon recht nahe sind, gewinnt es schneller an scheinbarer Größe, und wenn wir ihm schließlich ganz nahe sind, auf eine Gebäudemauer zugehen, die nur noch wenige Meter entfernt ist, dann nimmt die Mauer einen immer schneller größer werdenden Teil unseres Gesichtsfeldes ein. Und wenn wir schließlich unsere Stirn an die Mauer legen, ist sie uns ganz, ganz nah, und wir sehen nichts mehr als ein Mauerstück, welches das ganze Gesichtsfeld ausfüllt.

Der e-Abstand zu dem Gemäuer wird gleichmäßig verkleinert, doch unser optischer Eindruck gibt das nicht wieder, das Gebäude kommt uns scheinbar nicht gleichmäßig näher. Unser Eindruck von Nähe zu dem Gebäude wird durch das e-Maß, also den e-Abstand, nicht richtig wiedergegeben.

Denken wir uns nun einen Begleiter, der mit einem Meter Vorsprung vor uns hergeht und an dem vorbei wir auf das Gebäude blicken. Dann können wir die Größe, in der uns das Gebäude erscheint, mit der Größe unseres Begleiters vergleichen. Und siehe da: Gemessen an der Größe unseres Begleiters nimmt die scheinbare Größe des Gebäudes zu wie der Kehrwert der Entfernung zu dem Gebäude. In Abb. 6.22 ist die Situation (idealisiert) dargestellt.

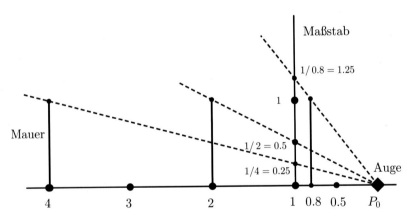

ABB. 6.22: Die Nähe einer Mauer

In der Abbildung bleibt der Beobachter stehen und die Mauer kommt e-gleichmäßig auf ihn zu. Der Beobachter im a. M. misst die scheinbare Größe der (hier einen Meter hohen) Mauer auf einem senkrecht aufgestellten Maßstab, der einen Meter vor ihm steht. Was er dort abliest, ist die d-Entfernung der Mauer.[67] Im Näherkommen wächst sie mit dem Kehrwert der e-Entfernung. Der Zahlenwert $|A|_d$ der d-Entfernung eines Gegenstandes in A von einem Beobachter im a. M. ist also ein realistisches Maß für die *Nähe* des Gegenstandes. Ein 1 m hoher Stab, der 10 Meter vom Beobachter entfernt ist, hat zu ihm die Nähe 0.1/m. Wenn er 1 m weg ist, die Nähe 1/m, und wenn er nur noch 25 cm weg ist, die Nähe 4/m, bei 20 cm die Nähe 5/m und wenn er seine Nasenspitze berührt (4 cm), die Nähe 25/m.[68]

Die Einheit „pro Meter" könnte man als eine Art „Dichte" interpretieren, die besagt, wie viele Stäbe auf einen Meter kämen, wenn man die ganze Linie bis zum Horizont gleichmäßig (d. h. e-äquidistant) mit Stäben bestecken wollte, die voneinander so weit entfernt sind wie der erste vom Beobachter.

6.3.2 PARALLAKTISCHE ENTFERNUNG

Man leugnet dem Gesicht nicht ab, dass es die Entfernung der Gegenstände, die sich neben und übereinander befinden, zu schätzen wisse; das Hintereinander will man nicht gleichmäßig zugestehen.

Und doch ist dem Menschen, der nicht stationär, sondern beweglich gedacht wird, hierin die sicherste Lehre durch Parallaxe verliehen.

Goethe, Maximen und Reflexionen

Wenn wir Objekte vor weit entferntem Hintergrund betrachten, können wir bemerken, dass sie sich vor dem Hintergrund verschieben, wenn wir uns zur Seite bewegen. Diese Verschiebung ist umso stärker, je näher sie uns sind. Fahren wir etwa mit dem Zug und blicken aus dem Fenster, so sehen wir schnell vorbeirasende Strommasten, weiter weg schnell zur Seite bewegte Kühe und Bäume, weiter entfernt einen sich langsam verschiebenden Wald und ganz im Hintergrund eine Bergkette, die sich gar nicht zu verschieben scheint.

Diese scheinbare Änderung der Position eines Objektes, wenn der Beobachter seine Position seitlich verschiebt, nennt man *Parallaxe*. Als *parallaktischen Winkel* bezeichnet man den Winkel zwischen der ursprünglichen Richtung zu dem Objekt und der Richtung, nachdem man seine Position verschoben hat. Das ist gleichzeitig der Winkel, unter dem man vom Objekt aus die Strecke sehen würde, um die sich der Beobachter verschoben hat. Man nennt manchmal diesen Winkel auch selbst Parallaxe (Abb. 6.23).

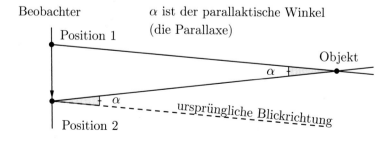

ABB. 6.23: Die Parallaxe

Die Parallaxe spielt in der Astronomie eine große Rolle, und mit ihrer Hilfe
können wir auch eine Deutung für die d-Entfernung geben. Dazu denken wir
(der Einfachheit halber in einer Ebene) einen Beobachter im a. M., der auf
einen entfernten Gegenstand bei A blickt. Wenn sich der Beobachter von P_0
senkrecht zur ersten Blickrichtung eine kleine Distanz nach P bewegt (z. B. sein
Auge nur etwas verschiebt), dann sieht er A unter dem parallaktischen Winkel
α, der von der Größe seiner Augenverschiebung abhängt (Abb. 6.24).

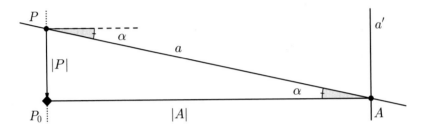

ABB. 6.24: Parallaxe und d-Entfernung eines Punktes

Wenn der Beobachter seinen Blickpunkt nur wenig verschiebt, wird α sehr
klein sein. Wenn wir das Verhältnis $\alpha/|P|$ der Parallaxe zur Augenverschiebung
bilden, dann ergibt sich ungefähr $1/|A|$, also die d-Entfernung $|A|_d = |A\,g_\infty|_d$
von A zur Ferngeraden bzw. $|a'| = |a'\,g_\infty|$ einer zur Blickrichtung senkrechten
Gerade durch A. Die Annäherung ist umso besser, je kleiner die Augenverschiebung ist. Nur muss man, damit diese Angaben stimmen, den Winkel α im
sogenannten *Bogenmaß* angeben, nicht im Gradmaß.[a] [b]

Wenn der Beobachter in der Nähe des a. M. auf zwei entfernte, hintereinander
liegende Punkte A, B blickt, ergibt sich die Situation in Abb. 6.25.

Der Winkel δ ist die Differenz $\alpha - \beta$ der beiden Parallaxenwinkel α und β,
also der Winkel, unter dem P die Punkte in A und B bzw. die Strecke $[AB]$
sieht. Bilden wir wieder das Verhältnis $\delta/|P|$, diesmal zwischen der Parallaxen-
differenz δ (im Bogenmaß) und der e-Entfernung zwischen P und dem a. M.,
dann erhalten wir[69*]

$$\frac{\delta}{|P|} \approx \frac{1}{|A|} - \frac{1}{|B|}, \quad \text{wenn } P \text{ nahe bei } P_0 \text{ liegt.}$$

---

[a]Zur Umrechnung muss man die Winkelgröße in Grad mit $\pi/180 \approx 0.017545$ multiplizieren.
[b]* Es ergibt sich $\alpha = \arctan|P|/|A|$. Und wegen $\arctan(x) = x + O(x^3)$ für kleine x ergibt
sich $\lim_{|P|\to 0} \alpha/|P| = 1/|A|$. Deshalb gilt

$$\frac{\alpha}{|P|} \approx \frac{1}{|A|} = |a'|_d, \quad \text{wenn } P \text{ nahe bei } P_0 \text{ liegt.}$$

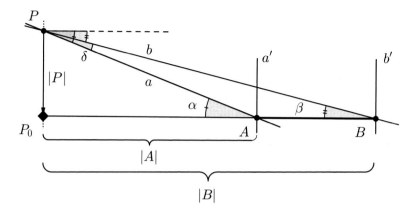

ABB. 6.25: Parallaxe und d-Entfernung zwischen zwei Punkten

Diese Differenz der Kehrwerte ist aber gerade die d-Entfernung $|AB|_d$ zwischen den zentrierten Punkten A und B, wie auch die d-Entfernung $|ab|_d$ zwischen den beiden Sehstrahlen a, b.

Das heißt:

> Wenn ein Beobachter im a. M. seinen Blick auf zwei zentrierte Punkte A, B leicht verschiebt, dann ist das Verhältnis des Winkels, unter dem ihm die beiden Punkte dann erscheinen, zur Größe dieser Verschiebung gerade der d-Abstand $|AB|_d$ dieser beiden Punkte bzw. der d-Abstand $|ab|_d$ der beiden „Sehstrahlen" zu A und B von seinem verschobenen Blickpunkt aus.

Praktisch ist δ ein Maß dafür, wie schnell sich zentrierte Punkte vor dem Hintergrund verschieben, wenn der Blickpunkt aus dem a. M. herausrückt.

Angenommen, vom a. M. aus gesehen stehen vier Stangen in den Entfernungen 1 m, 1,50 m, 2 m und 6 m hintereinander. Wenn man dann den Blickpunkt aus dem a. M. etwas herausrückt, ist der mit einem Auge gesehene scheinbare Abstand zwischen den ersten beiden Stangen genauso groß wie zwischen den letzten beiden, denn

$$\frac{1}{1} - \frac{1}{1,50} = \frac{1}{2} - \frac{1}{6} = \frac{1}{3} \approx 0{,}33.$$

Genauso verhielte es sich mit Stangen bei 1 m, 1,20 m, 5 m und 30 m oder bei 10 m, 11 m, 30 m und 41,24 m.

Diese Begriffsbildungen und die Tatsache, dass die Parallaxe in der Astronomie zur Entfernungsbestimmung von Planeten und Sternen eingesetzt wird, kann die Frage aufbringen, ob man nicht auch auf der Erde und ohne aufwendige Hilfsmittel, etwa auf einer Wanderung, Entfernungen unter Verwendung der Parallaxe abschätzen kann. Bekannt ist etwa der sogenannte *Daumensprung*, die Breite, um die ein Objekt springt, wenn man es einmal nur mit dem rechten, dann nur mit dem linken Auge anblickt. Allerdings muss man bei dieser Methode die Breite des Objekts kennen. Man kann auch anders vorgehen. Dazu betrachten wir Abb. 6.26.

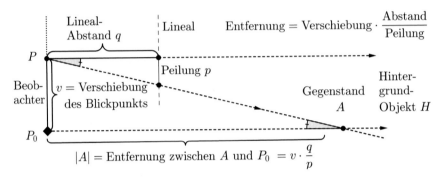

ABB. 6.26: Entfernungsbestimmung mit Parallaxenmethode

Ein Beobachter bringt das Beobachtungsobjekt in A mit einer irgendwie identifizierbaren Stelle H eines sehr weit entfernten (unbeweglichen) Hintergrundes zur Deckung und definiert seinen Standpunkt dann als a. M. H kann z. B. ein Baum sein oder irgendeine Unregelmäßigkeit am Horizont, die der Beobachter sich merken und wiederfinden kann, oder auch eine markante (unbewegte) Wolkenformation. Anschließend verschiebt er seinen Blickpunkt um v zur Seite in den Punkt P. Dann zieht er ein Lineal (Zollstock, o. Ä.) aus der Tasche, hält es im Abstand q vor sich (typischerweise um die 60 cm), peilt zwischen dem Gegenstand A und zum Hintergrundobjekt H und liest auf dem Lineal ab, welche Strecke die beiden Sehstrahlen zu A und H auf dem Lineal abschneiden. (Dabei kann man den Daumen als Markierung zu Hilfe nehmen.) Wenn H so weit entfernt ist, dass die Sehstrahlen vom a. M. und von P fast parallel sind, ergibt sich aus dem Strahlensatz:

$$|A| = v \cdot \frac{q}{p}$$

bzw. in Worten:

Entfernung nach A = Verschiebung des Blickpunktes $\cdot \dfrac{\text{Abstand zum Lineal}}{\text{Ablesung am Lineal}}$.

Bei sorgfältigem Arbeiten kann man recht genaue Ergebnisse erzielen. Vor allem kann man, anders als beim Daumensprung, die Verschiebung auch groß machen, etwa ein paar Meter (Zollstock statt Lineal mitnehmen). Besonders wenn die gesuchte Entfernung groß ist, lässt sich so die Genauigkeit erheblich steigern.[70]

Rechenbeispiel: Genau hinter der rechten Kante eines entfernt stehenden Hauses sehe ich einen auffälligen Knick in der Horizontlinie. Ich trete so weit nach rechts (nämlich 4,30 m), dass mein mit ausgestrecktem rechten Arm (63 cm vom Auge) gehaltener Drehbleistift (Breite 9 mm) genau in die Lücke zwischen Hauskante und dem Knick im Hintergrund passt. Den Faktor 63 cm/9 mm = 70 habe ich schon zu Hause bestimmt. Das Haus ist also ungefähr $70 \cdot 4{,}30$ m $\approx$ 300 m entfernt.

6.3.3 GLEICHFÖRMIGE BEWEGUNGEN

Ich stehe an einer geraden Straße und blicke auf ein Auto, das sich aus der Ferne mit gleichmäßiger Geschwindigkeit nähert, an mir vorbeifährt und sich wieder entfernt. Indem ich darauf blicke, folge ich seiner Bewegung mit einer Kopfdrehung, die langsam beginnt, am schnellsten ist, wenn das Auto an mir vorbeifährt, und dann wieder langsamer wird, immer langsamer . . .

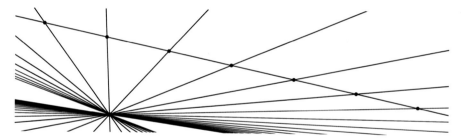

Genauso ist es, wenn ich in einem gleichförmig und geradlinig bewegten Zug sitze und aus dem Fenster schaue, meinen Blick an ein interessantes Detail hefte und ihm mit dem Blick folge. Mein Kopf, oder zumindest mein Blickstrahl, die Verbindungslinie zwischen Auge und Objekt, dreht sich dabei ungleichmäßig im Verhältnis zur Fahrtrichtung.

Die Drehungen des Kopfes bzw. des Blickstrahls sind in beiden Fällen zwar nicht gleichmäßig, wenn man sie mit dem gewöhnlichen Winkelmaß misst, aber in der PEG dreht sich der Blickstrahl d-gleichmäßig im Blickpunkt – wenn wir den Nahstrahl des Beobachters parallel zur Fahrtrichtung des Autos bzw. des Zuges legen. (Vergleiche dazu die Beispiele im Abschnitt 4.1.) Das kann man folgendermaßen einsehen: Wie oben ausgeführt wurde, bilden zwei beliebige e-Punkte einer Geraden als Grundpunkte sowie ihr Mittelpunkt zusammen mit dem Fernpunkt der Geraden einen harmonischen Wurf. Wenn wir also aus der gleichförmigen Bewegung des Autos drei nach gleichen Zeiten aufeinanderfolgende Stationen A, B, C herausgreifen, dann liegt B in der Mitte zwischen A

und C, und deswegen bilden A und C sowie B mit dem Fernpunkt der Verbindungsgeraden einen harmonischen Wurf. Die erwähnten Sehstrahlen sind Scheine der Fahrzeugpositionen aus dem Augenpunkt des Beobachters, und da sich harmonische Punktwürfe bei Scheinbildung auf harmonische Strahlenwürfe übertragen, bilden auch je drei zu aufeinanderfolgenden Fahrzeugpositionen gehörende Sehstrahlen zusammen mit dem Sehstrahl des Fernpunktes der Geraden, in welcher die Bewegung stattfindet, einen harmonischen Wurf. Deswegen überträgt sich die e-gleichmäßige Bewegung eines Punktes in der Geraden auf eine d-gleichmäßige Bewegung der Strahlen im Büschel.

So wie die Fahrzeugpositionen nach jeweils gleichen Zeitintervallen auf der Geraden in gleichmäßigen Abständen, also äquidistant, liegen, eine Skala äquidistanter e-Punkte auf der Geraden bilden, so bilden auch die zu den Positionen gehörenden Sehstrahlen eine Skala d-äquidistanter Strahlen im Strahlenbüschel des Beobachterauges.

Etwas mathematischer können wir formulieren:

Der Schein einer e-gleichförmigen Bewegung in einer Punktreihe ist eine d-gleichmäßige Drehbewegung in einem Strahlenbüschel, dessen Trägernahstrahl zum Träger der Punktreihe e-parallel ist.	Der Schnitt einer d-gleichförmigen Bewegung in einem Strahlenbüschel ist eine e-gleichmäßige Bewegung in einer Punktreihe, deren Trägerfernpunkt zum Träger des Büschels d-parallel ist.

Oder anders ausgedrückt:

Eine Anzahl e-äquidistanter Punkte einer Geraden wird von einem Punkt aus, dessen Nahstrahl zur Geraden parallel ist, durch ein Büschel d-äquidistanter Strahlen projiziert.	Eine Anzahl d-äquidistanter Strahlen eines Punktes wird von einer Geraden, deren Fernpunkt zum Punkt zentriert ist, in einer Reihe e-äquidistanter Punkte geschnitten.

Setzen wir das Beispiel vom Anfang dieses Abschnitts ein wenig fort. Ich sitze in einem gleichmäßig geradeaus fahrenden Zug und hefte meinen Blick an ein interessantes Detail, sagen wir einen Signalmast weit vorne in Fahrtrichtung. Wenn ich dabei mit den Augen starr geradeaus blicke, muss ich den Kopf wenden, um dem Mast zu folgen. Die Drehung erfolgt erst langsam, wird schneller und ganz schnell, wenn der Mast an mir vorbeisaust, danach muss ich den Kopf immer langsamer drehen, wenn der Mast in der Ferne entschwindet. Wie wir festgestellt haben, ist die Drehung zwar euklidisch ungleichmäßig, aber d-gleichmäßig. Nehmen wir nun an, ich (vergewissere mich, dass kein Schaffner in Sicht ist und) bringe während der Vorgangs in gleichen Zeitintervallen, sagen wir alle fünf Sekunden, mit einem Filzstift Markierungen in Blickrichtung an der Zugfensterscheibe an (ändere dabei aber nicht die Stelle, von der aus ich blicke). Dann stelle ich nachher fest: Die Markierungen haben alle gleiche Abstände voneinander, sie sind äquidistant (e-äquidistant, wohlgemerkt)!

Beim Blick auf ein e-Geschehen, d. h. ein Geschehen, welches in der euklidischen Geometrie beschrieben wird, kommt also die dualeuklidische Geometrie ins Spiel. Sie liefert „die richtige", angemessene, eben duale Beschreibung. Verfolgt man in obigen Beispielen den Drehwinkel in der euklidischen Geometrie, so ergibt sich ein Gesetz, das mit trigonometrischen Funktionen beschrieben werden muss. Die Bewegung des Sehstrahls ist nicht mehr gleichförmig. In der polareuklidischen Geometrie dagegen entspricht einer geradlinig gleichförmigen Bewegung dual eine d-gleichmäßige Drehbewegung.[71]

Cum grano salis können wir sagen: Wenn wir einem Fahrrad, einem Flugzeug am Himmel, einem Vogel oder den Wolken nachblicken oder einem Kahn, der gemächlich seine Bahn den Fluss hinab zieht, dann wenden wir unseren Blick d-gleichmäßig. Dass d-Maß ist also durchaus etwas, was uns in der alltäglichen Erfahrung auf Schritt und Tritt begegnen würde – wenn wir über den Begriff verfügten und darauf achtgäben.[72*]

6.3.4 Anwendung in der Optik

Die folgenden Ausführungen sind als Anregungen gedacht, deren weitere Ausarbeitung interessante Anwendungen verspricht.

Weiter oben haben wir ausgeführt, dass man die d-Entfernung vielleicht *Nähe* nennen sollte. Die Nähe der u. E. oder der Fernpunkte zum a. M. ist dann Null, und die Nähe eines beliebigen Punktes oder einer beliebigen Ebene zum a. M. beträgt $1/d$, wenn deren e-Entfernung vom a. M. gleich d ist. Ist die Maßeinheit der Entfernung der Meter (m), dann wäre die Maßeinheit der Nähe 1/m oder die Dioptrie (dpt), mit der man die sogenannte *Brechkraft* von Linsen misst. Die Brechkraft einer Linse ist der Kehrwert ihrer Brennweite. Beim Kombinieren mehrerer Linsen addieren sich die Brechkräfte, nicht aber die Brennweiten.

Wie die d-Geometrie in der Optik Anwendungen findet, sei anhand von zwei einfachen Beispielen kurz dargestellt.

Die Stärke einer Lesebrille kann man anhand folgender Faustformel schätzen: Kehrwert der Entfernung, in der man gut sehen möchte, minus Kehrwert der Entfernung, in der man gut sehen kann, ergibt die Brechkraft der Lesebrille in Dioptrien (dpt). Legen wir den a.M. ins Auge, so können wir diesen Sachverhalt folgendermaßen ausdrücken: *Die Stärke der benötigten Lesebrille (in Dioptrien) ist gleich dem d-Abstand zwischen der gewünschten und der tatsächlichen Leseentfernung.* Beispiel: gewünschte Leseentfernung 40 cm, tatsächliche Entfernung, in der man noch lesen kann, 1 m. Dann muss die Lesebrille ungefähr $1/0,4 - 1/1 = 1,5$ dpt haben.

Ein anderes Beispiel: Stellt man eine brennende Kerze (als abzubildenden Gegenstand), eine Konvexlinse (z. B. ein Vergrößerungsglas, wie es sich wohl in jedem Haushalt findet) und einen Projektionsschirm (ein Blatt Papier) in

eine Reihe hintereinander auf und verschiebt dann den Schirm oder die Kerze
geeignet, so entsteht auf dem Schirm ein scharfes, auf dem Kopf stehendes Bild
der Kerze. (Probieren Sie das unbedingt aus, wenn Sie es noch nie gesehen
haben!) Rückt man die Kerze näher an die Linse, dann wird das Bild größer,
aber man muss den Schirm weiter wegrücken, damit das Bild scharf wird. Bei
festgehaltener Linse gibt es zu jedem Ort der Kerze, der nicht zu nah an der
Linse liegt, eine Schirmposition, bei der das Bild scharf erscheint. Die zur Linse
parallele Ebene durch den abzubildenden Gegenstand heißt *Gegenstandsebene*.
Ihr e-Abstand zur Linse heißt *Gegenstandsweite* und wird mit g abgekürzt.
Die Ebene, in der das Bild erscheint, ist die *Bildebene*. Ihren Abstand zur
Linse, die *Bildweite*, bezeichnet man mit b. Rückt man den Gegenstand (im
Beispiel die Kerze) immer näher an die Linse heran, dann rückt das Bild immer
weiter weg, und es gibt eine Entfernung, da kann man gar kein Bild mehr
auffangen; das Bild ist in die Fernebene gerückt! Diese Entfernung nennt man
die *Brennweite* der Linse und bezeichnet sie mit dem Buchstaben f. Die zur
Linse parallele Ebene im Abstand der Brennweite nennt man die *Brennebene*
und ihren Schnittpunkt mit der optischen Achse den Brennpunkt der Linse.

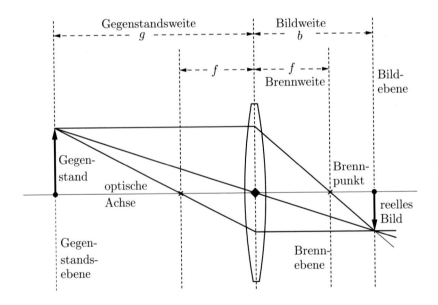

ABB. 6.27: Bildkonstruktion bei einer Konvexlinse

Gegenstandsweite g, Bildweite b und Brennweite f hängen nun in bestimm-
ter Weise zusammen. In Abb. 6.27 ist die übliche Bildkonstruktion bei einer

Konvexlinse dargestellt, wie viele Leser sie wohl einmal im Physikunterricht kennengelernt haben. Durch Betrachtung geeigneter ähnlicher Dreiecke kann man daraus den folgenden grundlegenden Zusammenhang zwischen Gegenstandsweite, Bildweite und Brennweite gewinnen:

$$1/f = 1/g + 1/b.$$

Diese Gleichung ist die sogenannte *Linsenformel*. Wir sehen, darin tauchen die Kehrwerte der drei verknüpften Größen auf. Legen wir den a. M. in den Mittelpunkt (in die Hauptebene) der Linse, dann können wir die Aussage der Linsenformel innerhalb der räumlichen polareuklidischen Geometrie folgendermaßen interpretieren:

> Der d-Abstand zwischen der Bildebene und der Gegenstandsebene ist konstant, nämlich gleich dem d-Abstand der Brennebene von der u. E.

Oder anders gesagt: Der d-Abstand zwischen der Bildebene und der Gegenstandsebene ist immer gleich, nämlich gleich der Brechkraft D der Linse. In der Optik finden sich noch eine ganze Reihe Anwendungsmöglichkeiten für die d-räumliche Betrachtungsweise, aber für uns mag mit diesem schönen Ergebnis unser Ausflug von der Mathematik in die Optik sein Bewenden haben.

6.3.5 Weitere physikalische Anwendungen[a]

Im Folgenden seien einige Andeutungen zu weiteren möglichen Anwendungen des d-Maßes der PEG in der Physik gemacht. Auch diese „Anwendungen" betreffen eine ungewöhnliche Auffassung physikalischer Sachverhalte, die damit verbunden ist, dass der a. M. und die Fernebene in die Begriffsbildung der Physik einfließen. Kandidaten für mögliche Anwendungen, die mit dem d-Maß in Verbindung gebracht werden können, sind Gesetze, in die der Kehrwert von Entfernungen bzw. Abständen eingeht. Solche finden sich überall, vornehmlich in der Optik und der Feldtheorie.

Der *Schalldruck* einer punktförmigen Schallquelle (das, was auf das Trommelfell oder die Mikrofonmembran wirkt) nimmt (im Freifeld) bei zunehmender Entfernung r von der Schallquelle mit $1/r$ ab. Er nimmt also *proportional* mit der Nähe zur Schallquelle (in der man den a. M. denke) bzw. mit der d-Entfernung von der Fernebene zu.

---

[a]Dieser Abschnitt kann ohne Einbuße an Verständnis übersprungen werden.

Das *Gravitationspotential* einer Massenkugel nimmt proportional zur Nähe vom Massenmittelpunkt (a. M.) ab.[a] Man könnte auch sagen, das Gravitationspotential ist proportional zur d-Entfernung von der Fernebene, wenn man den a. M. in den Schwerpunkt der felderzeugenden Masse legt.

Die Energie, die man braucht, um einen Erdsatelliten von einem Ort A zu einem Ort B zu befördern, ist proportional zur Differenz der Nähen von A und B vom Erdmittelpunkt, wenn man den a. M. dort denkt.

6.4 DER SEHNENSATZ

Der Sehnensatz ist ein schöner Satz aus der Elementargeometrie, den Sie vielleicht kennen:

SATZ 6.4.1 (Sehnensatz) *Dreht sich eine Gerade in einem inneren Punkt eines Kreises, so ist das Produkt der Entfernungen zwischen dem Drehpunkt und ihren beiden Schnittpunkten mit dem Kreis stets gleich groß.*

Man kann den Satz auch so formulieren:

SATZ *Schneiden sich zwei Kreissehnen, so ist das Produkt aus den Abschnitten der einen gleich dem Produkt aus den Abschnitten der anderen.*

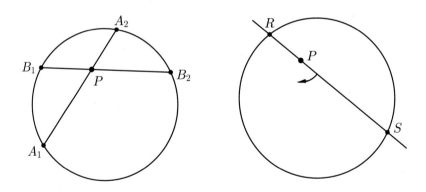

ABB. 6.28: Zum Sehnensatz

In Abb. 6.28 sind also links die Produkte $|PA_1| \cdot |PA_2|$ und $|PB_1| \cdot |PB_2|$ gleich groß, und rechts ändert sich das Produkt $|PR| \cdot |PS|$ nicht, wenn die Gerade sich in P dreht.

[a]Das Gravitationspotential wird traditionell so normiert, dass es in der Fernebene gleich Null ist und bei Annäherung an die Masse negativ wird.

Wir formulieren den Satz noch einmal um und dualisieren ihn:

Gegeben sei ein e-Kreis $\mathcal{K}$ und ein innerer Punkt P. Seien R, S die beiden Schnittpunkte einer beweglichen Gerade durch P mit $\mathcal{K}$. Dann ist das Produkt $\|PR\| \cdot \|PS\|$ konstant.	Gegeben sei ein d-Kreis $\mathcal{K}$ und eine innere Gerade p. Seien r, s die beiden Verbindungsgeraden eines beweglichen Punktes in p mit $\mathcal{K}$. Dann ist das Produkt $\|pr\| \cdot \|ps\|$ konstant.

Der rechte Satz ist in Abb. 6.29 illustriert, wobei der d-Kreis als e-Ellipse dargestellt ist.

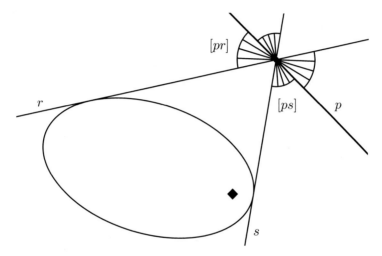

ABB. 6.29: Skizze zum dualen Sehnensatz

Der Satz besagt, dass das Produkt $\|pr\| \cdot \|ps\|$ aus den beiden Weiten $\|pr\|$ und $\|ps\|$ der beiden Fächer $[pr], [ps]$ konstant bleibt, wenn sich der Schnittpunkt der Tangenten r, s auf der Geraden p (einer inneren Geraden!) verschiebt.

Interessant für die euklidische Geometrie ist ein Spezialfall dieses dualisierten Sehnensatzes. Wählen wir nämlich für p die Ferngerade, dann sind r, s parallel und der d-Kreis ist als Ordnungskurve eine euklidische Ellipse. Die d-Abstände von r und s von p sind dann einfach die Kehrwerte der e-Abstände, die r und s vom a. M. haben. Der Satz besagt dann also: Das Produkt der Kehrwerte der e-Abstände, die zwei bewegliche, parallele d-Kreisgeraden vom a. M. haben, ist konstant. (Beachten Sie, wie wir hier Konzepte aus dem e-Teil und dem d-Teil der PEG frei mischen!) Und wenn das Produkt der Kehrwerte der Abstände konstant ist, dann ist natürlich das Produkt selber auch konstant. Wir können also formulieren: Das Produkt der Abstände, welche zwei bewegliche, parallele Tangenten an einen d-Kreis vom a. M. haben, ist konstant.

Und zu guter Letzt fassen wir die Sache wieder ganz euklidisch auf. Aus dem d-Kreis wird dann eine Ellipse, aus dem a. M. einer der beiden Ellipsenbrennpunkte. Und weil die Ellipse symmetrisch zu ihren beiden Brennpunkten liegt, ist das Produkt der e-Abstände von einem Brennpunkt zu zwei parallelen Ellipsentangenten gleich dem Produkt der Abstände, die eine Ellipsentangente von den beiden Brennpunkten hat. Damit haben wir gezeigt:

SATZ 6.4.2 *Für jede Tangente einer Ellipse ist das Produkt ihrer Abstände von den beiden Brennpunkten gleich groß.*

Dieser Satz ist ein Spezialfall des dualen Sehnensatzes, euklidisch formuliert. Er muss also nicht extra bewiesen werden, wenn der (leicht zu beweisende!) Sehnensatz vorausgesetzt wird, und ergänzt recht schön den bekannten Satz:

SATZ 6.4.3 *Für jeden Punkt einer Ellipse ist die Summe seiner Abstände von den beiden Brennpunkten gleich groß.*

Auf diesem Satz beruht die sogenannte *Gärtnerkonstruktion* einer Ellipse: Man befestigt die Enden eines Fadens in den beiden Brennpunkten, so dass der Faden noch locker auf dem Zeichenblatt ruht. Dann zieht man den Faden mit der Spitze eines Bleistiftes straff und fährt damit an dem Faden entlang. Dabei entsteht eine Ellipsenkurve.

Abbildung 6.30 illustriert die Sätze 6.4.2 und 6.4.3. F_1 und F_2 sind die beiden Brennpunkte der Ellipse.

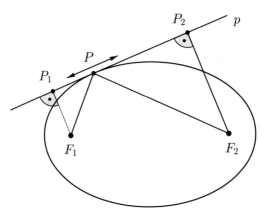

$\overline{F_1P} + \overline{F_2P}$ ist konstant. $\overline{F_1P_1} \cdot \overline{F_2P_2}$ ist konstant.

ABB. 6.30: Das Produkt der Abstände einer beweglichen Tangente und die Summe der Abstände eines beweglichen Punktes von den Brennpunkten einer Ellipse sind konstant

6.5 DER SATZ DES PYTHAGORAS

Der Satz des Pythagoras gilt als einer der wichtigsten Sätze der Elementargeometrie. Für viele Menschen ist es wohl der einzige, an den sie noch eine gewisse Erinnerung haben: „A-Quadrat plus b-Quadrat gleich c-Quadrat, $a^2 + b^2 = c^2$" – aber was bedeutet das nochmal? Die Leser dieses Buches mögen sich fragen: Was kommt heraus, wenn man den Satz des Pythagoras dualisiert?

Der Satz wird oft so verstanden: Die Flächen der beiden über den Katheten eines rechtwinkligen Dreiecks errichteten Quadrate sind zusammen so groß wie die Fläche des über der Hypotenuse errichteten Quadrats (Abb. 6.31). Dabei ist die *Hypotenuse* die längste Seite eines rechtwinkligen Dreiecks, diejenige, welche dem rechten Winkel gegenüberliegt. Als Distichon kann man formulieren:

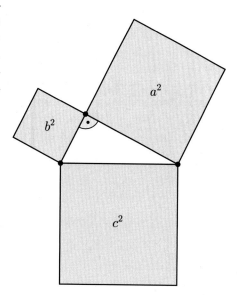

Bilde aus beiden Kathetenquadraten die Summe, so ist sie gleich dem großen Quadrat über der Hypotenuse.

Die Illustration dieses Satzes ist weltberühmt, wohl jeder hat ein solches Bild schon gesehen. Es ist auch graphisch ansprechend – einfach schön. Der Satz scheint eine Aussage über die Größe gewisser Flächen zu treffen, aber in dieser Form wird er praktisch nie verwendet. Gebraucht wird die Tatsache, dass sich mit seiner Hilfe die Länge der dritten Seite

ABB. 6.31: Der Satz des Pythagoras

eines rechtwinkligen Dreiecks berechnen lässt, wenn zwei andere Seiten gegeben sind. Wenn etwa die beiden Katheten 7,70 m und 3,60 m lang sind, dann ist die Hypotenuse $8,5 = \sqrt{7,7^2 + 3,6^2}$ Meter lang, denn $7,7^2 + 3,6^2 = 8,5^2$. Statt als Satz über Flächen kann man den Satz des Pythagoras auch als Satz verstehen, der die Seitenlängen eines rechtwinkligen Dreiecks zueinander in Beziehung bringt.[73]

(Dem gemäß wäre dann auch ein Beweis des Satzes, bei dem nicht Flächen ineinander verwandelt, sondern Längen zueinander ins Verhältnis gesetzt werden. Ein solcher Beweis ist in Abb. 6.32 gezeigt: Ein rechtwinkliges Dreieck wird durch die Höhe auf die Hypotenuse in zwei kleinere Dreiecke geteilt. Jedes

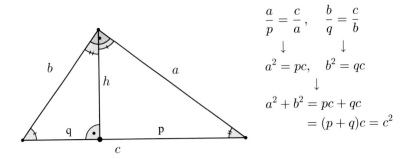

$$\frac{a}{p} = \frac{c}{a}, \quad \frac{b}{q} = \frac{c}{b}$$

$$\downarrow \qquad\qquad \downarrow$$

$$a^2 = pc, \quad b^2 = qc$$

$$\downarrow$$

$$a^2 + b^2 = pc + qc$$
$$= (p + q)c = c^2$$

ABB. 6.32: Beweis des Satzes von Pythagoras durch ähnliche Dreiecke

von ihnen ist dem großen Dreieck ähnlich, das heißt, es hat die gleichen Winkel wie das große Dreieck. Bei ähnlichen Dreiecken sind die Verhältnisse einander entsprechender Seiten gleich. Damit ergeben sich die beiden Gleichungen in der ersten Zeile rechts, aus denen dann der Satz des Pythagoras folgt.)

Da der Satz des Pythagoras ein Satz über rechtwinklige Dreiecke ist, wird der duale Satz des Pythagoras ein Satz über d-rechtwinklige Dreiseite sein. Wie so ein Gebilde aussieht, wurde schon im Abschnitt 4.2 angesprochen und in Abb. 4.9 dargestellt. Im Prinzip ist nun die Dualisierung des Satzes von Pythagoras ganz einfach – wenn man sich bei der Formulierung darum bemüht, dass die Dualisierung mit den von uns bereitgestellten Begriffen ausgedrückt werden kann:

SATZ (Primaler und dualer Satz des Pythagoras)

In einem Dreieck mit den e-Seiten a, b, c, von denen a, b zueinander orthogonal sind, gilt für die Längen der Seitenstrecken $a^2 + b^2 = c^2$.	*In einem Dreiseit mit den d-Ecken A, B, C, von denen A, B zueinander orthogonal sind, gilt für die Weiten der Eckenfächer $A^2 + B^2 = C^2$.*

Die Illustration zum primalen und dualen Satz des Pythagoras in Abb. 6.33 ist eine Wiederholung von Abb. 4.9, diesmal allerdings mit den hier anzuwendenden Bezeichnungen. Zu sehen ist links oben ein gewöhnliches rechtwinkliges Dreieck mit zueinander orthogonalen Seiten a, b und rechts zwei Dreiseite, bei denen jeweils die Ecken A, B orthogonal zueinander sind. Die Lage der Fächer ist beide Male verschieden, weil die Lage des a. M. zum Dreiseit unterschiedlich ist.

Das soll es schon gewesen sein? Diese Formulierung befriedigt uns nicht recht. Wir wissen nicht, was wir mit der Aussage des Satzes rechts anfangen sollen, weil wir zur Weite eines Fächers keine Vorstellungen entwickelt haben. Zudem

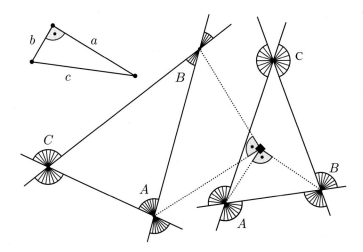

ABB. 6.33: Primaler und dualer Satz des Pythagoras

haben wir den Begriff „Fläche" nicht dualisiert und haben keine anschauliche Vorstellung davon, was eine „duale Fläche", eine d-Fläche, wäre. Deshalb können wir kein der Abbildung 6.31 entsprechendes Bild für den dualen Satz des Pythagoras angeben. Dabei wäre das gar nicht so schwer – aber mit unserem nur für das Punkthafte entwickelten Vorstellungsvermögen könnten wir eine solche Darstellung gar nicht würdigen, wir könnten nichts damit anfangen.

Deshalb greifen wir zurück auf die Verfahrensweise, die wir ja durch das ganze Buch immer wieder angewendet haben: Wir formulieren den Inhalt des dualen Sachverhalts aus der euklidischen Perspektive. Im vorliegenden Fall reicht selbst das nicht, denn auch die euklidische Formulierung des allgemeinen dualen Satzes von Pythagoras ist nicht sehr erhellend. Wir betrachten daher nur einen Spezialfall näher, nämlich den, *dass eine Seite des Dreiseits, deren Ecken nicht orthogonal zueinander sind, die u.G. ist.*

Nehmen wir also an, dass die Dreiseitseite BC die u. G. ist. Dann liegen die Ecken B und C in der u. G., sind also Fernpunkte. Ein solches Dreiseit sieht dann beispielsweise aus wie in Abb. 6.34:

Die orthogonalen Ecken sind A, B, also besagt der duale Satz des Pythagoras: $A^2 + B^2 = C^2$, wobei mit A, B, C hier die Fächergrößen gemeint sind, m. a. W. also $|bc|^2 + |ac|^2 = |ab|^2$. Diese drei d-Abstände werden folgendermaßen berechnet:

$|bc|$ ist die d-Weite des Fächers $[bc]$, also der d-Abstand zwischen b und c. Der Schnittpunkt von b und c ist A, und der zum Nahstrahl von A orthogonale Nahstrahl ist parallel zu c und wird von b im Hilfspunkt D geschnitten. Also ist $|bc| = 1/|D\,P_0\,|_e = 1/|D|_e = |D|_d$.

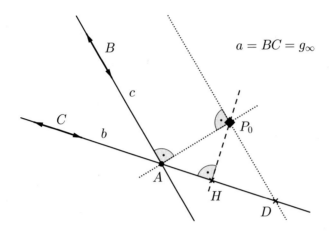

ABB. 6.34: Dreiseit mit zwei orthogonalen Ecken, bei dem eine Seite
die Ferngerade ist

$|ac|$ ist die d-Weite des Fächers $[ac]$, also der d-Abstand zwischen a und c.
Nun ist a die u. G., und der Schnittpunkt von a mit c ist der Fernpunkt B.
Der zum Nahstrahl dieses Schnittpunktes orthogonale Nahstrahl ist P_0A, und
dieser schneidet c in A und a in einem Fernpunkt. Also ist $|ac| = 1/|A\,P_0|_e = 1/|A|_e = |A|_d$.

$|ab|$ schließlich ist die d-Weite des Fächers $[ab]$, also der d-Abstand zwischen
a und b. Der Schnittpunkt von a und b ist der Fernpunkt C, und der zum
Nahstrahl von C orthogonale Nahstrahl schneidet a in einem Fernpunkt und
b im Schnittpunkt H des Lotes, welches vom a. M. auf b gefällt wird. Also ist
$|ab| = 1/|H\,P_0| = 1/|H|_e = |H|_d$.

Nun betrachten wir einmal das Dreieck $\triangle ADP_0$. Es ist rechtwinklig mit Hypotenuse $[AD]$. Seine Katheten sind $[AP_0]$ und $[DP_0]$, und seine Höhe ist $[H P_0]$,
wobei P_0 vom euklidischen Gesichtspunkt aus ein ganz gewöhnlicher Punkt ist.
Für dieses rechtwinklige Dreieck besagt der duale Satz des Pythagoras also: *Die
Summe der reziproken Quadrate der Katheten ist gleich dem reziproken Quadrat der Höhe.* Das hat nun mit der speziellen Konstruktion gar nichts mehr
zu tun, und wir können ganz allgemein euklidisch formulieren:

SATZ 6.5.1 (Dualer Satz des Pythagoras im Spezialfall)
In einem rechtwinkligen Dreieck mit Katheten a und b und Höhe h ist:

$$\left(\frac{1}{a}\right)^2 + \left(\frac{1}{b}\right)^2 = \left(\frac{1}{h}\right)^2.$$

Weniger sachgemäß, aber optisch ansprechender könnte man die Gleichung auch anders schreiben[a]:

$$\frac{1}{a^2} + \frac{1}{b^2} = \frac{1}{h^2} \quad \text{oder} \quad a^{-2} + b^{-2} = h^{-2}.$$

In Worten: *Die Kehrwerte der Kathetenquadrate sind zusammen so groß wie der Kehrwert des Höhenquadrats.* Dieser Satz ist auch ohne Dualität aus dem gewöhnlichen Satz des Pythagoras einfach zu beweisen. Dennoch ist er ziemlich unbekannt, weil ihn bisher niemand unter dem Aspekt der Dualität mit dem gewöhnlichen Satz des Pythagoras in Verbindung gebracht hat.

Ist der duale Satz von ähnlich großer Bedeutung wie der ursprüngliche Satz des Pythagoras? Für die euklidische Geometrie wohl nicht, doch man wird sehen, was die Erforschung der PEG noch erbringt. Schon heute gibt es jedoch sehr schöne und unerwartete Anwendungen für diesen Satz. Zum Beispiel einen Beweis für das berühmte sogenannte „Basler Problem". Bei diesem handelt es sich um die Frage, ob die (unendliche) Summe der reziproken Quadratzahlen, also die Summe

$$\frac{1}{1^2} + \frac{1}{2^2} + \frac{1}{3^2} + \frac{1}{4^2} + \ldots = 1 + \frac{1}{4} + \frac{1}{9} + \frac{1}{16} + \ldots,$$

einen endlichen Wert hat und gegebenenfalls welchen. Es wurde von dem damals 19-jährigen italienischen Studenten und späteren Mathematiker Pietro Mengoli (1626–1686) aus Bologna im Jahre 1644 gestellt. Er konnte es aber nicht lösen. In der Folgezeit beschäftigten sich eine ganze Reihe Mathematiker (viele davon aus Basel) erfolglos damit. Gelöst wurde es schließlich 1735 von dem damals 28-jährigen Leonhard Euler (1707–1783), ebenfalls in Basel geboren und aufgewachsen, der damit schlagartig berühmt wurde. Nicht nur die Eleganz von Eulers Lösung verblüffte, sondern auch sein Ergebnis:[74]

$$1 + \frac{1}{2^2} + \frac{1}{3^2} + \frac{1}{4^2} + \ldots = \frac{\pi^2}{6}.$$

Was um alles in der Welt hat die Kreiszahl π mit den natürlichen Zahlen zu tun??? Heute sind viele Beweise für die obige Gleichung bekannt, und ein wunderschöner neuerer Beweis nutzt überraschend geometrische Methoden und den dualen pythagoreischen Satz. Er stammt von dem schwedischen Mathematiker Johan Wästlund und findet sich in [24].

Die Details mögen die interessierten Leser dort nachlesen. Hier soll nur wiedergegeben werden, welche Interpretation Wästlund dem dualen pythagoreischen Satz 6.5.1 gibt (den er übrigens „Inverse Pythagorean theorem" nennt und ebenfalls aus dem Satz des Pythagoras herleitet):

---

[a]In der Mathematik schreibt man für Kehrwerte negative Hochzahlen (Exponenten).

Die Spitze C eines rechtwinkligen Dreiecks △ABC mit rechtem Winkel in C erhält von zwei gleichartigen Sternen in A und B zusammen genauso viel Licht wie von einem einzigen solchen Stern im Höhenfußpunkt H des Dreiecks. (Abb. 6.35)

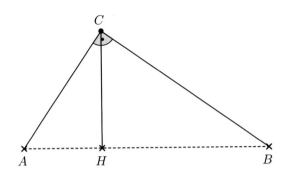

Zur Erklärung sei angefügt, dass in der Physik die *scheinbare Helligkeit* eines Sterns umgekehrt proportional zum Quadrat seiner Entfernung ist. Ein doppelt so weit entfernter Stern erscheint nicht halb, sondern nur ein Viertel, ein dreimal so weit entfernter nur ein Neuntel so hell.[75]

ABB. 6.35: *C empfängt von Sternen in A, B so viel Licht wie von einem Stern in H allein*

Bemerkenswert an dieser Interpretation ist, dass darin wieder ein Bezug zum Licht eine Rolle spielt.

Aus einem rein ästhetischen Bestreben, den Satz des Pythagoras und seine duale Version in einer gewissen Symmetrie zu „vereinen", sprich, eine Formulierung zu finden, aus der sich beide Sätze sofort und in analoger Weise ergeben, ist folgende Fassung entstanden:

SATZ 6.5.2 (Symmetrischer Satz des Pythagoras)
In einem rechtwinkligen Dreieck mit Katheten a, b, Hypotenuse c und Höhe h gelten die beiden Gleichungen:

$$\frac{a}{b} + \frac{b}{a} = \frac{c}{h} \quad und$$
$$a \cdot b = c \cdot h.$$

Multipliziert man die linke Seite der ersten Gleichung mit der linken Seite der zweiten und verfährt ebenso mit der rechten Seite, so ergibt sich der primale Satz des Pythagoras:	*Dividiert man die linke Seite der ersten Gleichung durch die linke Seite der rechten Seite, so ergibt sich der duale Satz des Pythagoras:*
$$a^2 + b^2 = c^2.$$	$$a^{-2} + b^{-2} = h^{-2}.$$

(Der Ausdruck $a \cdot b = c \cdot h$ ist einfach die doppelte Fläche des Dreiecks, hat also auch eine wichtige Bedeutung im Zusammenhang mit dem Dreieck.) In Abbildung 6.36 ist eine zugehörige Skizze zu sehen.[76]

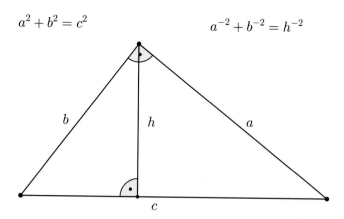

$$a^2 + b^2 = c^2 \qquad\qquad a^{-2} + b^{-2} = h^{-2}$$

ABB. 6.36: Der primale und der duale Satz des Pythagoras

In Worten könnte man auch die symmetrische Version des pythagoreischen Satzes in Distichen aussprechen[a]:

Im rechtwinkligen Dreieck gilt:

Bilde aus beiden Kathetenquotienten die Summe, so ist sie gleich dem Verhältnis von Hypotenuse und Höhe.

Bilde aus beiden Katheten ein Rechteck, so ist seine Fläche zweimal das Dreieck und auch Hypotenuse mal Höhe.

6.6 DIE DUALISIERUNG VON OBJEKTEN

Wir haben schon oft betont: Es können *nur Aussagen* über geometrische Objekte dualisiert werden, nicht aber die Objekte selber. Wenn dennoch davon gesprochen wird, ein Objekt $\mathcal{A}$ sei dual zu einem Objekt $\mathcal{B}$, dann ist damit gemeint, dass die Aussagen, die auf $\mathcal{A}$ zutreffen, die z. B. $\mathcal{A}$ charakterisieren, in dualisierter Form auf $\mathcal{B}$ zutreffen. Wenn beispielsweise gesagt wird, ein Dreieck sei dual zu einem Dreiseit, dann ist gemeint, dass die Aussagen, die ein Dreieck charakterisieren (... hat drei Ecken, die nicht alle in einer Geraden liegen, und drei Seiten, die Verbindungsgeraden der Ecken), dual sind zu den Aussagen, die ein Dreiseit charakterisieren (... hat drei Seiten, die nicht alle durch einen Punkt gehen, und drei Ecken, die Schnittgeraden der Seiten).[b]

---

[a] Gedichtet von Eva Diener.

[b] Wir haben diese Sprechweise im Vorhergehenden schon hin und wieder benutzt, ohne besonders darauf hinzuweisen.

Wenn von einem Dreieck und einem Dreiseit gesprochen wird und zugehörige Illustrationen vorliegen und gesagt wird, die beiden dargestellten Objekte seien dual, dann sind die abstrakten Objekte (Begriffe) gemeint, von denen die Zeichnung eine von vielen Möglichkeiten der Darstellung ist. Zwar könnte man bei dem gezeichneten Dreieck die Länge einer Seite messen oder die Größe eines Winkels. Das sind aber keine Attribute, die zu den gemeinten Objekten gehören; sie gehören nur zu den gewählten Veranschaulichungen. Solche Attribute müssen sich bei der Dualisierung nicht übertragen. Wenn aber von einem rechtwinkligen Dreieck gesprochen wird, dann gehört der rechte Winkel zu dem Objekt, nicht bloß zu der Darstellung, und muss beim Dualisieren übertragen werden.

Das zu berücksichtigen ist besonders wichtig, wenn Maße ins Spiel kommen und Objekte mit Maßen dualisiert werden. Beim Dualisieren von Aussagen über Maße bleiben deren Zahlenwerte unverändert stehen, aber die Einheiten werden durch die dualen Einheiten ersetzt, also z. B. die „Längeneinheit" (LE) durch die „Weiteneinheit" (WE), die Weite eines Einheitsfächers (vgl. Abschnitt 6.2.3).

In der polareuklidischen Geometrie gibt es, anders als in der projektiven und der klassischen euklidischen Geometrie, ausgezeichnete Elemente, nämlich den absoluten Mittelpunkt a. M. und die unendlichferne Ebene u. E. bzw. in der ebenen Geometrie die unendlichferne Gerade u. G. Damit hat jedes geometrische Element der PEG, jeder Punkt, jede Gerade, jede Ebene, jeder e- oder d-Kreis, jede Strecke und jeder Fächer usw., eine bestimmte räumliche Lage zu diesen ausgezeichneten Elementen.

Es gilt also beispielsweise: „Der Punkt A ist 5 LE vom a. M. entfernt." Dies ist eine Aussage in der PEG und lässt sich, wie jede solche Aussage, dualisieren: „Die Ebene A ist 5 WE von der u. E. entfernt." Mit anderen Worten, die gewöhnliche e-Entfernung von A zum a. M. beträgt $|A|_e = 5$ LE und Ebene A hat die d-Entfernung $|A|_d = 5$ WE von der u. E. Die Ebene A ist also $|A|_e = 1/|A|_d = 0{,}2$ LE vom a. M. entfernt.

Eine bestimmte räumliche Lage von geometrischen Elementen zum a. M. und zur u. E. überträgt sich also beim Dualisieren.

Auch die Maße eines Objekts werden beim Dualisieren mit übertragen. Die Maße gestatten uns, von einer *Form* oder *Gestalt* eines geometrischen Objekts zu sprechen. Wie wir bereits überlegt haben, ist damit gerade das gemeint, was bei einer Bewegung erhalten bleibt. Beispielsweise hat ein Dreieck mit den Winkeln $\alpha = 30°, \beta = 70°$ eine ganz bestimmte euklidische Form, die erhalten bleibt, wenn man es dreht oder verschiebt und sogar wenn man es vergrößert oder verkleinert. Beim Dualisieren geht dieses Dreieck in ein Dreiseit mit den d-Winkeln $\alpha = 30°$ und $\beta = 70°$ über. Ein solches Dreiseit hat eine ganz bestimmte „d-Form", die unverändert bleibt, wenn wir es einer d-Bewegung unterwerfen, die aber für den euklidischen Betrachter als e-Form, d. h. in Bezug auf ihre e-Maße, sehr veränderlich ist (Abb. 6.37).

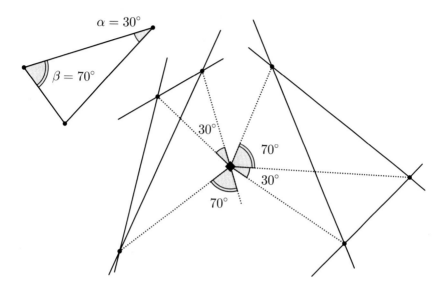

ABB. 6.37: Ein Dreieck und zwei zu ihm duale Dreiseite

Wenn zusätzlich zu zwei Winkeln noch die Länge der Dreiecksseite gegeben ist, der diese beiden Winkel anliegen, dann ist das euklidische Dreieck auch in seiner Größe festgelegt. Alle Dreiecke mit einer Seite dieser Länge und anliegenden Winkeln dieser Größe sind kongruent, können also durch eine e-Bewegung zur Deckung gebracht werden. Die Dreiseite, die dual zu einem solchen Dreieck sind, sind untereinander „d-kongruent", d. h., sie können durch eine d-Bewegung miteinander zur Deckung gebracht werden. Vom euklidischen Standpunkt aus, also mit Bezug auf ihre euklidischen Maße, können diese Dreiseite aber sehr verschieden aussehen.

Diese Zusammenhänge sind mit ein Grund dafür, dass wir in der PEG nicht nur von der Dualisierung von Aussagen sprechen, sondern mitunter auch davon, dass zwei geometrische Konfigurationen oder Objekte zueinander dual seien. Was damit gemeint ist, wurde oben erläutert.

Was die zu einer geometrischen Aussage duale Aussage ist, ist eindeutig bestimmt: Es ist genau die Aussage, die durch den beschriebenen Ersetzungsprozess aus der ersten hervorgeht. Dagegen ist ganz und gar nicht eindeutig bestimmt, wie die Zeichnung zu einem Objekt aussehen muss, welches dual zu einem Objekt sein soll, von dem ebenfalls bloß eine Zeichnung gegeben ist.

Alle diese Überlegungen seien nun an einem Beispiel in der räumlichen Geometrie erläutert. Das volle Verständnis des folgenden Abschnitts setzt gewisse
mathematische Kenntnisse voraus, aber auch ohne diese kann man die Grundidee erfassen.

∗ Beispiel Hexaeder und Oktaeder   Sei $\mathcal{W}$ ein gewöhnlicher euklidischer
Würfel mit Mittelpunkt M. Ein solcher Würfel hat acht Ecken, zwölf Kanten
und sechs Seiten (Flächen). Um uns die Angelegenheit zu vereinfachen, denken
wir uns die Ecken als Punkte, die Kanten als Geraden, nicht bloß als Strecken,
und die Seiten denken wir uns als ganze Ebenen, nicht bloß als begrenzte Flä-
chen(Abb. 6.38). Wir betrachten also ein Gebilde, wir nennen es ein Hexaeder,
welches im euklidischen Sinne „viel größer" ist als der Würfel, und behalten
im Hinterkopf, dass der eigentliche Würfel gewissermaßen nur ein Ausschnitt
dieses umfassenden Hexaeders ist (vgl. auch Abb. 1.7). Das Hexaeder hat den
gleichen Mittelpunkt M wie der Würfel und besteht also aus sechs Ebenen.
Jeder Ebene liegt eine parallele gegenüber, und vier andere schneiden sie orthogonal. In jeder der zwölf Ecken schneiden sich drei Ebenen orthogonal, und
deren Schnittgeraden sind dann ebenfalls orthogonal. Die e-Abstände zwischen
Ecken, die durch eine Kante verbunden sind, sind alle gleich, wir bezeichnen
diese Kantenlänge des Würfels mit a.

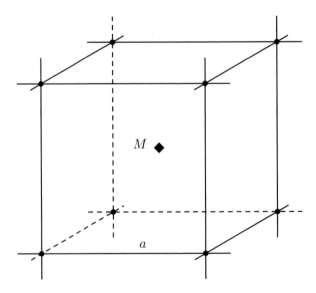

ABB. 6.38: Das Hexaeder $\mathcal{W}$

Nun dualisieren wir diesen Würfel *und legen dazu den a. M. in den Mittelpunkt* M *des Hexaeders.* Das duale Gebilde $\mathcal{W}'$ besteht aus acht Ebenen,
zwölf Kantengeraden und sechs Eckpunkten. Da gegenüberliegende Hexaeder-

ebenen parallel sind, müssen gegenüberliegende Eckpunkte von $\mathcal{W}'$ zentriert sein. Die Schnittgerade zweier gegenüberliegender Hexaederflächen (eine Ferngerade) ist orthogonal zur Schnittgerade zweier anderer solcher Flächen. Also sind die Verbindungsgeraden (Nahstrahlen), welche gegenüberliegende Ecken von $\mathcal{W}'$ verbinden, auch orthogonal. Und schließlich ist die d-Entfernung aller Hexaederflächen von der u. E. gleich groß (nämlich gleich $2/a$, gemessen in Weiteneinheiten). Also sind auch die e-Entfernungen aller Eckpunkte von $\mathcal{W}'$ vom a. M. gleich groß (nämlich zahlenmäßig ebenfalls gleich $2/a$, aber gemessen in Längeneinheiten).

Damit spannen die Eckpunkte von $\mathcal{W}'$ ein regelmäßiges Oktaeder auf. Die zwölf Kantengeraden sind die Verbindungsgeraden zwischen nicht einander gegenüberliegenden Ecken, und die acht Seitenebenen werden jeweils von drei Ecken bzw. drei Kanten aufgespannt.

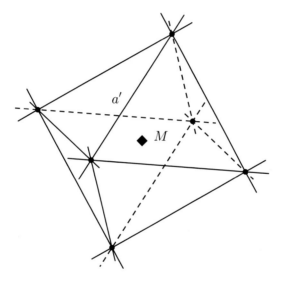

ABB. 6.39: Zum Hexaeder $\mathcal{W}$ duales Oktaeder $\mathcal{W}'$

In Abb. 6.39 ist das Oktaeder „verdreht" abgebildet, um anzudeuten, dass es mit $\mathcal{W}$ zwar den gleichen Mittelpunkt M hat, nämlich den a. M., aber nicht die gleichen Achsen haben muss. Die Kantenlänge a' von $\mathcal{W}'$, d. h. der e-Abstand zwischen benachbarten Ecken von $\mathcal{W}'$, beträgt so viel wie der d-Abstand zwischen zwei benachbarten Flächen des Hexaeders $\mathcal{W}$, also:

$$a' = \frac{1}{a\frac{1}{2}\sqrt{2}} + \frac{1}{a\frac{1}{2}\sqrt{2}} = 2\sqrt{2} \cdot \frac{1}{a} \approx \frac{2{,}83}{a}.$$

Für $a = \sqrt{2}$ ergibt sich $a' = 2$ und für diese Werte der Kantenlängen von Hexaeder und Oktaeder passen die beiden Körper so zusammen,[a] dass sich ihre

---

[a]D. h., das Oktaeder kann bei festgehaltenem Hexaeder durch eine Drehung um den a. M.

Kanten in deren Mittelpunkten schneiden – eine besonders ästhetische Vereinigung der beiden nun nicht nur kombinatorisch[a], sondern auch geometrisch dualen platonischen Körper Hexaeder und Oktaeder (siehe Abb. 6.40).[b]

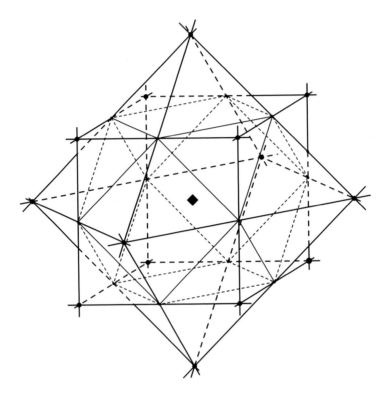

ABB. 6.40: Das Kuboktaeder, bestehend aus einem Hexaeder und dualem Oktaeder

Das Innere des Würfels wird gewöhnlich aus Punkten bestehend gedacht, und zwar aus den Punkten, die in dem „Innenraum" des Würfels liegen, der auch den Würfelmittelpunkt M enthält. Dual zum Mittelpunkt M = a. M. des Würfels wäre die „Mittelebene" des Oktaeders, die u. E., die unendlichferne Ebene des Raumes. Und das Innere des Oktaeders als duales Gegenstück des Hexaeders bestünde dann aus allen Ebenen des Raumes, welche „außen um die Oktaederecken herum" liegen. Der euklidische Oktaeder erscheint dann als eine Art Aussparung, als ein „Loch" im Raum (vgl. Abschnitt 4.7).

(welche auch eine d-Bewegung ist) so orientiert werden ...
[a]Vgl. Anmerkung 1 im Anhang.
[b]Man nennt das ein „Kuboktaeder".

Die Raumdiagonale eines Würfels der Kantenlänge a hat die Länge $a\sqrt{3}$, also hat seine Umkugel den Radius $R_W = a/2 \cdot \sqrt{3}$. Und der e-Abstand jeder Würfelfläche vom Mittelpunkt beträgt $a/2$, also hat die Inkugel des Würfels den Radius $r_W = a/2$.

Beim Dualisieren wird aus der e-Umkugel des Würfels, in welcher die Würfelecken liegen, die d-Umkugel des Oktaeders, eine d-Sphäre, in welcher die Oktaederflächen liegen. Jede Ebene dieser d-Umkugel hat dann von der u. E. den Abstand $R_W = a/2 \cdot \sqrt{3}$. Da die Mittelebene dieser d-Umkugel die u. E. ist, kann sie (als Gebilde aller Stützpunkte) euklidisch als e-Sphäre um den a. M. aufgefasst werden, das wäre dann die e-Inkugel des Oktaeders, weil sie die Oktaederflächen tangiert. Die Punkte dieser e-Oktaederinkugel haben vom Mittelpunkt a. M.den Abstand

$$r_{W'} = \frac{1}{R_W} = \frac{1}{a/2 \cdot \sqrt{3}} = \frac{2\sqrt{3}}{3} \cdot \frac{1}{a}.$$

Wir können noch a durch die oben berechnete Kantenlänge $a' = 2\sqrt{2} \cdot \frac{1}{a}$ des Oktaeders ausdrücken und erhalten

$$r_{W'} = \frac{2\sqrt{3}}{3} \frac{1}{a} = \frac{2\sqrt{3}}{3} \frac{a'}{2\sqrt{2}} = \frac{a'}{6}\sqrt{6}$$

für den Radius der Oktaederinkugel, in Abhängigkeit von der Kantenlänge a' des Oktaeders. Das Gleiche können wir für die Inkugel des Würfels mit dem Radius $r_W = a/2$ machen und erhalten für die Umkugel des Hexaeders

$$R_{W'} = \frac{1}{r_W} = \frac{2}{a} = a' \cdot \frac{2}{2\sqrt{2}} = \frac{a'}{2}\sqrt{2}.$$

Damit haben wir die euklidischen Um- und Inkugelradien des Oktaeders durch Dualisierung allein aus den Eigenschaften des dualen Hexaeders berechnet.[77]

6.7 Der Zauberspiegel – die Polarität an Sphäre und Kreis

In diesem Abschnitt wollen wir einen *Zauberspiegel* kennenlernen. Betrachtet man in diesem Spiegel das Bild einer geometrischen Konfiguration, so sieht man eine zu ihr duale Konfiguration. Wenn man, beispielsweise, im Spiegel beobachtet, wie ein Objekt parallelverschoben wird, so sieht man seine perspektivische Verwandlung, wie wir sie in Kapitel 5.1 beschrieben haben. Wir beschreiben den Spiegel in der ebenen PEG. Im Raum funktioniert er dann ganz ähnlich.

Dazu denken wir uns den Einheitskreis $\mathcal{K}$ (siehe Kap. 6.2.3, Seite 209) um den absoluten Mittelpunkt, den wir in diesem Zusammenhang den *Polarkreis* nennen. Wie wir gesehen haben, können wir ihn als Ordnungskurve auffassen, dann ist er ein e-Kreis, und auch als Klassenkurve, dann ist er ein d-Kreis, dessen Mittelstrahl die u.G. ist.

Durch diesen Kreis ist eine bestimmte Zuordnung gegeben, die jedem Punkt eine Gerade und jeder Geraden einen Punkt zuordnet. In diesem Zusammenhang nennen wir den Punkt den *Pol* und die ihm zugeordnete Gerade seine *Polare*. Diese Zuordnung kann so beschrieben werden:

Die Polare p zu einem Punkt P bestimmt man folgendermaßen: Man wählt zwei Geraden durch P, die je zwei Punkte mit dem Polarkreis gemein haben. Diese vier Punkte haben untereinander vier neue Verbindungsgeraden, welche sich in zwei neuen Punkten schneiden. Deren Verbindungsgerade ist die Polare p zu P. (Abb. 6.41, links)	Den Pol P zu einer Geraden p bestimmt man folgendermaßen: Man wählt zwei Punkte in p, die je zwei Geraden mit dem Polarkreis gemein haben. Diese vier Geraden haben untereinander vier neue Schnittpunkte, welche sich zu zwei neuen Geraden verbinden. Deren Schnittpunkt ist der Pol P zu p. (Abb. 6.41, rechts)

Man könnte auch sagen, die vier Punkte im Text links bilden die Ecken eines vollständigen Vierecks. Eine Nebenecke ist P, die Verbindungsgerade der beiden anderen ist die Polare p zum Pol P. Entsprechend auf der rechten Seite.

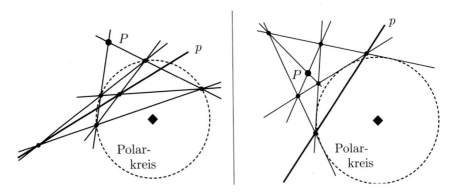

ABB. 6.41: Bestimmung der Polaren p zu einem Punkt P (links) und des Pols P zu einer Geraden p (rechts)

Diese ganze Konstruktion ist nur deshalb sinnvoll, weil die Lage der Polaren eines Punktes bzw. des Pols einer Geraden nur von der Lage des Punktes bzw. der Geraden und dem Polarkreis abhängt, nicht jedoch davon, welche

Hilfspunkte und Geraden man zur Konstruktion wählt! Am besten, der Leser überprüft diese wunderbare Eigenschaft anhand von ein paar Zeichnungen, mit denen er zugleich die Konstruktion üben kann.

Die Zuordnung ist eine sogenannte *Polarität*, weil sie Punkte und Geraden einander *wechselweise* zuordnet:

Ist p die Polare des Punktes P, so ist P der Pol der Geraden p.	Ist P der Pol der Geraden p, so ist p die Polare des Punktes P.

Wir nennen die einander so zugeordneten Elemente *polar* zueinander und die hier betrachtete Polarität die *Fundamentalpolarität.*[a]

Die Polare zu einem inneren/äußeren Punkt des Polarkreises ist eine innere/äußere Gerade. Die Polare eines Fernpunktes ist der zu ihm orthogonale Nahstrahl, und wenn der Pol in den a. M. fällt, ergibt die Konstruktion als Polare die u. G. *Die Polare des absoluten Mittelpunktes ist also die Ferngerade, und der Pol der Ferngeraden ist der absolute Mittelpunkt.*

Wenn P ein äußerer Punkt des Polarkreises ist, kann man folgende vereinfachte Konstruktion anwenden: Die Polare von P ist dann die Verbindungsgerade der Berührpunkte der beiden Tangenten durch P an den Polarkreis.	Wenn p eine äußere Gerade des Polarkreises ist, kann man folgende vereinfachte Konstruktion anwenden: Der Pol von p ist dann der Schnittpunkt der Tangenten in den beiden Schnittpunkten von p mit dem Polarkreis.

Die Polare eines Punktes auf dem Polarkreis ist die Tangente in diesem Punkt, und der Pol dieser Tangente ist dann natürlich ihr Berührpunkt mit dem Kreis. Nur auf dem Kreis liegen Pol und Polare ineinander. Nützlich für einen schnellen Überblick ist auch die Tatsache, dass die Polare eines d-Punktes senkrecht auf dem Nahstrahl des Punktes steht.[78] In Abb. 6.42 sind diese Eigenschaften illustriert (wobei die Geraden der Übersichtlichkeit halber wieder als Strecken dargestellt wurden).

Die wechselweise Zuordnung zwischen den Punkten und Geraden der Ebene durch die Fundamentalpolarität ist nun das, was der angekündigte Zauberspiegel leistet. Zu jedem Punkt sieht man darin dessen polare Gerade, seine Polare, und zu jeder Geraden ihren polaren Punkt, ihren Pol. Liegt ein Punkt in einer Geraden, so geht die Polare des Punktes durch den Pol der Geraden. Schneiden sich zwei Geraden a, b in einem Punkt S, so ist dessen Polare s die Verbindungsgerade der Pole A, B der beiden Geraden usw. Sind zwei e-Geraden parallel,

---

[a]Die angegebenen und weitere, noch zu schildernde Eigenschaften dieser Polarität sind Spezialfälle einer viel allgemeineren, den Mathematikern wohlbekannten Beziehung. Wir wollen diese sogenannte *Polarentheorie* hier nicht entwickeln, sondern geben das, was wir brauchen, einfach an. Der ambitionierte Leser findet alles Nötige in der einschlägigen Literatur, z. B. in [18] oder [21] für die Ebene und in [22] für den Raum.

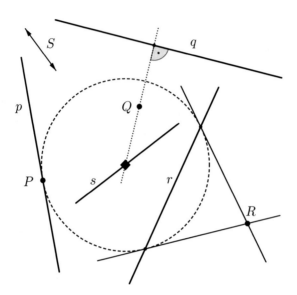

ABB. 6.42: Einige Eigenschaften der Lage von Pol und Polare

so sind deren Pole zentriert, und sind zwei d-Punkte zentriert, so sind ihre Polaren parallel. Sind zwei Geraden orthogonal zueinander, so bilden die Nahstrahlen ihrer Pole einen rechten Winkel mit dem a. M., dem Mittelpunkt des Polarkreises.

Damit haben wir alle nötigen Eigenschaften beschrieben und zeigen in ein paar Bildern, wie sich der Zauberspiegel einsetzen lässt.

In Abbildung 6.43 sieht man das schwarze Dreieck ABC, dessen Seiten als Geraden dargestellt sind. Dazu sind schwarz die (e-)Höhe h auf die Seite AB eingezeichnet und deren Fußpunkt H_c. Weiter ist in dem Bild in Rot dargestellt, was der (blau gezeichnete) Zauberspiegel zeigt:

Die rote Gerade a ist die Polare zu der schwarzen Dreiecksecke A, die roten Geraden b, c sind entsprechend die Polaren zu den Dreiecksecken B und C.

Die Seiten abc bilden also das zu dem Dreieck ABC polare Dreiseit.

Die schwarze Höhe h auf die Seite AB ist die Polare zu dem roten Punkt H, welcher damit die d-Höhe zu der Ecke ab des Dreiseits ist. Der

Der schwarze Punkt A ist der Pol zu der roten Dreiseitseite a, die schwarzen Punkte B, C sind entsprechend die Pole zu den Dreiseitseiten b und c.

Die Ecken ABC bilden also das zu dem Dreiseit abc polare Dreieck.

Die rote d-Höhe H zu der Ecke ab ist der Pol zu der schwarzen Geraden h, welche damit die e-Höhe auf die Seite AB des Dreiecks ist. Die rote

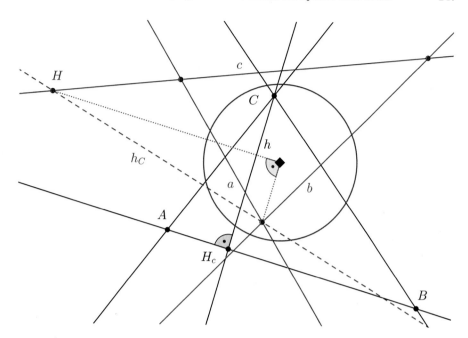

ABB. 6.43: Dreieck ABC mit Höhe h auf die Grundseite AB und Höhenfußpunkt H_c (schwarz). Im Zauberspiegel sieht man das polare Dreiseit abc mit d-Höhe H auf den „Grundpunkt" ab und Lotdachgerade h_C (rot).

schwarze Punkt H_c ist Fußpunkt der Höhe h, also ihr Schnittpunkt mit der Seite, zu der h orthogonal ist.

Gerade h_C ist Dachgerade der d-Höhe H, also ihre Verbindungsgerade mit der Ecke, zu der H orthogonal ist.

Wenn man den Zauberspiegel einsetzt, braucht man also die duale Konstruktion gar nicht durchzuführen, um ein Bild einer dualen Konfiguration zu erhalten! Es genügt, die ursprüngliche, primale Konfiguration der Fundamentalpolarität zu unterwerfen, d. h., sie im Zauberspiegel anzusehen.

Als Nächstes sehen wir uns ein komplizierteres Beispiel an. In Abb. 6.44 ist in Schwarz ein Dreieck ABC gezeigt, dazu die Mittelpunkte seiner Seiten und die Lote l_a, l_b und l_c in diesen Mittelpunkten. Der Schnittpunkt dieser Lote ist der Punkt M, der Mittelpunkt des Umkreises des Dreiecks (siehe den Abschnitt 4.5.3 „Umkreis und Inkreis" auf Seite 136).

Der Zauberspiegel ist wieder blau dargestellt. Das zum Dreieck ABC polare Dreiseit abc hat wieder rot durchgezogene Geraden, die Mittelstrahlen in seinen Ecken sind rot gestrichelt. Die Schnittpunkte der Mittelstrahlen mit den

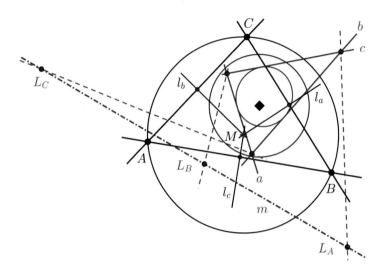

ABB. 6.44: Umkreis eine Dreiecks (schwarz) und was der Zauberspiegel zeigt (rot). Der Polarkreis ist blau dargestellt

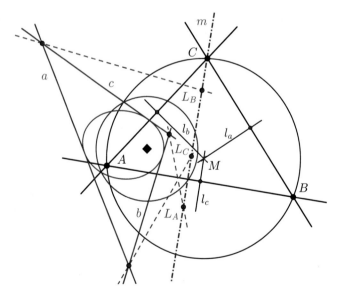

ABB. 6.45: Wie ABB. 6.44, nur mit anderer Lage des a. M. und damit des Zauberspiegels

gegenüberliegenden Seiten sind die Mittellotpunkte L_A, L_B, L_C, deren Verbindungsgerade (rot) ist der Mittelstrahl m des d-Umkreises des Dreiseits. Dieser d-Umkreis ist ebenfalls in Rot dargestellt und ist eine euklidische Ellipse, deren einer Brennpunkt im a. M. liegt.

Abbildung 6.45 zeigt (euklidisch gesehen!) dasselbe Dreieck ABC wie Abb. 6.44, nur ist die Lage des a. M. und damit auch des Zauberspiegels verändert. Wie man sieht, ergibt sich eine andere polare Konfiguration, die aber ebenfalls dual zu der schwarzen Ausgangskonfiguration ist.

Auch die Maßeigenschaften werden im Spiegelbild richtig wiedergegeben: Haben zwei e-Punkte einen bestimmten e-Abstand, dann haben die zu den Punkten polaren Geraden den zahlenmäßig gleichen d-Abstand. Entsprechendes gilt für die Winkel.

Im Raum kann man einen ganz ähnlichen Zauberspiegel einführen, eine Sphäre um den a. M. Die Polaren der Punkte sind dann Ebenen, die Pole der Ebenen Punkte, und zu Geraden sind wiederum Geraden polar. Auf die Einzelheiten gehen wir hier nicht ein.[79]

7 ERGÄNZUNGEN, AUFGABEN UND PROJEKTE

In diesem Abschnitt sollen einige Anregungen für ambitionierte Leser gegeben werden, die sich in die polareuklidische Geometrie weiter einleben wollen. Die vorgeschlagenen Aufgaben und Projekte sind teilweise durchaus anspruchsvoll, und die meisten sind wohl eher etwas für mathematisch versierte Leser.

7.1 DREIECKE, VIERECKE UND TETRAEDER

ÄHNLICHE DREIECKE

In der euklidischen Geometrie sind zwei Dreiecke ähnlich, wenn sie die gleichen Winkel besitzen. Bei ähnlichen Dreiecken sind die Verhältnisse entsprechender Seitenlängen gleich. Was ist dual zu zwei ähnlichen Dreiecken? Wohl d-ähnliche Dreiseite. Man führe den Begriff d-ähnlich näher aus. Wenn man eine Seite eines e-Dreiecks parallelverschiebt, erhält man ein ähnliches e-Dreieck. Man studiere den dualen Prozess bei einem Dreiseit.

DIE WALLACE'SCHE GERADE

Die Fußpunkte der drei Lotgeraden auf die Seiten eines Dreiecks durch einen Punkt auf dessen Umkreis liegen in einer Geraden (siehe nebenstehende Abbildung).

Diese Gerade wurde Ende des 18. Jahrhunderts von dem schottischen Mathematiker William Wallace entdeckt und wird heute nach ihm *Wallace'sche Gerade* genannt.

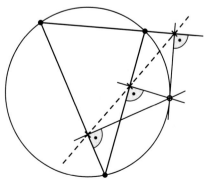

Man dualisiere den Satz von Wallace und überlege sich, dass sich daraus in der PEG folgender schöne Spezialfall ableiten lässt: Wenn der a. M. im Inkreismittelpunkt eines Dreiecks liegt, dann gilt:

I. Diener, *Polareuklidische Geometrie*, https://doi.org/10.1007/978-3-662-63301-4_8

Die Dachgeraden der drei Lotpunkte zu den Ecken eines Dreiecks in einer Tangente an dessen Inkreis gehen durch einen Punkt. (Abb. 7.1)

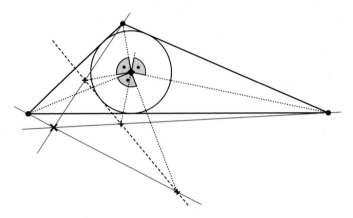

ABB. 7.1: Spezialfall des dualen Wallace'schen Satzes

EULER'SCHE GERADE

Bei einem Dreieck liegen der Höhenschnittpunkt, der Schwerpunkt und der Umkreismittelpunkt in einer Geraden, der Euler'schen Geraden. Man dualisiere diesen Satz. Dann betrachte man den Spezialfall, dass der a. M. im Inkreismittelpunkt eines Dreiecks liegt und folgere: *Bei einem Dreieck liegen die Schnittpunkte der äußeren Winkelhalbierenden mit den gegenüberliegenden Seiten in einer Geraden* (Abb. 7.2).

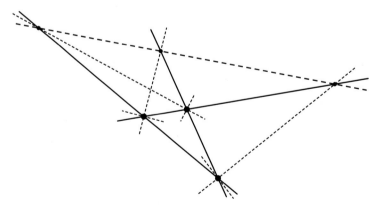

ABB. 7.2: Die Schnittpunkte der äußeren Winkelhalbierenden eines Dreiecks mit den Gegenseiten liegen in einer Geraden

ORTHODIAGONALE VIERECKE

Wir betrachten ebene Vierecke, deren Diagonalen zueinander orthogonal sind, sogenannte *orthodiagonale Vierecke*. Diese können konvex sein oder auch nicht; in Abb. 7.3 sind Beispiele zu sehen.

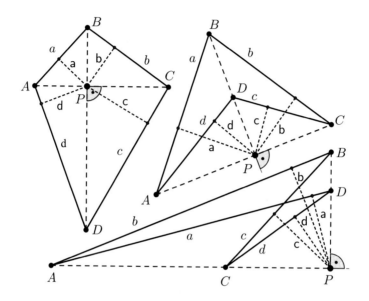

ABB. 7.3: Ein konvexes und zwei nichtkonvexe orthodiagonale Vierecke *ABCD*, deren Diagonalen *AC* und *BD* sich rechtwinklig schneiden

Im Folgenden seien a, b, c, d die Seiten des Vierecks, P der Diagonalenschnittpunkt, und $\mathsf{a}, \mathsf{b}, \mathsf{c}, \mathsf{d}$ seien die von P aus gefällten Lote auf die Viereckseiten. Dann gilt:

SATZ

Das Viereck mit den Seiten a, b, c, d *ist genau dann orthodiagonal, wenn*	*Das Viereck mit den Loten* $\mathsf{a}, \mathsf{b}, \mathsf{c}, \mathsf{d}$ *ist genau dann orthodiagonal, wenn*
$$a^2 + c^2 = b^2 + d^2.$$	$$\frac{1}{\mathsf{a}^2} + \frac{1}{\mathsf{c}^2} = \frac{1}{\mathsf{b}^2} + \frac{1}{\mathsf{d}^2}.$$

Man beweise zunächst den Satz links. Unter Verwendung des Satzes von Pythagoras (von dem auch die Umkehrung gilt!) ist das nicht schwer. Dann beweise man den Satz rechts. Das geht ganz analog unter Verwendung des dualen Satzes von Pythagoras (von dem ebenfalls auch die Umkehrung gilt).[a]

---

[a] Ohne Verwendung des d-Satzes des Pythagoras wird der Beweis des rechten Satzes viel länger und umständlicher, siehe z. B. [12].

DER COSINUSSATZ

Der allgemeine duale Cosinussatz lässt sich dualeuklidisch leicht formulieren: Seine euklidische Formulierung ist jedoch, wenn der a. M. an beliebiger Stelle liegt, ziemlich unhandlich. Um den Satz handhabbar zu machen, kann man ihn, ähnlich wie den dualen Satz des Pythagoras, spezialisieren. Und analog zu Satz 6.5.2 kann man auch einen „symmetrischen" Cosinussatz formulieren. Man führe diese Dinge aus.

Gegeben sei ein Parallelogramm durch zwei Seiten und den eingeschlossenen Winkel (Abb. 7.4). Der gewöhnliche Cosinussatz beantwortet dann die Frage: Wie lang ist die Diagonale? Der duale Cosinussatz gibt die Antwort auf die Frage: Wie weit ist eine Ecke von der Diagonalen entfernt?

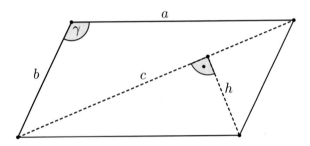

ABB. 7.4: Der Cosinussatz liefert c, der duale Cosinussatz h

DUALE PYTHAGOREISCHE TRIPEL

Der duale Satz des Pythagoras führt auf die Frage nach „dualen pythagoreischen Tripeln". Gewöhnliche pythagoreische Tripel, also Zahlentripeln (a, b, c) aus natürlichen Zahlen mit $a^2 + b^2 = c^2$, stehen für rechtwinklige Dreiecke mit ganzzahligen Seiten. Duale pythagoreische Tripel wären dann Zahlentripel (u, v, w) aus natürlichen Zahlen, mit $1/u^2 + 1/v^2 = 1/w^2$, die für rechtwinklige Dreiecke mit ganzzahligen Katheten und ganzzahliger Höhe stünden. Ein Beispiel wäre das duale pythagoreische Tripel $(15, 20, 12)$, denn $1/15^2 + 1/20^2 = 1/12^2$. Es steht für das rechtwinklige Dreieck mit Katheten 15 und 20, Höhe 12 und Hypotenusenabschnitten 9 und 16. Man untersuche solche Tripel und ihren Zusammenhang mit den gewöhnlichen pythagoreischen Tripeln.

HÖHEN IM TETRAEDER

Für spezielle Tetraeder gibt es nette, fast vergessene Sätze.[a] Zum Beispiel:

SATZ *Sind in einem e-Tetraeder zwei Gegenkantenpaare e-orthogonal zueinander, so gilt dasselbe auch von dem dritten.*

---

[a]Die folgenden und weitere schöne Sätze über Tetraeder findet man in [11].

Für das Weitere brauchen wir zwei neue Begriffe: Ein *rechtkantiges e-Tetraeder* ist eines, bei dem gegenüberliegende Kanten e-orthogonal zueinander sind. (D. h., gegenüberliegende Kantengeraden gehen durch zueinander orthogonale Fernpunkte.) Dabei heißen zwei *Kanten des Tetraeders gegenüberliegend,* wenn sie zueinander windschief sind. Man kann auch sagen: wenn sie keine Ecke bzw. keine Fläche gemein haben.

Eine *e-Höhe in einem Tetraeder* ist eine Gerade durch eine Tetraederecke, die zu der gegenüberliegenden Tetraederfläche orthogonal ist. Damit gelten folgende Sätze:

SATZ *In einem e-Tetraeder gehen die vier e-Höhen genau dann alle durch einen gemeinsamen Punkt, wenn es rechtkantig ist.*

SATZ *In jedem rechtkantigen e-Tetraeder gehen die drei Geraden, welche je zwei Gegenkanten zugleich e-orthogonal schneiden, durch einen gemeinsamen Punkt. Dieser fällt mit dem Schnittpunkt der e-Höhen zusammen.*[a]

Man dualisiere die neuen Begriffe und die Sätze, mache sich den Inhalt klar und fertige Skizzen dazu an.

7.2 KEGELSCHNITTE

LAGE VON D-KREISEN   Zwei e-Kreise können ineinander liegen, sich schneiden, sich von innen oder außen berühren oder ganz voneinander getrennt sein. Was entspricht diesen Möglichkeiten bei zwei d-Kreisen? Man skizziere Beispiele für die verschiedenen Fälle.

DUALISIERUNG VON KEGELSCHNITTEN   Was ist dual zu einer e-Ellipse, einer e-Parabel und einer e-Hyperbel?

PERIPHERIEWINKELSATZ   Man spezialisiere den dualen Peripheriewinkelsatz (Abschnitt 6.1.5) auf eine Parabel und folgere: *Der Winkel, den eine bewegliche Parabeltangente mit dem Brennstrahl*[b] *ihres Schnittpunktes mit einer festen Parabeltangente einschließt, ist konstant* (Abb. 7.5).

---

[a]Wegen der Existenz der drei Geraden vergleiche Satz 3.4.2 auf Seite 87.
[b]Gerade durch den Brennpunkt.

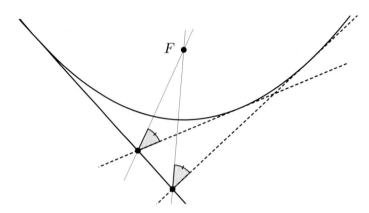

ABB. 7.5: Eine bewegliche Parabeltangente schneidet den Brennstrahl ihres Schnittpunkts mit einer festen unter gleichen Winkeln

KLASSIFIZIERUNG VON KEGELSCHNITTEN   In der polareuklidischen Geometrie kann man neun unterschiedliche (nichtentartete) Kegelschnitte unterscheiden. Beispielsweise ist eine Kurve, die als e-Kurve eine Ellipse ist, als d-Kurve eine Parabel, wenn der a. M. ein Ellipsenpunkt ist. Die Kurve wäre dann eine Ellipse-Parabel. Man gebe für jede der neun Möglichkeiten ein Beispiel an und bestimme die inneren und äußeren Punkte und Geraden.

BRENNPUNKTE, ACHSEN UND SCHEITEL   Ein d-Kreis, der als euklidische Ordnungskurve eine Ellipse ist, hat als solche Leitgeraden, Brennpunkte, Achsen und Scheitel. Beim Dualisieren wird aus dem d-Kreis ein e-Kreis. Welche zu dem Kreis gehörenden Elemente sind dual zu den Leitgeraden, Brennpunkten, den Achsen und den Scheitelpunkten der Ellipse? Die gleiche Frage für einen d-Kreis, der als euklidische Ordnungskurve eine Hyperbel ist.

E-PARABELN UND D-PARABELN   (Für das Folgende vgl. Abschnitt 4.6.) Sei c eine Kegelschnittkurve (Kurve 2. Ordnung) und P ein Punkt auf c. Dann haben je zwei orthogonale Geraden durch P zwei weitere Schnittpunkte mit c, und deren Verbindungsgeraden gehen alle durch einen gemeinsamen Punkt L, den *Leitpunkt von c bezüglich P* (vgl. die Abbildungen 4.39 und 4.40).

Dessen Polare l bezüglich c nennen wir den *Sammelstrahl von c bezüglich P*. Den von P verschiedenen Kurvenpunkt S auf der Geraden PL nennen wir den *Scheitelstützpunkt von c bezüglich P*. (Wird P als a. M. und damit c als d-Parabel aufgefasst, dann sind Leitpunkt, Sammelstrahl und Scheitelstützpunkt dual zu Leitgerade, Brennpunkt und Scheiteltangente einer Parabel.)

Sei nun c ein Kegelschnitt und P ein Punkt auf c. Sei L der Leitpunkt, S der Scheitelstützpunkt und l der Sammelstrahl von c bezüglich P. Durch Dualisierung und „Euklidisierung" leite man aus den Sätzen 4.5.3 und 4.5.4 folgende Sätze her (vgl. Abb. 7.6):

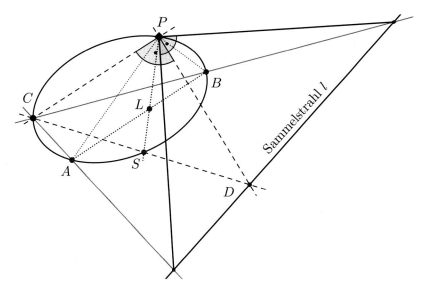

ABB. 7.6: Illustration zu zwei dualisierten Parabelsätzen

Sei C ein beweglicher Kurvenpunkt und D der Schnittpunkt des Sammelstrahls mit der Verbindungsgeraden CS des beweglichen Punktes mit dem Scheitelstützpunkt S. Dann bilden die Punkte CDP ein rechtwinkliges Dreieck mit rechtem Winkel in P.

Werden zwei feste Kurvenpunkte A, B, deren Verbindungsgerade durch L geht, mit einem beweglichen Kurvenpunkt C verbunden, so bilden die Schnittpunkte der beiden Verbindungsgeraden mit dem Sammelstrahl zusammen mit P ein rechtwinkliges Dreieck mit rechtem Winkel in P.

DUALISIERUNG DER GÄRTNERKONSTRUKTION   Dualisiere den Satz: *Die Summe der Abstände eines Ellipsenpunktes von den beiden Brennpunkten ist konstant* für den Fall, dass der a. M. in einem Brennpunkt der Ellipse liegt.

DER SEKANTENSATZ   In Abschnitt 6.4 (Seite 228) haben wir den Sehnensatz dualisiert. Man dualisiere den Sekantensatz: *Schneiden sich zwei Sekanten außerhalb eines Kreises, so ist das Produkt der Abschnittslängen vom Sekantenschnittpunkt bis zu den beiden Schnittpunkten von Kreis und Sekante auf beiden Sekanten gleich groß.*

DER SCHMETTERLINGSSATZ   Der *Schmetterlingssatz* ist ein Satz der Elementargeometrie, der viele Varianten und Verallgemeinerungen hat. Er lässt sich so formulieren:

SATZ (Schmetterlingssatz)
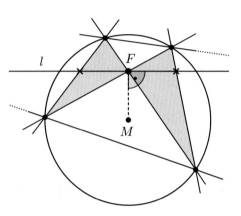

Vier Punkte auf einem Kreis bestimmen ein vollständiges Viereck mit sechs paarweise gegenüberliegenden Seiten. Sei F der Schnittpunkt eines solchen Seitenpaares, und sei l die Gerade durch F, die auf der Verbindungsgeraden von F mit dem Kreismittelpunkt M senkrecht steht. Schneidet man dann l mit zwei anderen einander gegenüberliegenden Viereckseiten, dann ist F der Mittelpunkt der beiden Schnittpunkte.

(Die schattierte Fläche deutet den „Schmetterling" an. Aber *F* kann auch außerhalb des Kreises liegen!) Man zeige: Dualisiert man den Schmetterlingssatz und nimmt als d-Kreis den Spezialfall eines e-Kreises um den a. M., so erhält man daraus in euklidischer Formulierung den folgenden schönen Satz:

SATZ (Dualisierung des Schmetterlingssatzes)
Vier Tangenten an einen Kreis bestimmen ein vollständiges Vierseit mit sechs paarweise einander gegenüberliegenden Ecken. Fällt man das Lot vom Kreismittelpunkt auf die Verbindungsgerade f eines solchen Eckenpaares und verbindet den Lotfußpunkt L mit den beiden Ecken eines anderen Eckenpaares, dann sind f und das Lot Winkelhalbierende der beiden Geraden (Abb. 7.7).

Der Schmetterlingssatz ist ein Klassiker, und bis vor kurzem hatten alle Verallgemeinerungen und Varianten mit Kreisen zu tun. Neuerdings gibt es aber auch Varianten ohne Kreise wie den folgenden Schmetterlingssatz im Viereck (siehe [16]):

SATZ *Durch den Diagonalenschnittpunkt O eines konvexen Vierecks ABCD werden zwei Geraden gezogen, welche die Viereckseiten in den Punkten E, F und G, H schneiden (Bild 7.8). Es seien M und N die Schnittpunkte von EF und GH mit AC. Dann ist*

$$\frac{1}{|OM|} - \frac{1}{|OA|} = \frac{1}{ON|} - \frac{1}{|OC|}.$$

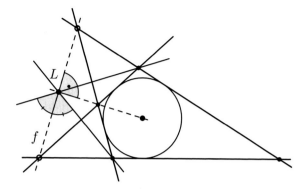

ABB. 7.7: Der dualisierte Schmetterlingssatz

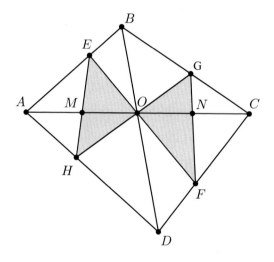

ABB. 7.8: Schmetterlingssatz im Viereck

Insbesondere folgt in dem Spezialfall, dass O der Mittelpunkt von $[AC]$ ist, dass O auch der Mittelpunkt von $[MN]$ ist.

Dieser Satz riecht förmlich so, als gehöre er eigentlich der dualeuklidischen Geometrie an: Die relevanten Streckenlängen gehen alle von O aus, und in der Behauptung stehen deren Kehrwerte. Man lege also den a. M. in den Punkt O und dualisiere den Satz. Man bestätige, dass man auf diese Weise einen euklidischen Satz über zwei ineinanderliegende Parallelogramme erhält, dessen Beweis unmittelbar ersichtlich ist. Dies ist ein weiteres Beispiel dafür, *dass der zunächst gefundene Beweis eines Satzes recht aufwendig sein kann, der Beweis des dualen Satzes aber sehr einfach ist.*

Satz von Monge

Besitzen je zwei von drei Kreisen zwei gemeinsame äußere Tangenten, so liegen deren drei Schnittpunkte in einer Geraden. Zur Erläuterung: Die Bedingung besagt, dass kein Kreis im Innern eines anderen liegt. Wenn die Kreise sich schneiden, haben sie nur zwei gemeinsame Tangenten, das sind dann die äußeren. Wenn die Kreise getrennt sind, haben sie ein Paar äußere Tangenten und ein Paar innere, die sich „zwischen den Kreisen" schneiden.

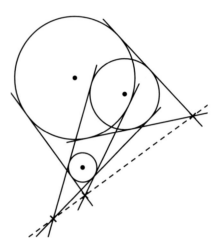

Man dualisiere diesen Satz von Monge und spreche das Ergebnis euklidisch aus. Eine besonders schöne Formulierung erhält man, wenn man den Satz auf den Fall spezialisiert, dass die d-Kreise euklidische Ellipsen sind.

Orthogonale Sekanten   Im Kreis gilt: *Schneiden sich zwei Sekanten orthogonal, so ist die Summe der Quadrate der vier Sekantenabschnitte stets gleich dem Quadrat des Kreisdurchmessers* (Abb. 7.9, links). Man zeige, dass die dualisierte Fassung dieser Aussage zu folgendem Satz spezialisiert werden kann (Abb. 7.9, rechts):

Satz *Gegeben sei eine Ellipse und einer ihrer Brennpunkte. Dann ist für jedes Rechteck, das der Ellipse umbeschrieben wird, die Summe der reziproken Abstandsquadrate der Rechteckseiten von dem Brennpunkt gleich dem Quadrat der Summe der reziproken Abstände der beiden Hauptscheitel von dem Brennpunkt.*

7.3 Elementare Konstruktionen

Beim Konstruieren geometrischer Figuren in der euklidischen Geometrie werden einige elementare Konstruktionen immer wieder angewandt. Darunter sind etwa die Konstruktion des Mittelpunktes, der Winkelhalbierenden oder das Fällen eines Lotes. Für das Arbeiten in der polareuklidischen Geometrie braucht man Konstruktionen für die dualen Elemente. Diese erhält man im Prinzip, indem man die euklidischen Konstruktionen dualisiert, aber das ist oft nicht zweckmäßig, weil uns z. B. kein „dualer Zirkel" zur Verfügung steht, mit dem sich zu gegebenem a. M., Mittelstrahl und einem weiteren Strahl der zugehörige

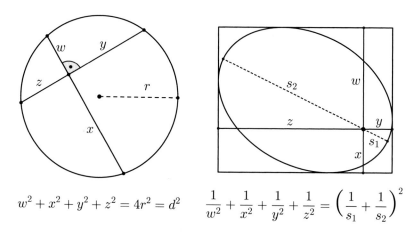

$$w^2 + x^2 + y^2 + z^2 = 4r^2 = d^2 \qquad \frac{1}{w^2} + \frac{1}{x^2} + \frac{1}{y^2} + \frac{1}{z^2} = \left(\frac{1}{s_1} + \frac{1}{s_2}\right)^2$$

ABB. 7.9: Vier-Quadrate-Satz am Kreis und an der Ellipse

d-Kreis zeichnen ließe. Dennoch gibt es oft einfache Hilfskonstruktionen, mit denen das Gewünschte erreicht wird.

Man überlege sich, bei gegebenem a. M., *einfache* Konstruktionen der zur Arbeit in der PEG erforderlichen elementaren Gebilde, insbesondere die Konstruktion

- des Mittelstrahls zu zwei d-Geraden,
- der winkelhalbierenden Punkte zu zwei d-Punkten,
- des Lotpunktes und der Lotdachgeraden zu einer d-Geraden und einem d-Punkt,
- des mittelsenkrechten Punktes zu zwei d-Geraden,
- des Mittelstrahles zu einem d-Kreis, dessen Ordnungskurve gegeben ist,
- des Stützpunktes in einer gegebenen d-Kreisgeraden, wenn der Mittelstrahl des d-Kreises gegeben ist, und
- eines d-Quadrates zu einem gegebenen Fächer.

7.4 DYNAMISCHE GEOMETRIEPROGRAMME

Mit Hilfe von Programmen zur sogenannten „dynamischen Geometrie" lassen sich die Konstruktionen der PEG veranschaulichen. Viele solche Programme bieten die Möglichkeit, „Makros" aufzuzeichnen, mit denen man immer wiederholte Konstruktionsschritte gewissermaßen automatisieren kann. Zum Beispiel könnte man ein Makro schreiben, welches zu gegebenem a. M., Mittelstrahl und d-Kreisgerade die Ordnungskurve des zugehörigen d-Kreises zeichnet. Auch andere vielgebrauchte Konstruktionen (siehe Abschnitt 7.3) können auf diese Weise automatisiert werden.

Sehr hilfreich ist die bei vielen dieser Programme bestehende Möglichkeit, die Ordnungskurve eines Kegelschnitts durch fünf gegebene Punkte darzustellen und Tangenten an solche Kurven zu legen. Auch lassen sich Pol und Polare zu gegebenen Geraden und Punkten bezüglich eines Kegelschnitts direkt darstellen. Man kann damit auch auf den ersten Blick schwierige Konstruktionsaufgaben bewältigen, indem man den Zauberspiegel (Abschnitt 6.7) anwendet. Beispielsweise kann man die gemeinsamen Tangenten zweier Kegelschnittkurven folgendermaßen konstruieren: Man polarisiert die beiden Kurven (mittels je fünf Tangenten) bezüglich des Zauberspiegels (oder irgendeiner anderen polarisierenden Kurve), bestimmt die Schnittpunkte der polarisierten Kurven. Deren Polaren sind dann die gesuchten gemeinsamen Tangenten. Die gemeinsamen Tangenten zweier d-Kreise bestimmt man jedoch einfacher mit Hilfe des Zauberspiegels als Polaren der Schnittpunkte der beiden e-Kreise um die Pole der d-Kreis-Mittelstrahlen, welche durch die Pole je eines zugehörigen d-Kreisstrahls gehen.

7.5 Dualeuklidische Abstände im Raum

Im Abschnitt 6.2.6 wurde dargelegt, wie man d-Abstände zwischen Ebenen im Raum definiert und berechnet. Weitere d-Abstände im Raum, etwa zwischen Ebene und Punkt, Ebene und Gerade, Punkt und Gerade oder windschiefen Geraden, wurden erwähnt. Man überlege sich die Definitionen für solche Abstände. Welche anschauliche Interpretation könnte man ihnen geben?[a] Man berechne einige solche Abstände, zum Beispiel zwischen den Ecken, Kanten und Flächen (aufgefasst als Punkte, Geraden und Ebenen) eines Würfels, bei dem der a. M. im Mittelpunkt liegt, und vergleiche sie mit den dazu dualen e-Abständen beim Oktaeder. (Siehe dazu Kapitel 6.6.)

7.6 Polareuklidische Geometrie im Punkt

Wie in Anmerkung 9 erwähnt, gibt es neben der räumlichen und der ebenen projektiven Geometrie auch eine *PG im Punkt*. Und in Abschnitt 5.2 haben wir

---

[a]Beispiel: Wenn man den a. M. zwischen einen Gegenstand (Punkt) und eine Leinwand (Ebene) so platziert, dass der Nahstrahl des Punktes senkrecht auf der Leinwand steht, dann ist der d-Abstand zwischen dem Punkt und der Ebene gleich der Brechkraft, die eine im a. M. platzierte Konvexlinse haben muss, damit sie den Gegenstand scharf auf die Leinwand abbildet (vgl. Abschnitt 6.3.4).

gesehen, dass neben der ebenen polareuklidischen Geometrie auch eine *PEG im Punkt* gebraucht wird. Eine solche lässt sich entwickeln, indem man die ebene PEG *im Raum* dualisiert. Wir sind in diesem Buch auf diese Geometrie nicht eingegangen, weil sie anschaulich noch schwerer zu fassen ist als die ebene PEG. Aber diese PEG im Punkt (oder im Bündel) steht mathematisch gleichberechtigt neben der ebenen PEG und eröffnet bereits für sich, besonders jedoch im Zusammenspiel mit der ebenen PEG, interessante neue Sichtweisen und Anwendungsmöglichkeiten. Vielleicht ist es in der Zukunft berufenen Forschern einmal möglich, die räumliche PEG zu entwickeln und dann daraus gleichberechtigt die ebene PEG (also die „Geometrie im Feld") und die PEG im Punkt (die „Geometrie im Bündel") hervorgehen zu lassen und zur Anschauung zu bringen.

Es ist ein lohnendes Projekt, sich mit der PEG im Punkt einmal zu beschäftigen! Deshalb seien einige „Appetithäppchen" präsentiert. Wir stellen dazu *im Raum duale* Aussagen der PEG in der Ebene und im Punkt einander gegenüber und erfinden, wo nötig, frei ein paar neue Bezeichnungen:

In der *PEG in der Ebene* findet alles Geschehen in einer festen Ebene, der *Zeichenebene* Z, statt.	In der *PEG in im Punkt* findet alles Geschehen in einem festen Punkt, dem *Augenpunkt* Z, statt.
Die Elemente der PEG in der Ebene sind die Punkte und Geraden der Zeichenebene.	Die Elemente der PEG im Punkt sind die Ebenen und Geraden des Augenpunktes.
Darunter gibt es eine ausgezeichnete Gerade, die *unendlichferne Gerade u. G.,* und einen ausgezeichneten Punkt, den *absoluten Mittelpunkt a. M.*	Darunter gibt es eine ausgezeichnete Gerade, die *ideelle Gerade i. G.,* und eine ausgezeichnete Ebene, die *absolute Ebene a. E.*
Die Punkte der u. G. heißen *Fernpunkte*, die Geraden des a. M. *Nahstrahlen*.	Die Ebenen der i. G. heißen *Idealebenen*, die Geraden der a. E. *Absolutgeraden*.
Jede Gerade, die nicht die u. G. ist, bestimmt genau einen Fernpunkt, und jeder Punkt, der nicht der a. M. ist, einen Nahstrahl.	Jede Gerade, die nicht die i. G. ist, bestimmt genau eine Idealebene, und jede Ebene, die nicht die a. E. ist, eine Absolutgerade.
Zwei Geraden heißen *parallel*, wenn ihr Schnittpunkt in der u. G. liegt.	Zwei Geraden heißen *verbunden*, wenn ihre Verbindungsebene durch die i. G. geht.
Zwei Punkte heißen *zentriert*, wenn ihre Verbindungsgerade durch den a. M. geht.	Zwei Ebenen heißen *gelagert*, wenn ihre Schnittgerade in der a. E. liegt.

Der *Mittelpunkt* von zwei Punkten A, B, die nicht in der u. G. liegen, ist jener Punkt M in der Verbindungsgeraden AB, welcher durch A, B vom Fernpunkt der Geraden AB harmonisch getrennt ist.	Die *Medianebene* von zwei Ebenen A, B, die nicht durch die i. G. gehen, ist jene Ebene M durch die Schnittgerade AB, welche durch A, B von der Idealebene der Geraden AB harmonisch getrennt ist.
Der *Mittelstrahl* von zwei Geraden a, b, die nicht durch den a. M. gehen, ist jene Gerade m durch den Schnittpunkt ab, welche durch a, b vom Nahstrahl des Punktes ab harmonisch getrennt ist.	Der *Medianstrahl* von zwei Geraden a, b, die nicht in der a. E. liegen, ist jene Gerade m in der Verbindungsebene ab, welche durch a, b von der absoluten Geraden der Ebene ab harmonisch getrennt ist.

Damit hätten wir im Prinzip schon alles beieinander, was für den weiteren Aufbau benötigt wird, bis auf die Rechtwinkligkeit, die jedoch auch keine Schwierigkeit bietet. Innerhalb der PEG im Punkt stehen sich Gerade und Ebene dual gegenüber, und es gilt, wie für die PEG in der Ebene und die PEG im Raum, ein Dualitätsprinzip. Die PEG im Punkt weiter auszugestalten ist ein lohnendes Projekt, bei dem man geometrisches Vorstellungsvermögen üben kann und sich gleichzeitig in den dualen Raumaufbau vertieft und dadurch zu überraschenden neuen Erkenntnissen gelangen kann.

7.7 ARITHMETIK VOM UNENDLICHEN AUS

(Dieses Projekt wendet sich an Leser mit entsprechender mathematischer Vorbildung.) Wir bezeichnen die Menge der reellen Zahlen mit $\mathbb{R}$ und definieren mit einem Symbol ∞:

$$\mathbb{R}_e := \mathbb{R}, \quad \mathbb{R}_d := (\mathbb{R} \setminus \{0\}) \cup \{\infty\} \quad \text{und} \quad \overline{\mathbb{R}} := \mathbb{R} \cup \{\infty\}.$$

Weiter setzen wir $1/\infty := 0$ und $1/0 := \infty$ und definieren die Bijektion

$$\phi : \overline{\mathbb{R}} \to \overline{\mathbb{R}}, \quad x \mapsto 1/x.$$

Dann ist $(\mathbb{R}_e, +, \cdot)$ der Körper der reellen Zahlen. Wir fassen nun ϕ als Bijektion $\mathbb{R}_d \to \mathbb{R}_e$ auf und definieren einen Körper $(\mathbb{R}_d, \oplus, \odot)$ vermöge

$$x \oplus y := \phi^{-1}(\phi(x) + \phi(y)), \quad x \odot y := \phi^{-1}(\phi(x) \cdot \phi(y)). \tag{7.1}$$

Das neutrale Element der d-Addition $\oplus$ ist $\phi^{-1}(0) = \infty$, und das Einselement der d-Multiplikation $\odot$ ist $\phi^{-1}(1) = 1$.

Offenbar ist ϕ auf $\overline{\mathbb{R}}$ eine Involution, also $\phi^2 = \mathrm{Id}_{\overline{\mathbb{R}}}$ bzw. $\phi^{-1} = \phi$. Wir schreiben daher praktischerweise x' für $\phi(x)$ und bezeichnen ebenso auch die

Anwendung von ϕ^{-1}. Wegen $1/(1/x \cdot 1/y) = xy$ für $x, y \neq 0$ können wir mit der Vereinbarung $\infty \cdot x := \infty$ für alle $x \neq 0$ statt $\odot$ auch $\cdot$ schreiben, d. h. die d-Multiplikation ist für Faktoren, die von ∞ verschieden sind, die gewöhnliche Multiplikation in $\mathbb{R}_e$. Und wenn ein Faktor ∞ ist, ist das Produkt ∞. (0 liegt ja nicht in $\mathbb{R}_d$.) Damit lauten die Gleichungen (7.1):

$$x \oplus y := (x' + y')' = \frac{1}{\frac{1}{x} + \frac{1}{y}}, \quad x \odot y := x \cdot y.$$

Die Körper $\mathbb{R}_d$ und $\mathbb{R}_e$ sind isomorph, mit $\phi : \mathbb{R}_d \to \mathbb{R}_e$ als Isomorphismus. $\mathbb{R}_e = \mathbb{R}$ passt auf die euklidische, $\mathbb{R}_d$ auf die dualeuklidische Geometrie. In $\mathbb{R}_d$ geht man gewissermaßen „vom Unendlichen" aus, in $\mathbb{R}_e$ dagegen von Null. So gilt z. B.

$$x \oplus x = x/2, \quad x \oplus x \oplus x = x/3, \quad \ldots \quad , \underbrace{x \oplus \ldots \oplus x}_{n} = x/n.$$

Der Bildung des arithmetischen Mittels in $\mathbb{R}_e$ entspricht die Bildung des harmonischen Mittels in $\mathbb{R}_d$. Überhaupt hat die d-Addition viele mathematische und auch außermathematische Anwendungen, beispielsweise:

- Das Quadrat der Höhe h in einem rechtwinkligen Dreieck ist gleich der d-Summe seiner Kathetenquadrate: $h^2 = a^2 \oplus b^2$ (vgl. Satz 6.5.1 in Abschnitt 6.5).

- In einem beliebigen Dreieck ist das Verhältnis der Höhe auf eine Seite zu der Seite, auf der die Höhe steht, gleich der d-Summe der Tangens der an die Seite angrenzenden Winkel: $h_c/c = \tan\alpha \oplus \tan\beta$.

- Ein Rohr füllt ein Gefäß in der Zeit t_1, ein zweites Rohr in der Zeit t_2. Dann füllen beide zusammen das Gefäß in der Zeit $t_1 \oplus t_2$.

- Die Hinfahrt auf einer Reise geschieht mit der Durchschnittsgeschwindigkeit v_{Hin}, die Rückfahrt mit Durchschnittsgeschwindigkeit $v_{\text{Rück}}$. Dann beträgt die Durchschnittsgeschwindigkeit insgesamt $(v_{\text{Hin}} \oplus v_{\text{Rück}}) : \frac{1}{2}$.

- Der Gesamtwiderstand einer Reihe von Widerständen bei Parallelschaltung und die Gesamtkapazität einer Reihe von Kondensatoren bei Hintereinanderschaltung ergibt sich durch d-Addition der einzelnen Widerstands- bzw. Kapazitätswerte.

- Die Brennweite f einer Sammellinse ist gleich der d-Summe $g \oplus b$ von Gegenstandsweite g und Bildweite b (vgl. Abschnitt 6.3.4).

Man studiere den Körper $\mathbb{R}_d$, insbesondere die d-Addition, und mache sich klar, inwiefern $\mathbb{R}_d$ eine „Arithmetik vom Unendlichen aus" ist und wie $\mathbb{R}_d$ mit der dualeuklidischen Geometrie zusammenpasst.

7.8 Darstellung imaginärer Elemente

Im ersten Teil seines Aufsatzes „Das Imaginäre in der Geometrie" (siehe [20]) entwickelt Locher-Ernst eine „Pfeildarstellung" (also eine Darstellung durch gerichtete Strecken) zur Veranschaulichung imaginärer Punkte in der ebenen Geometrie. Damit lassen sich z. B. die imaginären Punkte eines Kegelschnitts veranschaulichen. Innerhalb der PEG entwickle man dual dazu eine Veranschaulichung der imaginären Geraden durch eine „Twistdarstellung", eine Darstellung durch gerichtete Fächer, mit der sich beispielsweise die imaginären Tangenten eines Kegelschnitts veranschaulichen lassen.

NACHWORT

> Ich definiere den Humor als die Betrachtungsweise des Endlichen vom Standpunkte des Unendlichen aus. Oder: Humor ist das Bewusstwerden des Gegensatzes zwischen Ding an sich und Erscheinung und die hieraus entspringende souveräne Weltbetrachtung, welche die gesamte Erscheinungswelt vom Größten bis zum Kleinsten mit gleichem Mitgefühl umschließt, ohne ihr jedoch einen anderen als relativen Gehalt und Wert zugestehen zu können.
>
> Christian Morgenstern, Stufen.

Zum Abschluss dieser Einführung in die polareuklidische Geometrie wollen wir uns die Gesichtspunkte, das Vorgehen und das Ergebnis in diesem Buch noch einmal vergegenwärtigen und einige abschließende Erklärungen und weiterführende Hinweise geben.

Das Buch handelt vom Raum und seiner Geometrie. Der hier gemeinte Raum ist *eine Idee*. Sie ist uns durch Begriffe gegeben, welche die Elemente des Raumes zueinander in Beziehung setzen (Abschnitt 1.1). Und die Geometrie stellt ein differenziertes, fein ausgearbeitetes und in sich stimmiges System solcher Begriffe bereit, durch die wir gewisse Aspekte des Raumes umspannen und so verstehen.

Die ursprüngliche Motivation des Autors für diese Untersuchungen war, wie angeführt, seine jugendliche Begeisterung für das Dualitätsprinzip der projektiven Geometrie – und seine Enttäuschung darüber, dass es in der euklidischen Geometrie nicht gilt. In unseren Untersuchungen sind wir nun zu einer mathematisch und ästhetisch befriedigenden Erweiterung der euklidischen Geometrie gelangt, die dem Dualitätsprinzip wiederum Geltung verschafft. Dazu haben wir die euklidische Geometrie um ihre „spiegelbildliche", duale Hälfte ergänzt und beide zur *polareuklidischen Geometrie* vereint. In ihr stellt, bildlich gesprochen, das Dualitätsprinzip jedem (euklidischen) Urteil über ein geometrisches Verhältnis aus der gleichsam „göttlichen" Perspektive der u. E., der „Peripherie des Raumes", ein duales „menschliches" (dualeuklidisches) gegenüber, das sich auf den a. M., einen Standpunkt mitten unter den Dingen, stützt.[a]

Wie sind wir vorgegangen? Im ersten Schritt (Kapitel 1) haben wir die Schulgeometrie, die klassische euklidischen Geometrie, um eine unendlichferne Ebene mit ihren Punkten und Geraden zur *vollständigen euklidischen Geometrie* erweitert. In ihr lässt sich arbeiten wie gewohnt, weil die alten Objekte ja alle noch vorhanden und die neuen für die „klassische euklidische Brille" gewissermaßen nicht sichtbar sind.

---

[a] Bei einem Dreieck mit Eckpunkten ABC und Seitengeraden abc gibt uns die euklidische Geometrie etwa die Seitenlänge $[AB]$ und die Winkelgröße $\angle CAB$, die dualeuklidische die Fächerweite $[cab]$ und die d-Winkelgröße $\angle cab$.

Im zweiten Schritt (Kapitel 2) haben wir die unendlichferne Ebene mit ihren
Punkten und Geraden so belassen, aber sie nicht mehr als besondere Ebene hervorgehoben. Damit fielen auch alle Maßbegriffe sowie die euklidischen Begriffe
„parallel" und „senkrecht" weg. Was so von der vollständigen euklidischen Geometrie übrig blieb, war die *projektive Geometrie*. In ihr gilt das überraschende
und wunderbare Dualitätsprinzip.

Nun kehrten wir die Sache um und sahen uns an, wie man aus der projektiven
Geometrie die euklidische wieder zurückgewinnen kann, aber so, dass dabei das
Dualitätsprinzip erhalten bleibt.

Dazu mussten wir im dritten Schritt (Anfang von Kapitel 3) nicht nur die
aufgehobene Auszeichnung einer Ebene wieder einführen, sondern zusätzlich
noch einen Punkt auszeichnen. Wir nannten ihn den „absoluten Mittelpunkt".
Mit der wieder eingeführten u. E. erhielten wir den euklidischen Begriff „parallel" zurück und mit dem a. M. den dazu dualen Begriff „zentriert" (Abschnitt
3.1).

Schließlich, im vierten Schritt (Abschnitt 3.3), haben wir die Orthogonalität
(den rechten Winkel) so eingeführt, dass die auf der u. E. basierende euklidische
Geometrie und die auf den a. M. gegründete dualeuklidische Geometrie miteinander verknüpft wurden, und wir erhielten die *polareuklidische Geometrie*.[a] In
ihr gilt nun ein Dualitätsprinzip analog zu dem der projektiven Geometrie. Und
neben der allseits bekannten euklidischen Geometrie enthält sie auch eine zu
ihr duale „dualeuklidische" Geometrie und mit ihr einen zu dem euklidischen
Raum dualen Raum, eine Art „Gegenraum".[b]

Als charakteristische Besonderheit haben wir in der polareuklidischen Geometrie die Begriffe der projektiven, der euklidischen und der dualeuklidischen
Geometrie allesamt zur Verfügung, können frei zwischen den Gesichtspunkten
von der u. E. und vom a. M. aus und zwischen Aussagen und ihren Dualisierungen hin und her wechseln. Das schafft neue Möglichkeiten des Geometrisierens,
die man aus der euklidischen Geometrie nicht kennt (siehe Abschnitt 4.6).

Insbesondere können *alle* Aussagen der klassischen euklidischen Geometrie
innerhalb der polareuklidischen Geometrie formuliert und anschließend dualisiert werden. Und die Ergebnisse können dann „euklidisiert", d. h. wieder allein
mit Begriffen der euklidischen Geometrie formuliert werden. So erhält man eine Gegenüberstellung zueinander dualer Aussagen innerhalb der euklidischen
Geometrie. Das haben wir an vielen Beispielen demonstriert. Die in der euklidischen Geometrie allgemein bekannten Sätze finden sich dabei meist als bloße

---

[a]In Anmerkung 80 wird erläutert, warum diese Bezeichnung gewählt wurde.

[b]*Rein mathematisch beurteilt, ist die hier aus didaktischen Gründen gewählte Vorgehensweise nicht befriedigend. Mathematisch eleganter würde man alles von der PG ausgehend
entwickeln und nicht voraussetzen, dass man die EG schon hat. Siehe „Die Konstruktion der
PEG" im Anhang.

Spezialfälle dualisierter euklidischer Sätze wieder. Das liegt daran, dass bei der euklidischen Formulierung des Inhalts dualisierter euklidischer Sätze der a. M. als duales Gegenstück der u. E. explizit auftritt und man nun über seine Lage verfügen kann. Die u. E. dagegen tritt in der herkömmlichen EG nicht explizit auf, und daher kann über ihre Lage auch nicht verfügt werden.[81*]

Zusammenfassend lässt sich sagen, dass mit der polareuklidischen Geometrie eine Geometrie zur Verfügung steht, welche die euklidische Geometrie enthält und sie um die ihr fehlende Hälfte erweitert zu einer umfassenden und ästhetisch ansprechenden Raumbeschreibung, welche einerseits gestattet, die Dinge von einem allgemeinen, umfassenden Gesichtspunkt aus in ihrem gegenseitigen Verhältnis darzustellen, als auch, andererseits, in einem gewissermaßen individualisierten Verhältnis zu einem frei wählbaren Bezugspunkt.

Könnte man sich denken, dass die polareuklidische Geometrie einmal zur „Schulgeometrie" wird, so wie es heute die euklidische Geometrie ist? Dazu müssten jedenfalls die u. E. und der a. M. uns so vertraut werden, dass wir sie als selbstverständliche Realitäten ansehen. Beim absoluten Mittelpunkt scheint das vielleicht möglich zu sein. Bei der unendlichfernen Ebene müssten wir dazu unbefangen von den Fernelementen sprechen können und damit eine Idee als etwas Wirkliches anerkennen.

Kenne ich mein Verhältnis zu mir selbst und zur Außenwelt, so heiß'
ich's Wahrheit. Und so kann jeder seine eigene Wahrheit haben, und es
ist doch immer dieselbige.

Johann Wolfgang von Goethe,
Maximen und Reflexionen

TEIL III

ANHANG

Für Mathematiker: Die Konstruktion der polareuklidischen Geometrie

Vor ungefähr 200 Jahren wurde, nach ersten Vorahnungen schon im 17. Jahrhundert, die projektive Geometrie (PG) entdeckt. Etwas später im 19. Jahrhundert folgte dann die Entdeckung der nichteuklidischen Geometrien. Diese sind wie die euklidische und im Gegensatz zur projektiven Geometrie *Maßgeometrien*, d. h. in ihnen ist ein Abstands- und ein Winkelmaß definiert. Im Laufe des 19. Jahrhunderts wurde das Verhältnis zwischen den Maßgeometrien auf der einen und der projektiven Geometrie auf der anderen Seite insbesondere durch die Untersuchungen von Felix Klein geklärt. Seine diesbezüglichen Ergebnisse findet man ausführlich dargestellt in seinen „Vorlesungen über nichteuklidische Geometrie" (siehe [14]).

Dieses Verhältnis lässt sich demnach ganz allgemein folgendermaßen charakterisieren: *Die Maßgeometrien beschreiben keine über die projektive Geometrie hinausgehenden mathematischen Tatsachen, sondern maßgeometrische Sätze sind Spezialfälle allgemeiner projektiver Sätze. Die speziellen Begriffsbildungen der Maßgeometrie sind implizite Bezüge auf ausgezeichnete Objekte der projektiven Geometrie, die in der Maßgeometrie nicht explizit auftreten.* Indem man die impliziten Bezüge explizit macht, kann man also die spezielle maßgeometrische Terminologie wieder durch eine rein projektive ersetzen und erkennt so, aus welchen allgemeinen projektiven Sätzen die Sätze der Maßgeometrie durch Spezialisierung hervorgehen.

Die Maßgeometrie, um die es in diesem Buch geht, ist zunächst die euklidische Geometrie (EG). Auch sie geht im angesprochenen Sinne aus der PG hervor. (Gemeint ist hier die klassische ebene und räumliche PG, mit Anordnungs- und Stetigkeitsaxiomen, wie sie etwa in [18], [21] oder algebraisch auch in [14] dargestellt ist.) Kurz gesagt, entsteht die räumliche euklidische Geometrie aus der räumlichen projektiven Geometrie im Wesentlichen in drei Schritten:

Konstruktion der EG aus der PG

Erstens wird in der projektiven Geometrie eine Ebene als *Fernebene* ausgezeichnet. Ihre Geraden und Punkte heißen Ferngeraden und Fernpunkte. Von der Fernebene verschiedene *Ebenen heißen untereinander parallel*, wenn sie eine Ferngerade gemein haben, von Ferngeraden verschiedene *Geraden heißen untereinander parallel*, wenn sie einen Fernpunkt gemein haben. Damit ist der euklidische Begriff „parallel" durch Spezialisierung innerhalb der PG definiert und anwendbar auf Geraden, die nicht in der Fernebene liegen sowie auf von der Fernebene verschiedene Ebenen.

Zweitens wird in der Fernebene ein *absolutes Polarsystem*[a] festgelegt. Eine (von der Fernebene verschiedene) Ebene und eine (nicht in der Fernebene gelegene) Gerade sind dann orthogonal, wenn der Fernpunkt der Gerade und die Ferngerade der Ebene durch das absolute Polarsystem einander zugeordnet sind.

Weitere Begriffe der EG lassen sich nun leicht gewinnen. So wird etwa der Mittelpunkt zweier Punkte mit Hilfe des Begriffs „parallel" definiert und der Begriff „zwischen" mittels des projektiven Begriffs einander trennender Punktepaare einer Punktreihe. In dieser Weise kann schließlich die ganze EG mittels projektiver Begriffe gewissermaßen innerhalb der PG aufgebaut werden. Man denke sich die Sache so, dass die PG durch zusätzliche Begriffe angereichert wird. Die Sätze der PG gelten also nach wie vor, aber zusätzlich kann man von parallelen Geraden sprechen oder vom Abstand zwischen Punkten, die keine Fernpunkte sind. Den entsprechenden Raum nennt man auch den „projektiven Abschluss" des euklidischen Raumes.

Um die klassische EG zu erhalten, wird nun im *dritten Schritt* die ausgezeichnete Ebene samt ihren Punkten und Geraden (also den Fernpunkten und Ferngeraden) „vergessen". Der Raum der klassischen euklidischen Geometrie wird allein von den nicht ausgezeichneten Elementen gebildet, also den Elementen der PG ohne die Fernebene und den ihr angehörenden Punkten und Geraden.[82*] In diesem Raum gelten die Gesetze der PG nun nicht mehr uneingeschränkt.

Die Einzelheiten der Einführung der Metrik aus der projektiven Geometrie heraus, also eines Abstands zwischen den Punkten und eines Winkelmaßes zwischen den Ebenen im Raum und den Geraden in der Ebene, kann man bei Felix Klein in [14] nachlesen.

DIE EG UND DAS DUALITÄTSPRINZIP DER PG

In der PG gilt das Dualitätsprinzip, in der EG gilt es nicht. Es kann nicht gelten, schon weil das Fundamentalgebilde, die ausgezeichnete Ebene mit dem Polarsystem, in sich nicht dual ist. Das Dualitätsprinzip der PG geht also bei der Auszeichnung der Elemente der PG, auf die sich die euklidischen Begriffsbildungen stützen, verloren. Da diese Begriffsbildungen aber innerhalb der PG vorgenommen werden, lassen sie sich auch innerhalb der PG dualisieren. Wenn man das durchführt, also eine Maßbestimmung in die PG genau dual zur euklidischen Maßbestimmung einführt, so erhält man eine andere Geometrie als die euklidische. Eine, die in jeder Hinsicht genau dual zur euklidischen Geometrie ist. Felix Klein schreibt in [14], Kapitel VI, §2, Fall 4 (Seite 178): „Diese Maßbe-

---

[a] Also eine ebene involutorische Reziprozität, bei der einander zugeordnete Elemente niemals ineinander liegen (siehe auch „Urphänomen E" in Anmerkung 24). Man spricht auch vom imaginären Kugelkreis. Vgl. auch [7] und [13].

stimmung ist deshalb besonders bemerkenswert, weil sie das *duale Abbild der euklidischen Geometrie* darstellt." Und weiter: „Durch Dualisierung der euklidischen Lehrsätze können wir diese Maßbestimmung unmittelbar entwickeln." Er geht dann allerdings kaum weiter darauf ein. Diese zur euklidischen Geometrie gewissermaßen duale Geometrie bezeichnen wir im vorliegenden Buch als die „dualeuklidische Geometrie" (DEG) und entwickeln sie genau wie von Klein vorgeschlagen und von Locher-Ernst begonnen „durch Dualisierung der euklidischen Lehrsätze".

DIE DUALEUKLIDISCHE GEOMETRIE

Wir beschreiben kurz, wie die DEG aus der PG genau dual zu der oben dargestellten Konstruktion der EG aus der PG gewonnen werden kann:

Erstens wird in der projektiven Geometrie ein Punkt als *Nahpunkt* ausgezeichnet. Seine Geraden und Ebenen heißen Nahgeraden (oder Nahstrahlen) und Nahebenen. Vom Nahpunkt verschiedene *Punkte heißen untereinander d-parallel* („dual-parallel"), wenn sie eine Nahgerade gemein haben, von den Nahgeraden verschiedene *Geraden heißen d-parallel*, wenn sie in einer gemeinsamen Nahebene liegen.

Zweitens wird in dem Nahpunkt (also in dem Bündel, dessen Träger der Nahpunkt ist) ein *absolutes Polarsystem* festgelegt. Eine Ebene und eine Gerade, die nicht durch den Nahpunkt gehen, heißen dann d-orthogonal, wenn dieses absolute Polarsystem die Nahebene der Gerade und den Nahstrahl des Punktes einander zuordnet. Weitere Begriffe der dualeuklidischen Geometrie lassen sich nun dual zu eben leicht gewinnen, und schließlich kann die ganze dualeuklidische Geometrie mittels projektiver Begriffe gewissermaßen innerhalb der PG aufgebaut werden. Auch hier denke man sich die Sache so, dass die PG durch zusätzliche Begriffe angereichert wird, die Gesetze der PG also weiter gelten.

Wollte man so vorgehen wie bei der klassischen EG, so müsste man, *drittens*, den ausgezeichneten Punkt samt seinen Ebenen und Geraden (also den Nahebenen und Nahgeraden) „vergessen". Der Raum der dualeuklidischen Geometrie würde allein von den Elementen der PG gebildet, die vom Nahpunkt und den ihm angehörenden Ebenen und Geraden verschieden sind.[83*]

In der DEG gilt genau wie in der EG kein Dualitätsprinzip, weil auch hier das Fundamentalgebilde, der Nahpunkt und das Polarsystem in seinem Bündel, in sich nicht dual ist. Klein geht auf die DEG nicht weiter ein und argumentiert später ([14], Kapitel VII, §1), dass die dualeuklidische Maßbestimmung (und viele weitere, die neben der elliptischen, der euklidischen und der hyperbolischen logisch möglich wären) für „praktische Anwendungen in der Außenwelt" ungeeignet sei. Seine Argumentation betrifft jedoch nur die Welt der starren Körper. Es bleibt offen, ob sich nicht in anderen Bereichen Anwendungsmöglichkeiten der DEG ergeben.

Die Konstruktion der polareuklidischen Geometrie

Die Motivation für dieses Buch war, wie im Vorwort angedeutet, die Idee, das Dualitätsprinzip mit der euklidischen Geometrie in Zusammenhang zu bringen, es auch innerhalb der EG anzuwenden. Dazu wird in dem vorliegenden Buch die sogenannte polareuklidische Geometrie (PEG) entwickelt, welche sich folgendermaßen beschreiben lässt:

Man geht aus von einem fest gewählten projektiven Raum, also einem System von Punkten, Geraden und Ebenen, für welche die Gesetze der PG gelten. Man entwickelt nun die Begriffe der EG *und* die der DEG wie oben beschrieben aus denen der PG, und zwar für dieselbe Grundmenge der Objekte, also auf den Punkten, Geraden und Ebenen des fest gewählten projektiven Raumes. D. h., man zeichnet innerhalb der PG *sowohl* eine Ebene *als auch* einen Punkt aus,[a] samt den beiden in ihnen zu wählenden Polarsystemen (wozu weiter unten noch etwas gesagt wird), und stellt beide als dual einander gegenüber. Im Anschluss lässt man aber, anders als bei der oben beschriebenen Konstruktion der EG und der DEG, die ausgezeichneten Elemente nicht weg. *Die Elemente der PEG sind also sämtliche Elemente des zugrunde liegenden projektiven Raumes.*

Allerdings sind nicht sämtliche Begriffe der EG und der DEG auf sämtliche Objekte der PEG anwendbar. Der Begriff „e-parallel", also parallel im euklidischen Sinne, ist nur auf Geraden anwendbar, die nicht in der Fernebene liegen, und nur auf Ebenen, die nicht die Fernebene sind. Ebenso ist der Begriff „d-orthogonal", also orthogonal im dualeuklidischen Sinne, nur auf Punkte anwendbar, die vom Nahpunkt verschieden sind. Zur Vereinfachung der Sprechweise bezeichnen wir die Fernebene und die ihr angehörenden Punkte und Geraden als die *Fernelemente* der PEG. Die Ebenen, Punkte und Geraden, die nicht zu den Fernelementen gehören, bezeichnen wir als *e-Elemente*, im Einzelnen als *e-Ebenen, e-Punkte und e-Geraden*. Dual bezeichnen wir den Nahpunkt und die durch ihn gehenden Geraden und Ebenen als *Nahelemente*. Die Punkte, Ebenen und Geraden, die nicht zu den Nahelementen gehören, bezeichnen wir als *d-Elemente*, im Einzelnen als *d-Punkte, d-Ebenen und d-Geraden*.

In der Regel beziehen sich Begriffe der euklidischen Geometrie nur auf e- und solche der dualeuklidischen Geometrie nur auf d-Elemente. Die Fernelemente erfordern in der euklidischen, die Nahelemente in der dualeuklidischen Geometrie meist eine Sonderbehandlung. Die „meisten" Punkte, Geraden und Ebenen gehören sowohl zu den e- wie zu den d-Elementen, sie sind ed-Elemente. Auf sie sind also sowohl die Begriffe der euklidischen wie der dualeuklidischen Geometrie anwendbar.

---

[a] Ebene und Punkt mögen nicht inzidieren.

DUALISIERUNG IN DER PEG

Nun lässt sich eine Aussage der euklidischen Geometrie, etwa „Die Ebenen A, B sind parallel." innerhalb der PEG formulieren, in Begriffe der PG übersetzen, dualisieren und dann mit den Begriffen der DEG der ersten Aussage dual gegenüberstellen:

Die Ebenen A, B sind e-parallel. | Die Punkte A, B sind d-parallel.

Die erste Aussage bedeutet inhaltlich, dass die Schnittgerade der Ebenen in der ausgezeichneten Ebene liegt, die duale Aussage, dass die Verbindungsgerade der beiden Punkte durch den ausgezeichneten Punkt geht. Entsprechend kann man nun mit allen Aussagen verfahren, die sich mit den innerhalb der PEG zur Verfügung stehenden Begriffen (also den Begriffen der PG, der EG und der DEG) formulieren lassen. In der PEG ist zu dem (parabolischen) euklidischen Abstandsmaß zwischen Punkten ein ebenfalls parabolisches Abstandsmaß zwischen Ebenen dual. Und dual zum (elliptischen) euklidischen Winkelmaß zwischen Ebenen ist ein ebenfalls elliptisches „Winkelmaß" zwischen Punkten. Eine Besonderheit der PEG ist also, dass es sowohl zwischen ed-Punkten als auch zwischen ed-Ebenen jeweils ein parabolisches Abstandsmaß und ein elliptisches Winkelmaß gibt.

DER FEHLENDE SCHLUSSSTEIN

Damit die so konstruierte Geometrie für die Anwendung interessant wird, fehlt noch ein entscheidendes Ingredienz. Bisher haben wir in der PEG zwar ein Dualitätsprinzip, aber die Begriffssysteme der EG und der DEG liegen gewissermaßen beziehungslos nebeneinander. Sie haben in der Art, wie sie sich auf die Objekte beziehen, nichts miteinander zu tun. Zum Beispiel kann man den Begriff „Kreis" der ebenen euklidischen Geometrie zwar innerhalb der ebenen PEG dualisieren, aber die Objekte, auf die der Begriff passt, und die, auf welche der dualisierte Begriff d-Kreis passt, also die gewöhnlichen Kreise und die d-Kreise, haben weder innerhalb des euklidischen noch innerhalb des dualeuklidischen Begriffssystems irgendeine besondere Beziehung zueinander. Für den Träger einer euklidischen Brille, also einen, der alles unter dem euklidischen Gesichtspunkt ansieht, ist ein d-Kreis kein besonders herausgehobenes Objekt: nämlich die Klassenkurve irgendeines Kegelschnitts, die aus Sicht der euklidischen Geometrie in keinem ersichtlichen Zusammenhang zum Nahpunkt steht und mit einem konstituierenden Merkmal eines Kreises, nämlich dem euklidischen rechten Winkel, gar nichts zu tun hat. Stattdessen hat der d-Kreis mit einem rechten d-Winkel zu tun, aber ein solcher ist aus euklidischer Sicht irgendetwas, weil das Polarsystem im Nahpunkt, auf dem er beruht, und das Polarsystem in der Ferngerade, auf dem der euklidische rechte Winkel beruht, gar nichts miteinander zu tun haben. Bei den anderen Maßen ergibt sich aus diesem Grund das gleiche Dilemma: Die dualeuklidischen Maße sind aus Sicht der euklidischen Geometrie uninteressant und können nicht mit dem Begriffssystem der EG erfasst werden. Mit anderen Worten: Obwohl sie auf der weitgehend gleichen Menge von Objekten „leben" und sich dual gegenüberstehen, haben die Begriffe der EG und die der DEG *füreinander* keine Bedeutung.

Anders wird das, wenn wir die beiden Begriffssysteme miteinander „verweben". Dadurch erreichen wir, *dass ein dualeuklidisch formulierbares Verhältnis selbst und nicht nur dessen duales Gegenstück euklidisch formulierbar wird.* Dann haben die Aussagen der DEG auch für die EG Bedeutung und umgekehrt, und wir könnten beispielsweise euklidischen Aussagen wiederum euklidische als duale Gegenstücke gegenüberstellen.

Um das zu erreichen, werden die beiden Polarsysteme in der Fernebene und im Nahpunkt nicht unabhängig voneinander gewählt, sondern so, *dass das Polarsystem in der Fernebene der Schnitt des Polarsystems im Nahpunkt ist bzw. das Polarsystem im Nahpunkt der Schein des Polarsystems in der Fernebene.* Das heißt: Das Polarsystem in der Fernebene ordnet die Fernpunkte und Ferngeraden genau jener Nahstrahlen und Nahebenen einander zu, welche das Polarsystem im Nahpunkt einander zuordnet.[84*]

Diese Idee verdanken wir Locher-Ernst, sie ist in dem in seinem Buch „Projektive Geometrie" (siehe [18], Kapitel IV) ausgesprochenen „Urphänomen R" enthalten (siehe Anmerkung 23). Mit dieser Zutat ändert sich die vorher unbefriedigende Situation grundlegend, und was man mit der so konstruierten polareuklidischen Geometrie nun anfangen kann, davon soll dieses Buch einen Eindruck geben.

Im Buch wird die Konstruktion aus didaktischen Gründen anders vorgenommen als sie hier beschrieben ist. Insbesondere wird die EG nicht aus der PG konstruiert, sondern als bekannt vorausgesetzt, und es wird, wie von Felix Klein vorgeschlagen, die DEG daraus durch Dualisierung entwickelt.

ANMERKUNGEN

1 (S. 8) Intuitiv wird das Dualitätsprinzip der polareuklidischen Geometrie oft verwendet, ohne dass man sich dessen bewusst ist. So spricht man z. B. bei den platonischen Körpern von einer „kombinatorischen Dualität", wenn die Anzahlen der Ecken, Kanten und Flächen eines Körpers gleich den Anzahlen der Flächen, Kanten und Ecken eines anderen sind (etwa beim Hexaeder und Oktaeder oder beim Dodekaeder und Ikosaeder). Diese Körper sind nicht nur „kombinatorisch dual", sondern in der polareuklidischen Geometrie tatsächlich geometrisch dual. Man zeichnet z. B. Hexaeder und Oktaeder symmetrisch ineinander. Dann sind sie polareuklidisch dual, wenn man den Bezugspunkt in den gemeinsamen Mittelpunkt legt.

2 (S. 13) Ausführlicheres zu dieser Ansicht kann man in [23] nachlesen.

3 (S. 15) Die Lehre der Perspektive (von lateinisch *perspicere*, hindurchsehen, hindurchblicken) ist auf das Studium der Möglichkeiten ausgerichtet, räumliche Verhältnisse so auf eine ebene Fläche abzubilden, dass beim Betrachter wiederum ein räumlicher Eindruck entsteht.

4 (S. 16) Wir stellen hier die moderne Auffassung dar. Euklid definierte (vor ca. 2300 Jahren) in seinem Werk „Die Elemente": Ein Punkt ist, was keine Teile hat; eine Linie breitenlose Länge. Eine Fläche ist, was nur Breite und Länge hat. Er nahm also durchaus Bezug auf die Anschauung.

5 (S. 16) Genau genommen werden auch die „Beziehungen" unter den Objekten wiederum durch Beziehungen (zwischen Beziehungen (!)) definiert. Begriffe wie „geht durch" oder „liegt in" nehmen ja Bezug auf eine bestimmte Anschauung, aber das ist für den rein mathematischen Gehalt nicht wichtig. Was „geht durch" und „liegt in" heißen soll, wird ohne Bezug auf eine Anschauung (implizit) erklärt.

6 (S. 20) Viele weitere Fragen kann man an diese Metamorphose anschließen: Was passiert, wenn die Kugel sich auf einen Punkt zusammenzieht und sich danach wieder weitet? Müsste sie sich dabei nicht irgendwie „umstülpen"? Und wie ist das vor und nach dem „Sprung"? Müsste sich da nicht das Innere der Kugel nach außen wenden? Versucht man, solche Fragen zu beantworten, so ergeben sich weitere Fragen. Mit Hilfe dessen, was wir in diesem Buch besprechen wollen, kann man über die hier waltenden Verhältnisse Klarheit gewinnen.

7 (S. 33) Die Mathematiker stützen sich letztlich auf gewisse Axiome, die sie sich selbst gegeben haben und in denen sie explizit machen, wovon sie ausgehen, was man also darf.

8* (S. 39) Genau genommen setzen wir für die in diesem Buch herangezogene PG etwas mehr voraus, nämlich noch Stetigkeits- und Anordnungsaxiome. Die Version der PG, die hier allein interessiert, ist jene, welche der (vervollständigten) EG zugrunde liegt. Reine Inzidenzgeometrien, etwa endliche Geometrien wie die sogenannte Fano-Ebene mit ihren sieben Punkten und sieben Geraden, betrachten wir nicht.

9 (S. 40) Die ganz ungewohnte projektive Geometrie im Punkt handelt von den Geraden und Ebenen durch einen festen Punkt, den „Augenpunkt", der aber selber

in den Sätzen dieser Geometrie nicht auftritt, ebenso wenig wie die „Zeichenebene" in der ebenen Geometrie. Die wesentlichen zwei Gesetze lauten hier:

| Je zwei Geraden bestimmen genau eine Ebene, ihre Verbindungsebene. | Je zwei Ebenen bestimmen genau eine Gerade, ihre Schnittgerade. |

10 (S. 40) Für eine Einführung in die projektive Geometrie sei nicht mathematisch vorgebildeten Lesern das Buch [17] „Urphänomene der Geometrie" von Louis Locher-Ernst empfohlen. Zum Nachlesen von Einzelheiten und für eine profunde Einführung für ambitionierte Leser auch das Buch [18] „Projektive Geometrie" vom gleichen Autor. Für junge Leser sowie für Lehrer möchte ich auch mein Buch [6] „Projektive Geometrie – Denken in Bewegung" empfehlen, in dem dargelegt wird, wie man dieses Thema in der Schule behandeln kann.

11 (S. 42) Beide Sätze sind eigentlich viel allgemeiner als der hier angegebene Spezialfall. Blaise Pascal (1623–1662) soll seinen Satz im Jahre 1639, im Alter von 16 Jahren, gefunden haben. Charles Julien Brianchon (1783–1864) veröffentlichte seinen Satz 1806, also rund 170 Jahre später, und zwar ohne Kenntnis des Dualitätsprinzips.

12* (S. 45) Vgl. dazu A_1 und Satz 1 in [18]. Für unsere Zwecke sollte diese heuristische Einführung ausreichen. Eine genaue axiomatische Charakterisierung einander trennender Punktepaare lese man bei Bedarf in [18], Kapitel I nach.

13 (S. 46) Genau genommen gibt es in der projektiven Geometrie gar keine *bestimmten Objekte* in dem gleichen Sinne wie in der euklidischen Geometrie. Da es keine Maße gibt, haben alle Objekte der projektiven Geometrie stets etwas Variables, Fließendes, Bewegliches, ohne feste Form oder Gestalt.

14 (S. 46) Dazu kommen noch Axiome der Anordnung und ein Axiom der Stetigkeit. In [18] findet man alle zum Aufbau nötigen Grundsätze übersichtlich zusammengestellt.

15* (S. 46) Dem Autor ist klar, dass die obige „Begründung" nur die Grundidee hinter dem Dualitätsprinzip wiedergibt. Für eine mathematisch strenge Begründung müsste das verwendete Axiomensystem vollständig angegeben und untersucht werden. Dazu muss hier auf die Fachliteratur verwiesen werden.

16 (S. 50) Auch für die projektive Geometrie im Punkt gilt ein Dualitätsprinzip: *Hier sind „Gerade" und „Ebene" gegeneinander auszutauschen, „Punkt" kommt in dieser Geometrie nicht vor.* Ein Beispiel für die Dualisierung in dieser Geometrie wäre:

| Drei Strahlen, die nicht in einer gemeinsamen Ebene liegen, bilden ein *Dreikant*. Die Geraden heißen Kanten des Dreikants. Die drei Verbindungsebenen der Kanten untereinander heißen Flächen des Dreikants. | Drei Ebenen, die nicht durch eine gemeinsame Gerade gehen, bilden ein *Dreiflach*. Die Ebenen heißen Flächen des Dreiflachs. Die drei Schnittgeraden der Flächen untereinander heißen Kanten des Dreiflachs. |

Ein Dreikant und ein Dreiflach sind also das Gleiche, nur verschieden aufgefasst, und lassen sich leicht bildlich vorstellen. Das ist aber auch hier nur bei drei Elementen so. Bei vieren erhält man verschiedene Gebilde, welche sich nicht leicht zeichnen lassen. Vielleicht hat der Leser Lust, den entsprechenden Sachverhalt einmal zu formulieren und eine Zeichnung anzufertigen?

17 (S. 51) Bei genauer Betrachtung kann man sehen, dass auf der linken und der rechten Seite etwas Ähnliches ausgesagt wird. Links wird von zwei Dreiecken ausgegangen, die einander zugeordnet sind und eine besondere Lage zueinander haben. Daraus wird gefolgert, dass gewisse Punkte in einer Geraden liegen. Rechts wird davon ausgegangen, dass diese Punkte in einer Geraden liegen, und es wird gefolgert, dass die beiden Dreiecke eine besondere Lage zueinander haben. Mit anderen Worten: Die Voraussetzung der linken Seite ist rechts die Folgerung, und die Folgerung der linken Seite ist rechts die Voraussetzung. Wenn der Satz links die Struktur „Aus A folgt B" hat, dann ist die Struktur des rechten Satzes „Aus B folgt A", man nennt den zweiten Satz die *Umkehrung* des ersten. Ein Satz und seine Umkehrung sagen nicht dasselbe aus. Zum Beispiel besagt „Wenn es regnet, wird die Straße nass." nicht das Gleiche wie die Umkehrung dieses Satzes: „Wenn die Straße nass wird, regnet es." Man kann die Straße ja auch mit dem Gartenschlauch besprühen.

Im Falle des Satzes von Desargues ist die rechte Seite die Umkehrung der linken (und umgekehrt). Beide Seiten sagen daher etwas Verschiedenes aus, und der Satz ist nicht selbstdual (d. h. nicht zu sich selbst dual). Da die linke und die rechte Aussage jedoch dual zueinander sind, gelten sie hier beide. In diesem Falle ist also der Satz von Desargues und zugleich seine Umkehrung wahr.

18 (S. 61) Damit haben wir zunächst nur die euklidische Geometrie ohne Strecken- und Winkelmaße vor uns, lediglich mit dem Begriff „parallel". Man nennt diese Geometrie auch *affine Geometrie*. Ihre Elemente sind die Elemente der projektiven Geometrie, nur dass eine Ebene samt ihren Geraden und Punkten fehlt, und in ihr ist erklärt, was „parallel" bedeutet.

19 (S. 63) Locher-Ernst spricht in [18], Kap. III, den entscheidenden Schritt als „Urphänomen U" aus. In unserer Terminologie:

Es gibt eine vor allen anderen Ebenen des Raumes ausgezeichnete Ebene, die *unendlichferne Ebene* (u. E.). Alle Ebenen durch eine Gerade dieser Ebene haben dieselbe *Stellung*, sind *parallel*. Alle Geraden durch einen Punkt der unendlichfernen Ebene haben dieselbe *Richtung*, sind *parallel*.	Es gibt einen vor allen anderen Punkten des Raumes ausgezeichneten Punkt, den *absoluten Mittelpunkt* (a. M.). Alle Punkte in einer Geraden dieses Punktes haben dieselbe *Flucht*, sind *zentriert*. Alle Geraden in einer Ebene des absoluten Mittelpunktes haben dieselbe *Planung*, sind *planar*.

Locher-Ernst nennt unseren Nahpunkt „absoluten Mittelpunkt", dual zur „unendlichfernen Ebene". Wir benutzen fortan beide Ausdrücke. Auch nennen wir Geraden in einer gemeinsamen Nahebene ebenfalls „zentriert" und nicht „planar" wie Locher-Ernst, weil sich für die duale Situation bei Ebenen und Geraden auch dasselbe Wort „parallel" eingebürgert hat.

20 (S. 63) Ein Wort zur Klärung ist vielleicht noch nötig: Bei der Erweiterung der projektiven zur klassischen euklidischen Geometrie wird eine Ebene samt den ihr angehörenden Punkten und Geraden aus dem projektiven Raum herausgenommen. Diese Elemente fehlen dann in dem neuen Raum. Wenn man das bei der Auszeichnung eines Punktes entsprechend macht, fehlen der Punkt sowie alle durch ihn gehenden

Ebenen und Geraden. Man könnte sagen, das sei nur konsequent. Denn wenn man den ausgezeichneten Punkt als Ort eines „Beobachters" denkt, kann dieser weder sich selbst noch die Nahstrahlen und Nahebenen sehen, weil er in ihnen ja selber „darin" ist. Für die „Sicht aus dem Zentrum" im Sinne von Abschnitt 1.1 ist eben dieses Zentrum selber unsichtbar. Aber so wie man die Meinung vertreten könnte, die unendlichferne Ebene samt ihren Punkten und Geraden sei vom Zentrum aus zwar nicht erreichbar für das Tasten, aber wohl für das Sehen, so könnte man auch argumentieren, der absolute Mittelpunkt sei zwar für das Sehen aus dem Zentrum nicht erreichbar, wohl aber für das Tasten, also (wieder im Sinne von Abschnitt 1.1) für das Sehen aus der „unendlichfernen Peripherie des Raumes", der Fernebene.

21* (S. 64) Auf deren prinzipielle Möglichkeit wurde schon vor langem hingewiesen (z. B. von Felix Klein in [14], Kapitel VI, §2). Sie ist strukturell genauso gestaltet (isomorph) wie die euklidische Geometrie. Da sie für sich genommen also anscheinend mathematisch (gegenüber der euklidischen Geometrie) nichts Neues enthält, wurde sie bisher kaum weiter betrachtet. Sie steckt jedoch in der projektiven Geometrie genauso darin wie die euklidische Geometrie, und wir werden sie bald näher kennenlernen.

22* (S. 75) Würden wir die (alle e-Maße bestimmende) Fernebene verschieben, so würde sich auch die Lage des Schwerpunktes ändern.

23* (S. 76) Locher-Ernst spricht das Entscheidende in [18], Kap. IV, aus. In unserer Terminologie:

Urphänomen R: Unter allen möglichen umkehrbar eindeutigen und ordnungstreuen Zuordnungen der Ebenen und Geraden des Bündels im absoluten Mittelpunkt zu den Punkten und Geraden des Feldes in der unendlichfernen Ebene, bei denen einem Ebenenbüschel eine Punktreihe wechselseitig entspricht, gibt es eine ausgezeichnete, die rechtwinklige. Jeder Ebene durch den a. M. ist der Punkt in der u. E. zugeordnet, welcher die zur Stellung der Ebene rechtwinklige Richtung angibt; jedem Punkt in der u. E. ist die Ebene durch den a. M. zugeordnet, welche die zur Richtung des Punktes rechtwinklige Stellung angibt. Die Trägergerade eines Ebenenbüschels durch den a. M. ist rechtwinklig zur Trägergeraden der wechselseitig zugeordneten Punktreihe in der u. E.

Dabei wird vorausgesetzt, weil im Begriff „rechtwinklig" enthalten, dass entsprechende Elemente – Ebene und Punkt – niemals ineinander liegen. Ein so festgelegtes Polarsystem nennt man auch „gleichsinnig".

Für Kenner der entsprechenden Begriffe kann auch kurz formuliert werden:
Unter allen möglichen (gleichsinnigen) involutorischen Reziprozitäten zwischen dem a. M. und der u. E. gibt es eine ausgezeichnete, die Rechtwinkel-Reziprozität.

Locher-Ernsts Definition lässt etwas mehr Freiheiten als unsere.

24* (S. 77) Wie der klassische euklidische Begriff „parallel" in der durch die u. E. „vervollständigten" EG durch eine Bedingung an die Beziehung der Geraden und Ebenen zur u. E. ersetzt werden kann, haben wir ausführlich besprochen. Nicht besprochen haben wir, wie auch die klassische euklidische Orthogonalität auf die u. E. gegründet werden kann. Interessierte können das bei Locher-Ernst in [18], im IV. Kapitel nachlesen:

Urphänomen E: Unter allen möglichen umkehrbar eindeutigen und ordnungstreuen Zuordnungen der Punkte und Geraden der u. E., bei denen eine Punktreihe einem Strahlenbüschel wechselseitig entspricht, gibt es eine ausgezeichnete, das „absolute Polarsystem", welches einer Richtung die zu ihr senkrechte Stellung wechselseitig zuweist.

Auch hier, wie beim Urphänomen R (siehe Anmerkung 23), versteht sich, dass einander zugeordnete Elemente – Punkt und Gerade – nicht ineinander liegen.

Man kann auch hier kurz formulieren: *Unter allen (gleichsinnigen) involutorischen Reziprozitäten (Polarsystemen) der u. E. gibt es ein ausgezeichnetes, das „absolute Polarsystem".* In E wird im Gegensatz zu R kein Punkt als ausgezeichnet gegenüber den anderen erklärt.

25* (S. 77) Genau genommen handelt es sich bei der „Feststellung" um eine Fest*legung*, durch welche die dualeuklidische Geometrie mit der euklidischen zur polareuklidischen Geometrie „verwoben" wird, statt dass euklidische und dualeuklidische Geometrie einfach nebeneinander bestehen. Siehe dazu auch die vorige Anmerkung 23 und die mit einem * versehene Bemerkung auf Seite 82.

26 (S. 81) Wenn man die scheinbar naheliegende Vereinbarung träfe: Eine Ferngerade und eine e-Ebene sind orthogonal, wenn die Ferngerade zur Ferngerade der e-Ebene orthogonal ist oder, was auf das Gleiche hinausläuft, wenn die e-Ebene zur d-Ebene der Ferngeraden orthogonal ist, dann wären zu einer Ferngerade orthogonale Ebenen nicht mehr untereinander parallel.

27 (S. 88) Die Schnittpunkte der beiden windschiefen Geraden mit ihrer e-orthogonalen Treffgeraden bestimmen übrigens den euklidischen Abstand (also den e-Abstand) der beiden windschiefen Geraden: Sie sind so weit von einander entfernt wie diese beiden Schnittpunkte. Entsprechend werden die beiden Verbindungsebenen der Treffgerade mit den windschiefen Geraden den dualeuklidischen d-Abstand der Geraden bestimmen.

28 (S. 90) Der Lotfußpunkt hat folgende Eigenschaft: Er ist unter allen Punkten der Ebene E derjenige, dessen (euklidische) Entfernung von dem Punkt P am geringsten ist. Dual ergibt sich: Die Lotdachebene ist unter allen Ebenen des Punktes E, also unter allen Ebenen durch den Punkt E, diejenige, deren dualeuklidische Entfernung (d-Abstand) zur Ebene P am geringsten ist. Entsprechendes gilt in der ebenen Geometrie. Auch wenn wir den d-Abstand erst später besprechen (in Abschnitt 6.2), können wir das hier schon festhalten.

29* (S. 100) Dieses Verfahren kann man folgendermaßen begründen: Die gesuchte Mittelebene von P, Q bildet mit der Nahebene ihrer Schnittgeraden einen harmonischen Ebenenwurf. Nach der angegebenen Konstruktion bilden die beiden Schnittgeraden zusammen mit dem Nahstrahl ihres Schnittpunktes und dem konstruierten Mittelstrahl einen harmonischen Strahlenwurf. Wenn man diese vier Strahlen mit dem Fernpunkt von PQ verbindet, erhält man den gesuchten harmonischen Ebenenwurf, weil nach Satz 2.4.4 harmonische Strahlenwürfe in harmonische Ebenenwürfe übergehen, wenn man die Strahlen mit einem Punkt verbindet.

30* (S. 101) Denn der harmonische Punktwurf auf der Parallelen, dessen Grundpunkte die beiden Schnittpunkte P, Q sind und dessen Teilpunkte deren Mittelpunkt M und der Fernpunkt der Parallelen, geht bei Scheinbildung von pq aus in den harmonischen Strahlenwurf mit den Grundstrahlen p, q und den Teilstrahlen m und dem Nahstrahl von pq über.

31 (S. 104) Es ergibt sich der Satz:

Wenn man die Mittelpunkte benachbarter Seiten eines Vierecks verbindet, erhält man ein e-Parallelogramm.	Wenn man die Mittelebenen benachbarter Kanten eines Vierflachs schneidet, erhält man ein d-Parallelogramm.

Dabei besteht ein d-Parallelogramm aus zwei Paaren d-paralleler Geraden im Raum. Daraus folgt dann:

Die Verbindungsgeraden der Mittelpunkte gegenüberliegender Seiten eines Vierecks gehen durch einen Punkt.	Die Schnittgeraden der Mittelebenen gegenüberliegender Kanten eines Vierflachs liegen in einer Ebene.

Den Punkt links nennt man den Schwerpunkt der vier Eckpunkte. Die Ebenen eines Vierflachs bilden ebenfalls ein Tetraeder. Sinngemäß müsste dann die Ebene rechts vielleicht die „Leichtebene der vier Seitenflächen" (eines Tetraeders) heißen.

32 (S. 110) Dass es zu zwei nicht parallelen Geraden bzw. nicht zentrierten Punkten immer genau ein solches Paar harmonisch getrennter und zueinander orthogonaler Geraden bzw. Punkte gibt, wird durch einen Satz garantiert.

33* (S. 111) ...weil harmonische Würfe beim Schneiden und Verbinden wieder in harmonische Würfe übergehen.

34* (S. 116) Also als Kurven 2. Ordnung und Kurven 2. Klasse, zusammengefasst als Kurven 2. Grades. Obwohl viele Aussagen allgemeiner gelten, setzen wir in diesem Buche voraus, dass die betrachteten Kurven nichtentartet sind!

35* (S. 119) Diese Eigenschaft besagt, dass die Kurve durch die beiden imaginären Kreispunkte geht.

36* (S. 119) Ein Brennpunkt eines Kegelschnitts (als Ordnungskurve) ist ein Punkt, in dem konjugierte Geraden senkrecht aufeinanderstehen.

37* (S. 120) Der Mittelpunkt eines e-Kreises ist der Pol der u. G. bezüglich des Kreises. Also ist, dual, der Mittelstrahl eines d-Kreises die Polare zum a. M. bezüglich des d-Kreises.

38* (S. 123) Die Mittelebene ist die zum a. M. bezüglich dieser Fläche polare Ebene. *Alle d-Sphären sind rotationssymmetrisch um den zu ihrer Mittelebene rechtwinkligen Nahstrahl.* Wenn die Mittelebene die u. E. ist, dann ist die d-Sphäre zu jedem Nahstrahl symmetrisch, ist also als Fläche 2. Grades eine gewöhnliche e-Sphäre. *Die d-Sphären sind also Rotationsflächen.*

Eine e-Sphäre enthält *keine* ganze Gerade und kein Fernelement, ist also insbesondere keine Regelfläche.	Eine d-Sphäre enthält *keine* ganze Gerade und kein Nahelement, ist also insbesondere keine Regelfläche.

Für eine d-Sphäre (als Punktfeld gesehen) kommen also nur infrage: Ein *Ellipsoid*, ein *elliptisches Paraboloid* oder ein *zweischaliges Hyperboloid*. Das Ellipsoid hat keinen Punkt mit der u. E. gemein (d. h., die u. E. ist innere Ebene), das elliptische

Paraboloid wird von der u. E. in einem Punkt berührt (d. h., die u. E. ist (Tangential-)Ebene des Paraboloids), und das zweischalige Hyperboloid hat mit der u. E. einen unendlichfernen Kegelschnitt gemein (d. h., die u. E. ist äußere Ebene). Näheres siehe Reye [22], 2. Abteilung, Seite 49.

Da die d-Sphären e-Rotationsflächen sind, sind es also: Rotationsellipsoide (und zwar verlängerte, *prolate*, bei denen die Rotationsachse die große Halbachse ist), Rotationsparaboloide oder zweischalige Rotationshyperboloide. Die Rotationsachse steht rechtwinklig auf der Mittelebene und ist euklidisch eine Achse der Fläche. Solche Rotationsflächen besitzen wie die zugrunde liegenden ebenen Kurven 2. Ordnung mindestens einen Brennpunkt, den gleichen wie die ebenen Schnitte mit einer Ebene durch ihre Achse. Bei den d-Sphären liegt ein Brennpunkt im a. M.

39 (S. 125) Die Ellipsenpunkte auf der langen Achse sind die *Hauptscheitel* der Ellipse, die auf der kurzen Achse die *Nebenscheitel*. Die Brennpunkte erhält man auch als Schnittpunkte der langen Achse mit einem Kreis um einen Nebenscheitel, dessen Radius so groß ist wie die Entfernung vom Mittelpunkt zu einem Hauptscheitel der Ellipse.

40 (S. 127) Fünf „Bestimmungsstücke" legen einen Kegelschnitt bereits fest. Man kann, z. B. bei fünf gegebenen Punkten, nur mit dem Lineal, rein in der PG, alle Kegelschnittpunkte konstruieren. Ist das nicht ein Wunder?

41* (S. 140) Den geometrischen Ort aller Schnittpunkte orthogonaler Tangenten einer ebenen Kurve c nennt man die *orthoptische Kurve* von c. Die orthoptische Kurve einer Ellipse oder Hyperbel ist ein Kreis. Gesucht ist hier also die orthoptische Kurve einer Parabel.

42* (S. 146) Dem Autor ist bewusst, dass diese Definition nicht eben präzise ist. Sie gibt nur die Idee wieder. Was ist z. B., wenn das Objekt eine Parabel ist? Es ist eben noch nicht ganz klar, was in Grenzfällen wie diesem wirklich sinnvoll ist.

43* (S. 148) Dual zur Situation beim Dreieck bilden die drei Ecken eines Dreiseits zusammen mit dem a. M. insgesamt sieben Strahlenbereiche, von denen einer, nämlich derjenige, in dem kein Nahstrahl liegt, das Strahlinnere ist. Eine bildliche Darstellung der sieben Strahlenbereiche kann nicht, wie bei den sieben Punktbereichen eines Dreiecks, in einer einzigen Zeichnung gegeben werden, sondern erfordert sieben Bildchen. Wir verzichten hier darauf.

44* (S. 148) Die *un*schattierten Flächen zu jedem Dreiseit sind die vier Punktgebiete, in welche die Ebene durch drei Geraden zerlegt wird, wenn man von der u. G. einmal absieht, die drei Seiten des Dreiseits also als Geraden innerhalb der ebenen PG ansieht.

45 (S. 150) Zu Innen und Außen gäbe es noch sehr viel zu sagen, was jedoch den Rahmen dieser Schrift sprengen würde. In der polareuklidischen Geometrie sind dazu gegenüber der euklidischen Geometrie ganz neue Anschauungen zu entwickeln. Schon in der projektiven Geometrie tauchen diese Begriffe auf. Einen Eindruck, worum es sich handelt, kann man aus [19] gewinnen, wenn man dort das 8. Kapitel „Räumliche Hüllen und Kerne" nachliest.

46* (S. 151) Im ersten Falle wäre die Kurve (d. h. der euklidische Kreis) eine dualeu-klidische Ellipse, im zweiten eine Hyperbel.

47* (S. 152) Üblicherweise definiert man einen Punkt als äußeren Punkt, wenn es durch ihn zwei reelle Tangenten an die Kurve gibt, als inneren Punkt, wenn es von ihm aus keine reellen Tangenten gibt, und als Randpunkt, wenn es nur eine (doppelt gezählte) Tangente gibt. Für Geraden wird die dazu duale Definition genommen.

Diese Definitionen sind für unsere Zwecke ungeeignet, weil sie die Ferngerade und den Nahpunkt nicht berücksichtigen und sich nicht ohne Weiteres verallgemeinern lassen, vor allem nicht auf nicht-konvexe Objekte.

48* (S. 162) Locher-Ernst nennt eine d-Translation in [18] eine „Scherung". Wir werden diesen Ausdruck nicht verwenden, da er in der gewöhnlichen euklidischen Geometrie schon durch eine andere geometrische Transformation belegt ist.

49 (S. 164) Die folgenden Formulierungen könnte man etwas kürzer und eleganter fassen, wenn man in der Ebene die naheliegenden neuen Bezeichnungen aufnähme, die in Abb. A.1 präsentiert werden, nämlich

Fernpunkt und Mittelstrahl eines e-Punktes P.	Nahstrahl und Mittelpunkt einer d-Geraden p.

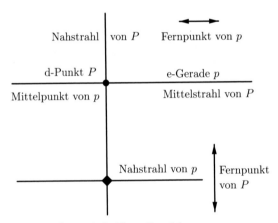

ABB. A.1: Neue Bezeichnungen

Entsprechend könnte man im Raum Nahebene und Mittelebene eines e-Punktes sowie Fernpunkt und Mittelpunkt einer d-Ebene einführen. Wir sehen davon ab, um nicht noch weitere Bezeichnungen zu erfinden, die man sich merken muss.

50 (S. 164) Zu einer e-Verschiebung, die durch einen Punkt Q und sein Bild Q' festgelegt ist, findet man die Gerade o bzw. im dualen Fall den Punkt O folgendermaßen:

Zu der e-Verschiebung eines e-Punktes Q in einen e-Punkt Q' sei S der Fernpunkt der Verbindungsgeraden von Q und Q' sowie o' der zu S senkrechte Nah-	Zu der d-Verschiebung einer d-Geraden q in eine d-Gerade q' sei s der Nahstrahl des Schnittpunktes von q und q' sowie O' der zu s senkrechte Fern-

strahl. Dann ist o das Bild von o' unter der umgekehrten e-Verschiebung von Q' nach Q.

punkt. Dann ist O das Bild von O' unter der umgekehrten d-Verschiebung von q' nach q.

51* (S. 167) Dass beim Umklappen der Punkt P_1 genau auf den Punkt P' fällt, dass also die Strecken $[\widehat{P}P']$ und $[\widehat{P}P_1]$ gleich lang sind, sieht man z.B. mit dem Strahlensatz folgendermaßen ein (wobei wir $|AB|$ für den Abstand zwischen den Punkten A, B schreiben): Die Dreiecke $\triangle P\widehat{P}P'$ und $\triangle POP_0$ sind ähnlich, daher ist $|\widehat{P}P'|/|OP_0| = |P\widehat{P}|/|PO|$. Die Dreiecke $\triangle P\widehat{P}P_1$ und $\triangle POO_1$ sind ähnlich, daher ist $|P\widehat{P}|/|PO| = |\widehat{P}P_1|/|OO_1|$. Nach Konstruktion ist außerdem $|OP_0| = |OO_1|$. Also ist $|\widehat{P}P'| = |\widehat{P}P_1|$.

52* (S. 167) Die ganze Prozedur lässt sich noch eleganter mit Hilfe der sogenannten „Architektenanordnung" beschreiben, einem Darstellungsverfahren, mit dessen Hilfe man perspektivische Ansichten aus Grundriss und Aufriss eines Objektes gewinnen kann. (In diesem Fall ist der Aufriss trivial, da es sich um das perspektivische Bild einer 2D-Konfiguration handelt.) Für Leser, die damit vertraut sind, sei Folgendes angedeutet: O'' ist der Hauptpunkt, der a. M. ist der Grundriss des Hauptpunktes. Der Grundriss des Augenpunktes ist das, was bei uns O heißt, der Punkt, der die d-Verschiebung festlegt. Unsere Gerade s ist der Grundriss der Bildtafel.

53 (S. 167) Ein „zweidimensionaler Maler", der in der Zeichenebene lebte, würde eine perspektivische Ansicht eines Objektes dort auf eine *ein*dimensionale Leinwand, also eine Gerade oder Strecke, malen, d. h., er würde eine solche Leinwand mit Farben bedecken. Das Betrachten einer so mit einem farbigen Muster bemalten Gerade würde bei ihm einen „räumlichen Eindruck" (d. h. einen *zwei*dimensionalen) hervorrufen, so wie für uns dreidimensionale Wesen eine *zwei*dimensionale perspektivische Zeichnung einen *drei*dimensionalen, räumlichen Eindruck macht. Wie dieser Eindruck zustande kommt, ist aber keine Frage, welche allein mit mathematischen Überlegungen beantwortet werden kann!

54 (S. 169) Zu einer durch einen Punkt Q und sein Bild Q' festgelegten e-Parallelverschiebung findet man die Ebene O bzw. im dualen Fall den Punkt O wie folgt:

Zu der e-Verschiebung eines e-Punktes Q in einen e-Punkt Q' sei S der Fernpunkt der Verbindungsgeraden von Q und Q' sowie O' die zu S senkrechte Nahebene. Dann ist O das Bild von O' unter der umgekehrten e-Verschiebung von Q' nach Q.

Zu der d-Verschiebung einer d-Ebene Q in eine d-Ebene Q' sei S die Nahebene der Schnittgeraden von Q und Q' sowie O' der zu S senkrechte Fernpunkt. Dann ist O das Bild von O' unter der umgekehrten d-Verschiebung von Q' nach Q.

55* (S. 170) Die ganze Angelegenheit der d-Verschiebung lässt sich auch (für Mathematiker klarer und eleganter) folgendermaßen beschreiben:

Sei δ irgendeine d-Verschiebung. Dann lässt sie sich charakterisieren durch eine beliebige d-Ebene E und deren Bild E'. Es gibt unter den Ebenen genau eine, deren Bild die u. E. ist, das sei die Ebene W. Diese kann auch angegeben werden, indem man den in ihr gelegenen Punkt O angibt, in dem der zu W orthogonale Nahstrahl W schneidet. Wenn man umgekehrt O hat, dann ist die Ebene W, die durch δ in die

u. E. abgebildet wird, diejenige Ebene durch O, die orthogonal zum Nahstrahl von O ist. Da O in W liegt und W in die u. E. abgebildet wird, ist O', das Bild von O, ein Fernpunkt, und da δ alle Nahstrahlen und Nahebenen als ganze erhält, ist dieser Fernpunkt der Fernpunkt des Nahstrahls von O.

Sei nun δ_O die im beschriebenen Sinne durch einen Punkt O bestimmte Verschiebung. Sei S die zu O orthogonale Nahebene. S ist Fixebene, d. h. die Punkte und Geraden in S werden durch δ_O nicht verändert.

Sei jetzt K das zu verschiebende Objekt. Gesucht ist K', das Bild von K unter der d-Verschiebung δ_O. Da δ_O die Nahstrahlen und Nahebenen als ganze erhält, liegt K' in dem vom a. M. aus gebildeten Schein von K. Sei $\widehat{K}$ die Zentralprojektion aus O von K auf S. Weil S Fixebene ist und $\widehat{K}$ in S liegt, bleiben auch die Punkte und Geraden von $\widehat{K}$ unter δ_O fest. Da δ_O Punkte und Geraden wieder in Punkte und Geraden abbildet, ist das Bild des von O aus gebildeten Scheins von K unter der d-Verschiebung δ_O gleich dem Schein von K' von O' aus. Und da der Schnitt $\widehat{K}$ des von O' aus gebildeten Scheins von K' unter δ_O fest bleibt, ist $\widehat{K}$ auch der Schnitt des von O' aus gebildeten Scheins von K' mit S.

Also liegt K' im von O' aus gebildeten Schein von $\widehat{K}$. Da K' auch im Schein von K vom a. M. aus liegt, liegt K' also in beiden Scheinen und ist damit bestimmt.

Für jeden d-Punkt Q auf dem Nahstrahl von O ist δ_Q eine d-Verschiebung mit der gleichen Fixebene S wie δ_O. D. h., δ_Q verschiebt, wie δ_O, alle Ebenen so, dass ihre Schnittgerade mit S unverändert bleibt. Die Ebenen drehen sich also um ihre Schnittgeraden mit S. Indem Q den Nahstrahl von O beginnend in O' bis O durchläuft, und zwar das Segment, dessen Punkte durch O und O' vom a. M. getrennt sind, nimmt die d-Verschiebung mit der durch S bestimmten Stellung immer mehr zu, K verändert sich (als $\delta_Q(K)$) langsam hin zu K' ($= \delta_O(K)$).

Die umgekehrte d-Verschiebung δ_O^{-1} bildet die u. E. nach W ab, also O' in O. Sie lässt sich in der Form δ_X darstellen mit dem Punkt X, in den δ_O den Punkt O' abbildet, $X = \delta_O(O')$. Dieser Punkt muss also sachgemäß O'' heißen. Die durch ihn verlaufende und zu S parallele Ebene ist also das Bild der u. E. unter der d-Verschiebung δ_O. O'' ist gewissermaßen der an der u. E. d-gespiegelte Punkt O, den man auch finden kann, indem man O am a. M. oder an S auf gewöhnliche euklidische Art spiegelt. Es ist also $\delta_O^{-1} = \delta_{O''}$, mit $O'' = \delta_O(O') = \delta_O^2(O)$.

56 (S. 175) Man kann leicht noch Folgendes nachweisen: Wenn $O_{1/2}$ der Mittelpunkt zwischen dem a. M. und O ist, dann gilt: Die Zentralprojektion von K' aus dem Punkt O heraus auf S ist gleich der Zentralprojektion von K aus dem Punkt $O_{1/2}$ heraus auf S. Oder, lax formuliert: Von O aus betrachtet sieht K' so aus wie K von $O_{1/2}$ aus. Damit haben wir insgesamt:

- K' sieht von O so aus wie K von $O_{1/2}$.

- K' sieht von O' so aus wie K von O.

- K' sieht vom a. M. wie K aus.

Dabei bedeutet „sieht so aus" aber nur, dass die Konfiguration der „Sehstrahlen" gleich ist, nicht, dass der menschliche Betrachter den psychologisch gleichen „Seheindruck" hat, besonders was die Tiefenwirkung, also die Entfernungen vom Beobachtungspunkt aus, betrifft.

57* (S. 175) Die d-Verschiebung lässt sich auch als die Formänderung interpretieren, die K erfährt, wenn seine e-Maße und e-Winkel bleiben, wie sie waren, *aber die u. E. „in den Raum herein"* rückt, nämlich dahin, wo sie von der d-Verschiebung gerückt wird.

58* (S. 175) Man kann die Wirkung einer d-Verschiebung (so wie sie auf Punkte wirkt) auch als als e-Verschiebung mit der Ebene S als „Fernebene" verstehen. Wenn man nämlich zwei Geraden „parallel" nennt, wenn ihr Schnittpunkt in S liegt, dann ist der Bildpunkt P' eines Punktes P unter der durch einen Punkt O bestimmten d-Verschiebung genau der gleiche wie der, in den P durch die „e-Verschiebung", die O in O' überführt, abgebildet wird: P' ist der Schnittpunkt der „Parallelen" zu OO' durch P und der „Parallelen" zu OP durch O'. (Vgl. Seite 161 f.)

59 (S. 175) Weitere Überlegungen in dieser Richtung sind in dem Buch [2] „Die Pflanze in Raum und Gegenraum" dargestellt, allerdings ausgehend von der projektiven Geometrie, nicht von der polareuklidischen. Gedanken zum Einsatz der PEG in dieser Richtung hat sich z. B. Arnold Bernhard in seinem Buch [3], Kapitel 26, gemacht.

60 (S. 177) Bei genauerem Blick auf Abb. 5.15 ahnt man, wovon man sich auch leicht überzeugen kann: Man kann die Wirkung einer d-Drehung nicht nur auf Geraden, sondern auch auf Punkte leicht beschreiben. Die Punkte bewegen sich ebenfalls auf d-Kreisen mit gleichem Mittelstrahl, und die Winkel zwischen den Nahstrahlen zusammengehörender Punkte sind gleich dem Drehwinkel.

61 (S. 179) Das ist sehr einfach zu bewerkstelligen. Man nehme den Punkt, in dem der zum Mittelstrahl orthogonale Nahstrahl den Mittelstrahl schneidet, als Projektionspunkt O für die d-Verschiebung. Damit bestimme man, wie in dem Abschnitt 5.1.1 „e- und d-Verschiebung in der ebenen Geometrie" ab Seite 163 beschrieben, das d-verschobene Objekt. Dieses dreht man anschließend um den a. M. und schiebt das so gedrehte Objekt mittels der zu dem Punkt O'' gehörenden d-Verschiebung wieder zurück. Dabei ist O'' der am a. M. e-gespiegelte Punkt O. Die zu ihm gehörende d-Verschiebung ist die umgekehrte („inverse") der zu O gehörenden.

62 (S. 186) Man kann sich anhand der Zeichnungen klarmachen, dass die d-translatierten Punkte und Geraden des Ausgangsobjektes auch in dem Schein liegen, den das auf S parallel projizierte Originalobjekt von O'' aus bildet. Daher könnte man auch sagen:

Das d-translatierte Objekt ist bestimmt dadurch, dass es vom a. M. aus genauso aussieht wie das Originalobjekt (d. h. denselben Schein besitzt) und von O'' aus die gleiche Projektion in S hat wie das Originalobjekt von O' aus.

Und schließlich kann man auch sagen: *Das d-translatierte Objekt ist der Schnitt des Scheins, den das parallel auf S projizierte Originalobjekt von O'' aus bildet mit dem Schein, den das von O aus zentral auf S projizierte Originalobjekt von O' aus bildet.*

63* (S. 196) Das ist mehr eine Plausibilitätserklärung als eine strenge Herleitung. Für eine solche müsste die Konstruktion des e-Winkelmaßes dualisiert werden. Das lässt sich ganz analog zur Herleitung des d-Maßes für die Fächerweite aus dem e-Maß für die Streckenlänge bewerkstelligen, wie es im nächsten Paragraphen angegeben ist. Analog zum Mittelpunkt zweier Punkte und dem Mittelstrahl zweier Geraden braucht man für die Konstruktion der Winkelskalen die winkelhalbierenden Geraden und Punkte.

64* (S. 201) Für Kenner der Materie ist der Zusammenhang mit der sphärischen Geometrie offensichtlich. Mit ihren Mitteln könnte man beispielsweise aus den d-Winkeln zwischen drei Punkten im Raum die d-Winkel zwischen ihren Verbindungsgeraden berechnen. Wir gehen auf die sphärische Geometrie nicht näher ein.

65 (S. 204) Um Strecken zu halbieren, braucht man Fernpunkte, also die u. E. (bzw. die u. G.). Man kann hier deutlich sehen, dass der euklidische Abstandsbegriff sich auf die u. E. stützt. Auf diese Rolle der u. E. kann man nicht verzichten, auch wenn man sich andere Methoden zur Konstruktion einer Mess-Skala als mittels Halbierung ausdenken würde. Wie sehen wieder, wie die euklidische Geometrie von der u. E. aus bestimmt wird. In der Praxis werden zur großräumigen Vermessung weit entfernte „Punkte" (die Sonne, Sterne, GPS-Satelliten) herangezogen, die gewissermaßen die u. E. vertreten!

66 (S. 208) Hält man den Nahstrahl des Schnittpunktes $S = ab$ fest und verschiebt den a. M. auf diesem Nahstrahl, dann ist die dualeuklidische Entfernung $|ab|_d$ offenbar umgekehrt proportional zur euklidischen Entfernung von S zum a. M.

67 (S. 218) Das kann man sich mit dem sogenannten Strahlensatz bzw. durch die Betrachtung ähnlicher Dreiecke leicht klarmachen.

68 (S. 219) Vom Eindruck her ist vielleicht der Anteil am Gesichtsfeld, den das Objekt einnimmt, das Entscheidende. Der hängt nicht nur von seiner e-Entfernung ab, sondern auch von seiner Größe. Der Kölner Dom erscheint uns eben in einer viel größeren e-Entfernung schon sehr nahe zu sein, als eine Streichholzschachtel. Der d-Abstand müsste also vielleicht noch geeignet mit der e-Objektgröße skaliert werden, um ein praktisch brauchbares Maß für die Nähe abzugeben.

69* (S. 220) Wie eben ergibt sich

$$\lim_{|P|\to 0} \delta/|P| = \lim_{|P|\to 0} \alpha/|P| - \lim_{|P|\to 0} \beta/|P| = 1/|A| - 1/|B|.$$

(Vgl. zu dieser Interpretation des d-Abstandes auch [8].) Übrigens ist

$$\lim_{|P|\to\infty} \delta \cdot |P| = |B| - |A|,$$

also die euklidische Streckenlänge $|AB|$.

70 (S. 223) Wenn der Hintergrund (idealerweise die u. E.) nicht sehr weit entfernt ist, dann ist der Wert, der bei dieser Methode herauskommt, zu klein. Wenn der Hintergrund etwa nur n-mal so weit weg ist wie das Objekt, dann beträgt der relative Fehler aufgrund dieser Tatsache $1/(1+n)$, ist also kleiner als $1/n$. Wenn beispielsweise der Hintergrund nur zehnmal so weit vom Beobachter entfernt ist wie das Objekt, beträgt der Fehler der Messung weniger als 10%.

71 (S. 225) Die Anordnung der Schnittpunkte d-äquidistanter Strahlen eines Büschels mit einer Geraden wird auch als *Schrittmaß* bezeichnet, weil die Punkte e-äquidistant werden, wenn man sie so auf eine weitere Gerade projiziert, dass dabei der Schnittpunkt, den der Nahstrahl des Büschels mit der ersten Geraden hat, unendlichfern wird.

72* (S. 225) Diesen Gedankenkreis abschließend soll der Zusammenhang zwischen dem d-Maß und dem e-Maß bzw. der d-Entfernung und der e-Entfernung noch einmal so dargestellt werden, dass man sieht, wie man die beiden Maße in der Praxis anwenden und ineinander umrechnen kann. Dazu betrachten wir Abbildung A.2.

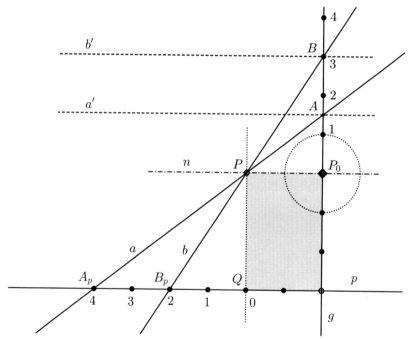

ABB. A.2: Zusammenhang zwischen e- und d-Entfernung

In der Abbildung sieht man zwei Geraden a, b, ihren Schnittpunkt P und dessen Nahstrahl n. Dazu einen zu n orthogonalen Nahstrahl g mit einer euklidischen Skala, die im a. M. ihren Nullpunkt hat. Die Geraden a, b schneiden diese Skala in den Punkten A, B (im Beispiel bei den Skalenwerten 1,5 und 3), und durch A, B gehen die zum Nahstrahl n parallelen Geraden a', b'. Um P_0 ist gepunktet der Einheitskreis dargestellt. p ist eine zu n parallele Gerade, versehen mit einer ebensolchen euklidischen Skala, deren Nullpunkt in Q liegt, dem Punkt, in dem p von der Parallele zu g durch P geschnitten wird. Die Geraden a, b schneiden p in A_p und B_p (im Beispiel bei den Skalenwerten 4 und 2).

Die Dreiecke $\triangle PP_0A$ und $\triangle A_pQP$ sind ähnlich, daher ist

$$\frac{|PQ|}{|AP_0|} = \frac{|A_pQ|}{|PP_0|}.$$

Nach dem Bisherigen ist aber $|PQ| = 1/|p|_d$ und $1/|AP_0| = |a'|_d$. Weiter können wir auch den Nenner des nächsten Bruchs anders schreiben: $|PP_0| = |P|$. Damit ergibt sich für das obige Verhältnis die Darstellung

$$\frac{|a'|_d}{|p|_d} = \frac{|A_pQ|}{|P|},$$

und entsprechend für B und B_p. Nun ist $|ab| = |a'|_d \pm |b'|_d$ und $|A_pB_p| = |A_p|_e \pm |B_p|_e$ und daher

$$\frac{|ab|_d}{|p|_d} = \frac{|a'|_d}{|p|_d} \pm \frac{|b'|_d}{|p|_d)} = \frac{|A_pQ|}{|P|_e} \pm \frac{|B_pQ|}{|P|_e} = \frac{|A_pB_p|}{|P|_e}.$$

Damit ergibt sich folgende schöne duale Formulierung des Zusammenhangs zwischen dem e-Abstand und dem d-Abstand:

<table>
<tr><td>

Wenn a, b zwei bewegliche Geraden durch einen festen Punkt P sind und p eine Gerade e-parallel zum Nahstrahl von P, die a und b in A_p und B_p schneidet, dann ist

$$\frac{|ab|_d}{|p|_d} = \frac{|A_pB_p|_e}{|P|_e}.$$

</td><td>

Wenn A_p, B_p zwei bewegliche Punkte in einer festen Geraden p sind und P ein Punkt d-parallel zum Fernpunkt von p, der A_p und B_p in a und b verbindet, dann ist

$$\frac{|A_pB_p|_e}{|P|_e} = \frac{|ab|_d}{|p|_d}.$$

</td></tr>
</table>

Um den d-Abstand $|ab|_d$ zweier Geraden a, b zu bestimmen, kann man also eine geeignete Parallele p zum Nahstrahl ihres Schnittpunktes ziehen, a und b mit p schneiden und den e-Abstand $|A_pB_p|_e$ der Schnittpunkte A_p, B_p bestimmen. Diesen muss man dann noch mit $|p|_d$ multiplizieren und durch den d-Abstand zwischen P und dem a.M. teilen, dann erhält man den d-Abstand $|ab|_d$ zwischen a und b:

$$|ab|_d = |A_pB_p|_e \cdot \frac{|p|_d}{|P|_e}.$$

Nun ist $|p|_d$ der Kehrwert des gewöhnlichen e-Abstandes $|p|_e$ zwischen der Geraden p und dem a.M., und das Produkt $|P|_e \cdot |p|_e$ ist die Fläche (genauer: die e-Fläche) des in Abb. A.2 schattierten Rechtecks. Wir erhalten also schließlich (Abb. A.3):

Um den d-Abstand zweier d-Geraden a, b zu bestimmen, schneide man die Geraden mit einer Parallele zum Nahstrahl ihres Schnittpunktes und teile den e-Abstand der beiden sich ergebenden Schnittpunkte durch die Fläche des Rechtecks, welches vom Schnittpunkt der beiden Geraden und dem Schnittpunkt der Nahstrahlparallele mit dem zu ihr senkrechten Nahstrahl aufgespannt wird.

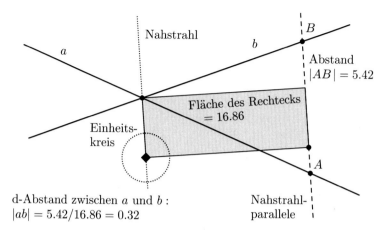

ABB. A.3: Bestimmung einer d-Entfernung $|ab|_d$

73 (S. 231) Bei näherer Betrachtung erweist sich die Tatsache, *dass ein rechtwinkliges Dreieck durch seine Höhe in zwei zum Ausgangsdreieck und zueinander ähnliche Dreiecke geteilt wird*, als der tiefere Grund und die Quelle aller Eigenschaften und Sätze rechtwinkliger Dreiecke. Umgekehrt ist ein Dreieck, welches durch eine Gerade in zwei zum Ausgangsdreieck oder zueinander ähnliche Dreiecke geteilt werden kann, bereits rechtwinklig.

74 (S. 235) Wie ist Euler bloß darauf gekommen? Die Summe ist gleich $1 + 0{,}2500 + 0{,}111\overline{1} + 0{,}0625 + 0{,}040 + 0{,}027\overline{7} + \dots$. Die ersten 100 Terme ergeben zusammen erst $1{,}63498\dots$, was schon in der zweiten Nachkommastelle falsch ist, denn $\pi^2/6 \approx 1{,}644934$.

75 (S. 236) Die Beweisidee wird auch in dem YouTube-Video mit der URL `https://www.youtube.com/watch?v=d-o3eB9sfls` erklärt.

76 (S. 236) Der d-Abstand $|ab|$ der beiden Katheten (als Geraden angesehen) eines rechtwinkligen Dreiecks ist für den a. M. im Höhenfußpunkt also gleich dem Produkt aus der Nähe der Dreiecksspitze C und der Summe der beiden Kathetenquotienten bzw. gleich dem Verhältnis c/h^2 aus der Hypotenuse und dem Quadrat der Höhe.

77 (S. 243) Entsprechendes funktioniert natürlich auch für den Dodekaeder und den zu ihm dualen Ikosaeder. Außerdem entnimmt man der Betrachtung, dass das Verhältnis der Radien von Um- und Inkugel bei dualen Körpern gleich ist.

78 (S. 245) Wenig hilfreich für die Anschauung, doch nützlich, wenn man ein wenig rechnen will, ist die Tatsache, dass im Allgemeinen das Produkt der Abstände eines Punktes vom a. M. und seiner Polaren vom a. M. stets gleich dem Quadrat des Polarkreisradius ist.

79 (S. 249) Für interessierte Leser sei angefügt, wie die polaren Elemente liegen. Um die polare Ebene P eines Punktes P zu finden, legt man eine beliebige Nahebene E durch P. Diese schneidet den Zauberspiegel in einem Kreis, den man als Zauberspiegel in E nimmt. In E bestimmt man die polare Gerade p zu P. Die gesuchte, zu P räumlich polare Ebene P ist dann die zum Nahstrahl von P orthogonale Ebene, in der p liegt.

Ähnlich verfährt man, um im Raum den zu einer Ebene P polaren Punkt P zu bestimmen. Man nimmt eine beliebige zu P orthogonale Nahebene E. Diese schneidet den Zauberspiegel in einem Kreis und die Ebene P in einer Geraden p. Den Kreis nimmt man als Zauberspiegel in E und bestimmt den Pol P zu p in E. Dieser ist dann auch der Pol zu P im Raum.

Die zu einer Geraden g polare Gerade g' bestimmt man folgendermaßen. Wenn g eine äußere Gerade des Zauberspiegels ist, schneidet g die Zaubersphäre in zwei Punkte G_1 und G_2. Die an die Zaubersphäre in diesen beiden Punkten tangentialen Ebenen schneiden sich in einer Geraden g', und das ist die zu g polare Gerade. Wenn g eine innere Gerade ist, gehen zwei Ebenen G_1, G_2 durch g, welche die Zaubersphäre berühren. Die Verbindungsgerade der beiden Berührpunkte ist die gesuchte Gerade g', die zu g polar ist. Die beiden zueinander polaren Geraden sind stets zueinander (e- und d-) orthogonal.

80 (S. 268) Die zur klassischen euklidischen Geometrie duale Geometrie sollte sachgemäß „dualeuklidische Geometrie" heißen, wie wir sie hier auch benannt haben. Manche Autoren, auch Locher-Ernst in [18], nennen sie dagegen polareuklidische Geometrie. Dem liegt wohl zugrunde, dass der Gebrauch der Bezeichnungen „polar" und „dual" nicht einheitlich ist und manche mit „polar" das meinen, was wir unter „dual" verstehen. Eine Polarität ist im heutigen mathematischen Sprachgebrauch jedoch eine wechselweise Zuordnung von Punkten und Geraden in der Ebene bzw. Punkten und Ebenen sowie Geraden und Geraden im Raum, mit bestimmten Eigenschaften. Der Begriff „polar" bezieht sich also auf Objekte, der Begriff „dual" dagegen auf Aussagen.

Die Bezeichnung für die im vorliegenden Buch betrachtete Zusammenführung von euklidischer und dualeuklidischer Geometrie sollte das Wort „euklidisch" enthalten, ist doch die euklidische Geometrie ein eingeführter und bekannter Begriff und gewissermaßen die eine Hälfte. Die andere Hälfte ist nicht mit einem bestimmten Namen verknüpft, sie erscheint einfach als die zur euklidischen duale Geometrie. Die neue Geometrie könnte vielleicht auch „symmetrische", „vollständige" oder „dual ergänzte" euklidische Geometrie heißen. Der Grund für die Wahl der Bezeichnung „polareuklidische Geometrie" ist, dass diese Geometrie *eine ausgezeichnete Polarität* enthält, die Polarität am Einheitskreis bzw. der Einheitssphäre mit Mittelpunkt im a. M. und Mittelstrahl u. G. bzw. Mittelebene u. E., eben jene Polarität, welche der „Zauberspiegel" (Kapitel 6.7) bewirkt.

81* (S. 269) Wenn man euklidisierte Dualisierungen euklidischer Sätze (im Raum) erneut dualisiert und euklidisiert, tritt eine Ebene explizit auf, welche gewissermaßen eine ins Endliche gezogene u. E. darstellt.

82* (S. 274) Im ebenen Falle geht man von der ebenen PG aus und zeichnet in ihr eine Gerade als Ferngerade aus. Ganz analog wie im Raum heißen zwei Geraden parallel, wenn sie sich in einem Fernpunkt schneiden. Und statt dem Polarsystem in der Fernebene wird der Begriff „orthogonal" zwischen zwei Geraden mittels einer fest gewählten elliptischen Punktinvolution in der Ferngeraden festgelegt (also durch zwei konjugierte imaginäre Punkte, die sogenannten Kreispunkte).

83* (S. 275) Im ebenen Falle geht man von der ebenen PG aus und zeichnet in ihr einen Punkt als Nahpunkt aus. Ganz analog wie im Raum werden zwei d-Punkte d-parallel genannt, wenn ihre Verbindungsgerade eine Nahgerade ist. Und der Begriff „orthogonal" zwischen zwei Punkten wird mittels einer fest gewählten elliptischen Strahleninvolution im Nahpunkt festgelegt (also durch zwei konjugierte imaginäre Geraden).

84* (S. 278) In der ebenen Geometrie bedeutet das, dass die elliptische Punktinvolution in der Ferngeraden und die elliptische Strahleninvolution im Nahpunkt Schein bzw. Schnitt voneinander sind, also eine einzige Involution bilden, die *absolute Involution* in der Ferngeraden bzw. im Nahpunkt.

Glossar

Bei den Erklärungen werden die projektive, die euklidische und die dualeuklidische Geometrie als in der polareuklidischen Geometrie enthalten aufgefasst. Die Erklärungen werden dementsprechend vom Gesichtspunkt der PEG aus gegeben, auch wenn Begriffe z. B. aus der euklidischen Geometrie erklärt werden.

A

absoluter Mittelpunkt (a. M.): Der ausgezeichnete Punkt der PEG. Auch Nahpunkt genannt. Er ist in den Abbildungen immer durch eine ausgefüllte Raute dargestellt (◆). Dual dazu ist im Raum die *unendlichferne Ebene u. E.*, in der Ebene die *unendlichferne Gerade u. G.* der PEG.

affine Geometrie: Ihre Punkte, Geraden und Ebenen sind die gleichen wie in der euklidischen Geometrie, und es ist erklärt, was „parallel" bedeutet. Aber es gibt keine Strecken- und Winkelmaße und auch keine Orthogonalität.

allgemeine Lage: Die Idee der allgemeinen Lage ist: Wenn man ein kleines bisschen an den Elementen wackelt, ändert sich nichts Wesentliches. Punkte befinden sich in allgemeiner Lage, wenn keine drei in einer Gerade liegen und keine vier in einer Ebene. Bei Ebenen dürfen keine drei durch eine Gerade gehen und keine vier durch einen Punkt. Geraden in einer Ebene befinden sich in allgemeiner Lage, wenn keine drei durch einen Punkt gehen. Geraden im Raum müssen *windschief* sein.

ähnlich: Zwei geometrische Figuren sind ähnlich, wenn die eine, anschaulich gesprochen, eine Vergrößerung oder Verkleinerung der anderen ist. Einander entsprechende Winkel und Strecken*verhältnisse* stimmen dann bei beiden überein.

a. M.: Abkürzung für *absoluter Mittelpunkt*.

äußere Ebene: In der räumlichen PEG eine Ebene des Raumes, die einem gegebenen, aus Ebenen bestehenden geometrischen Objekt nicht angehört und die eine Nahebene ist oder in den a. M. geschoben werden kann, ohne dabei mit einer Ebene des Objekts zusammenzufallen. Dual ist *äußerer Punkt*.

äußere Gerade: In der ebenen PEG eine Gerade der Ebene, die einem gegebenen, aus Geraden bestehenden geometrischen Objekt nicht angehört und die ein Nahstrahl ist oder in den a. M. geschoben werden kann, ohne dabei mit einer Geraden des Objekts zusammenzufallen. Dual ist *äußerer Punkt*.

äußerer Punkt: In der PEG ein Punkt des Raumes (oder der Ebene, in der ebenen PEG), der einem gegebenen, aus Punkten bestehenden geometrischen Objekt nicht angehört und der ein Fernpunkt ist oder in die u. E. (bzw. die u. G. in der ebenen PEG) geschoben werden kann, ohne dabei mit einem Punkt des Objekts zusammenzufallen. Dual ist in der Ebene *äußere Gerade*, im Raum *äußere Ebene*.

B

Büschel: Es gibt zwei Arten von Büscheln: *Ebenenbüschel* und *Strahlenbüschel*.

Bündel: Es gibt zwei Arten von Bündeln, das *Ebenenbündel* und das *Strahlenbündel*.

D

d-Ebene: In der räumlichen Geometrie eine Ebene, die nicht durch den Nahpunkt geht. Sie darf auch die u. E. sein. Dual zu *e-Punkt*.

DEG: Abkürzung für dualeuklidische Geometrie.

d-Element: Ein *d-Punkt*, eine *d-Gerade* oder (in der räumlichen Geometrie) eine *d-Ebene*.

d-Ellipse: Kegelschnitt (gewöhnlich als Klassenkurve verstanden), der keinen Nahstrahl enthält. D. h., die zugehörige Ordnungskurve wird von keinem Nahstrahl tangiert. Dual zu *e-Ellipse*.

d-Gerade: Eine Gerade, die nicht durch den absoluten Mittelpunkt geht. Sie darf aber in der u. E. liegen. Im Raum dual zu *e-Gerade*, in der Ebene zu *e-Punkt*.

Diagonale: Eine Diagonale eines *Parallelogramms* ist eine Verbindungsgerade gegenüberliegender Ecken des Parallelogramms. Dual in der Ebene ist *Diasegmentale*.

Diasegmentale: Eine Diasegmentale eines *Zentrigramms* ist ein Schnittpunkt gegenüberliegender Seiten des Zentrigramms. Dual in der Ebene ist *Diagonale*.

d-Hyperbel: Kegelschnitt (gewöhnlich als Klassenkurve verstanden), der genau zwei Nahstrahlen enthält. D. h., die zugehörige Ordnungskurve hat zwei Nahstrahlen als Tangenten. Dual zu *e-Hyperbel*.

d-Kreis: Ein dualeuklidischer Kreis. Er besteht aus den Strahlen eines (nichtentarteten) Kegelschnitts, von dem ein Brennpunkt im absoluten Mittelpunkt liegt. Dual zum *e-Kreis*.

d-Sphäre: Dualeuklidische Sphäre, bestehend aus den Tangentialebenen eines Rotationsellipsoids, eines elliptischen Rotationsparaboloids oder eines zweischaligen Rotationshyperboloids, bei denen jeweils ein Brennpunkt im absoluten Mittelpunkt liegt. Dual zu *e-Sphäre*.

d-orthogonal: Zwei d-Elemente sind d-orthogonal, wenn ihre Nahelemente e-orthogonal sind. Dual zu *e-orthogonal*.

d-Parabel: Kegelschnitt (gewöhnlich als Klassenkurve verstanden), der genau einen Nahstrahl enthält. D. h., die zugehörige Ordnungskurve hat genau einen Nahstrahl als Tangente bzw. der a. M. ist Punkt der Ordnungskurve. Dual zu *e-Ellipse*.

d-Punkt: Ein beliebiger Punkt, auch ein Fernpunkt, mit Ausnahme des absoluten Mittelpunktes. Im Raum dual zu *e-Ebene*, in der Ebene zu *e-Gerade*.

d-parallel: Das Gleiche wie *zentriert*.

Dreieck: Drei Punkte (die Ecken), die nicht in einer Geraden liegen, und ihre drei Verbindungsgeraden; in der euklidischen Geometrie stattdessen ihre Verbindungsstrecken. Im Raum dual zu *Dreiflach*, in der Ebene zu *Dreiseit*.

Dreiflach: Drei Ebenen, die keine Gerade gemein haben, und deren drei Schnittgeraden. Im Raum dual zu *Dreieck*.

Dreikant: Drei Geraden, die einen Punkt gemein haben, und ihre drei Verbindungsebenen. Im Raum dual zu *Dreiseit*.

Dreiseit: Drei Geraden (die Seiten) in einer Ebene, die nicht durch einen gemeinsamen Punkt gehen, und ihre drei Schnittpunkte. Im Raum dual zu *Dreikant*, in der Ebene zu *Dreieck*.

dualeuklidische Geometrie: Die zur euklidischen Geometrie duale Geometrie.

Durchmesser eines Kreises: Gerade durch den *Mittelpunkt* des Kreises. Oder: Verbindungsgerade der Berührpunkte zweier paralleler Kreistangenten. Dual zu *Ummesser* eines d-Kreises.

E

Ebenenbündel: Die Gesamtheit der Ebenen, die durch einen Punkt, den *Träger* des Bündels, gehen. Im Raum dual zum *Strahlenfeld*.

Ebenenbüschel: Die Gesamtheit der Ebenen, die durch eine Gerade, den *Träger* des Büschels, gehen. Im Raum dual zur *Punktreihe*.

Ebenenäußeres: Die Gesamtheit der *äußeren Ebenen*. Dual ist *Punktäußeres*.

Ebeneninneres: Die Gesamtheit der *inneren Ebenen*. Dual ist *Punktinneres*.

Ebenenraum: Die Gesamtheit aller Ebenen im Raum. Dual zum *Punktraum*.

EG: Abkürzung für *euklidische Geometrie*.

e-Ebene: In der räumlichen Geometrie eine Ebene, die nicht die Fernebene u. E. ist. Dual zu *absoluter Mittelpunkt a. M.*

e-Element: Ein *e-Punkt*, eine *e-Gerade* oder (in der räumlichen Geometrie) eine *e-Ebene*.

e-Ellipse: Kegelschnitt (gewöhnlich als Ordnungskurve verstanden), der keinen Fernpunkt enthält. Dual zu *d-Ellipse*.

e-Gerade: Eine Gerade, die nicht in der unendlichfernen Ebene liegt bzw. die nicht die unendlichferne Gerade u. G. der ebenen Geometrie ist. Sie darf aber durch den a. M. gehen. Im Raum dual zu *d-Gerade*, in der Ebene zu *d-Punkt*.

e-Hyperbel: Kegelschnitt (gewöhnlich als Ordnungskurve verstanden), der zwei Fernpunkte enthält. Dual zu *d-Hyperbel*.

e-Kreis: Ein gewöhnlicher euklidischer Kreis. Dual zu *d-Kreis*.

e-orthogonal: Orthogonal (senkrecht, rechtwinklig) im gewöhnlichen euklidischen Sinne. Dual zu *d-orthogonal*.

e-Sphäre: Gewöhnliche euklidische Kugelfläche. Dual zu *d-Sphäre*.

e-Parabel: Kegelschnitt (gewöhnlich als Ordnungskurve verstanden), welcher genau einen Fernpunkt enthält, in welchem ihn die Ferngerade tangiert. Dual zu *d-Parabel*.

e-parallel: Das Gleiche wie *parallel*.

e-Punkt: Ein Punkt, der in der räumlichen Geometrie nicht der unendlichfernen Ebene u. E., in der ebenen Geometrie nicht der unendlichfernen Gerade u. G. angehört. Er darf auch der absolute Mittelpunkt sein. Im Raum dual zu *d-Ebene*, in der Ebene zu *d-Gerade*.

euklidische Geometrie: Die allgemein bekannte Schulgeometrie im Raum oder in der Ebene. Für sie ist charakteristisch, dass es parallele Ebenen und Geraden sowie rechte Winkel gibt. Sie ist nach dem griechischen Mathematiker *Euklid von Alexandria* benannt, der sie im 3. Jahrhundert v. Chr. in seinem Werk „Die Elemente" dargelegt hat.

euklidisieren: Einen Sachverhalt innerhalb der PEG allein mit Begriffen der euklidischen Geometrie aussprechen.

F

Fernebene: Andere Bezeichnung für die *unendlichferne Ebene*.

Fernelemente: Die Fernebene (unendlichferne Ebene, u. E.), die Ferngeraden und Fernpunkte. Die Fernelemente sind sämtlich auch d-Elemente. Dual ist *Nahelemente*.

Ferngerade: Eine Gerade in der *unendlichfernen Ebene*. Dual dazu ist *Nahstrahl*.

Fernpunkt: Ein Punkt in der *unendlichfernen Ebene*. Dual dazu ist *Nahebene*.

I

innere Ebene: Eine Ebene des Raumes, die einem gegebenen, aus Ebenen bestehenden geometrischen Objekt nicht angehört und die nicht in den a. M. geschoben werden kann, ohne dabei mit einer Ebene des Objekts zusammenzufallen. Dual dazu ist *innere Gerade*.

innere Gerade: In der ebenen PEG eine Gerade der Ebene, die einem gegebenen, aus Geraden bestehenden geometrischen Objekt nicht angehört und die nicht in den a. M. geschoben werden kann, ohne dabei mit einer Geraden des Objekts zusammenzufallen. Dual dazu ist *innerer Punkt*.

innerer Punkt: Ein Punkt des Raumes (oder der Ebene in der ebenen PEG), der einem gegebenen, aus Punkten bestehenden geometrischen Objekt nicht angehört und der nicht in die u. E. (bzw. die u. G. in der ebenen PEG) geschoben werden kann, ohne dabei mit einem Punkt des Objekts zusammenzufallen. Dual dazu ist in der ebenen PEG *innere Gerade*, im Raum *innere Ebene*.

Inzidenz: Eine abstrakte Beziehung zwischen Punkten, Geraden und Ebenen. Für unsere Zwecke kann man sich vorstellen, dass zwei geometrische Objekte inzidieren, wenn eines in dem anderen enthalten ist.

K

Kegelschnitt: Das Schnittgebilde eines Doppelkegels mit einer Ebene. Dieses Gebilde kann „entarten", dann besteht es aus einem Punkt oder zwei Geraden. Andernfalls liegen die Punkte des Schnittgebildes in einer Kurve, welche eine Ellipse (speziell ein Kreis), eine Parabel oder eine Hyperbel sein kann. In diesem Buch sind alle Kurven nichtentartet. Diese Kurven werden gewöhnlich so aufgefasst, dass in ihnen Punkte liegen, die Punkte der Kurve. Dann spricht man von einer *Ordnungskurve*. Man kann sich aber auch denken, dass die Kurve dadurch entsteht, dass sie von ihren Tangenten eingehüllt wird. Dann spricht man von einer *Klassenkurve*.

Kehrwert: Der Kehrwert eines Bruchs a/b ist der Bruch b/a, bei dem Zähler und Nenner vertauscht sind. Der Kehrwert einer Zahl x ist der Bruch $1/x$. Der Kehrwert von 3/4 ist also 4/3. Der Kehrwert von 5 ist 1/5 und der Kehrwert von 1/5 ist 5.

Klassenkurve: Eine Kurve aufgefasst als „geometrischer Ort" von Geraden. Die Kurve wird „eingehüllt" von Geraden, den *Geraden der Kurve*. In der ebenen Geometrie dual zu *Ordnungskurve*.

Kreis: Gewöhnlicher euklidischer Kreis. Siehe e-Kreis. Dual zu *d-Kreis*.

L

Lot: *In der ebenen euklidischen Geometrie* ist ein Lot eine Gerade, die durch einen bestimmten Punkt geht und auf einer bestimmten Geraden senkrecht steht. In der ebenen PEG unterscheiden wir e-Lot und d-Lot bzw. e-Lotgerade und d-Lotpunkt. Das e-Lot bzw. die e-Lotgerade zu einem Punkt und einer Geraden (oder in einem Punkt und auf eine Gerade) ist diejenige Gerade, die durch den Punkt geht und zu der gegebenen Geraden e-orthogonal ist. Und das d-Lot bzw. der d-Lotpunkt zu einer Geraden und einem Punkt ist derjenige Punkt, der in der Geraden liegt und zu dem gegebenen Punkt d-orthogonal ist.

In der räumlichen euklidischen Geometrie ist ein Lot eine Gerade, die durch einen bestimmten Punkt geht und auf einer bestimmten Ebene senkrecht steht. In der räumlichen PEG unterscheiden wir e-Lot und d-Lot bzw. e-Lotgerade und d-Lotgerade. Das e-Lot bzw. die e-Lotgerade zu einem Punkt und einer Ebene (oder in einem Punkt und auf eine Ebene) ist diejenige Gerade, die durch den Punkt geht und zu der gegebenen Ebene e-orthogonal ist. Das d-Lot bzw. die d-Lotgerade zu einer Ebene und einem Punkt ist diejenige Gerade, die in der Ebene liegt und zu dem gegebenen Punkt d-orthogonal ist.

Lotdachebene: In der räumlichen PEG die Ebene, welche das *Lot*, genauer: die d-Lotgerade zu einer Ebene und einem Punkt, mit dem Punkt verbindet. Im Raum dual zu *Lotfußpunkt*.

Lotdachgerade: In der ebenen PEG die Gerade, welche das *Lot*, genauer: den d-Lotpunkt zu einer Gerade und einem Punkt, mit dem Punkt verbindet. In der Ebene dual zu *Lotfußpunkt*.

Lotfußpunkt: Derjenige Punkt, in dem das *Lot*, genauer: die e-Lotgerade, durch einen Punkt und auf eine Gerade (in der ebenen Geometrie) oder Ebene (in der räumlichen Geometrie) die Gerade bzw. Ebene schneidet. In der Ebene dual zu *Lotdachgerade*, im Raum zu *Lotdachebene*.

M

Mittelebene zweier Ebenen: Im Raum die Ebene, welche durch die beiden gegebenen Ebenen von der Nahebene ihrer Schnittgerade harmonisch getrennt wird. Dual zum *Mittelpunkt zweier Punkte*.

Mittelpunkt eines Kreises: In der ebenen euklidischen Geometrie derjenige Punkt, der von allen Punkten der Kreislinie den gleichen Abstand hat. Auch derjenige Punkt, durch den alle *Durchmesser* des Kreises gehen. In der PEG auch der Pol der u. G. bezüglich des Kreises. Dual zum *Mittelstrahl eines d-Kreises*.

Mittelpunkt zweier Punkte: In der euklidischen Geometrie der Punkt auf der Verbindungsgeraden der beiden Punkte, der von beiden Punkten den gleichen Abstand hat. In der PEG der Punkt auf der Verbindungsgeraden der beiden Punkte, der durch sie vom Fernpunkt ihrer Verbindungsgeraden harmonisch getrennt ist. Anschaulich dasselbe wie der gewohnte euklidische Mittelpunkt. In der ebenen Geometrie dual zum *Mittelstrahl zweier Geraden*, im Raum zur *Mittelebene zweier Ebenen*.

Mittelstrahl eines d-Kreises: In der polareuklidischen Geometrie diejenige Gerade, die von allen Geraden eines d-Kreises den gleichen d-Abstand hat. Auch diejenige Gerade, auf der alle *Ummesser* eines d-Kreises liegen. Betrachtet man den d-Kreis als Kegelschnitt mit einem Brennpunkt im a. M., dann ist der Mittelstrahl dessen zum a. M. gehörende Leitlinie, also die Polare des a. M. in Bezug auf den Kegelschnitt. Dual zum *Mittelpunkt eines Kreises*.

Mittelstrahl zweier Geraden: In der ebenen PEG die Gerade durch den Schnittpunkt der beiden Geraden, welche durch sie vom Nahstrahl dieses Schnittpunktes harmonisch getrennt ist. Zur Konstruktion ziehe man eine beliebige zum erwähnten Nahstrahl parallele Gerade. Diese schneidet die gegebenen Geraden in je einem Punkt. Die Verbindungsgerade des Mittelpunktes dieser beiden Schnittpunkte mit dem Schnittpunkt der beiden gegebenen Geraden ist deren Mittelstrahl. Dual zum *Mittelpunkt zweier Punkte*.

N

Nahelemente: Der Nahpunkt (absolute Mittelpunkt a. M.), die Nahstrahlen und Nahebenen. Die Nahelemente sind sämtlich auch e-Elemente. Dual ist *Fernelemente*.

Nahpunkt: Andere Bezeichnung für den *absoluten Mittelpunkt*.

Nahebene: Eine Ebene durch den absoluten Mittelpunkt. Dual dazu ist *Fernpunkt*.

Nahstrahl: Eine Gerade durch den absoluten Mittelpunkt. Dual dazu ist *Ferngerade*.

nichteuklidische Geometrie: Geometrie, in der Längen und Winkel gemessen werden können, in der aber das *Parallelenaxiom* nicht gilt.

O

Ordnungskurve: Eine Kurve aufgefasst als geometrischer Ort von Punkten. Die Kurve wird „aufgespannt" von Punkten, den *Punkten der Kurve*. In der ebenen Geometrie dual zu *Klassenkurve*.

orthogonal: Zwei Elemente sind orthogonal zueinander, wenn sie rechtwinklig oder senkrecht zueinander sind. Die Orthogonalität zwischen Nahebenen und Fernpunkten ist ein Grundbegriff. Bei Geraden im Raum sind e-orthogonal und d-orthogonal voneinander zu unterscheiden und dual zueinander.

P

parallel: Zwei e-Ebenen sind parallel, wenn sie keine e-Schnittgerade haben. Zwei e-Geraden sind parallel, wenn sie in einer gemeinsamen Ebene liegen, aber keinen e-Schnittpunkt haben. Im Rahmen der PEG kann man auch sagen: Zwei Ebenen sind parallel, wenn sie durch eine gemeinsame *Ferngerade*, zwei Geraden, wenn sie durch einen gemeinsamen *Fernpunkt* gehen. Statt *parallel* steht manchmal auch *e-parallel*. Dual ist *zentriert* bzw. *d-parallel*.

Parallelenaxiom: Ein Axiom der euklidischen Geometrie. Es besagt, dass es in jeder Ebene zu jeder Geraden g und jedem Punkt, der nicht in der Geraden liegt, genau eine Gerade gibt, die zu g parallel ist und durch den Punkt geht.

Parallelogramm: Ein vollständiges Vierseit, dessen Gegenseiten parallel sind. Dual in der Ebene ist *Zentrigramm*.

PEG: Abkürzung für *polareuklidische Geometrie*.

PG: Abkürzung für *projektive Geometrie*.

polareuklidische Geometrie: Vereinigung von euklidischer und dualeuklidischer Geometrie. Charakteristisch ist die Existenz einer ausgezeichneten Ebene *(unendlichferne Ebene)* und eines ausgezeichneten Punktes *(absoluter Mittelpunkt)*.

projektive Geometrie: Die Geometrie, welche im Wesentlichen nur Inzidenzbeziehungen zwischen ihren Grundelementen Punkt, Gerade und Ebene kennt, und in der es keine Parallelität und keine Längen und Winkel gibt. Sie wurde erst zu Anfang des 19. Jahrhunderts etabliert.

proportional: Zwei Größen sind proportional, wenn sie im gleichen Maße zu- oder abnehmen, mit anderen Worten, wenn ihr Verhältnis zueinander konstant ist.

Punktäußeres: Die Gesamtheit der *äußeren Punkte*. Dual ist in der Ebene *Strahläußeres*, im Raum *Ebenenäußeres*.

Punktfeld: Gesamtheit der Punkte (in) einer Ebene, dem *Träger* des Feldes. Im Raum dual zu *Ebenenbündel*, in der Ebene zu *Strahlenfeld*.

Punktinneres: Die Gesamtheit der *inneren Punkte*. Dual ist in der Ebene *Strahlinneres*, im Raum *Ebeneninneres*.

Punktraum: Die Gesamtheit aller Punkte im Raum. Dual zu *Ebenenraum*.

Punktreihe: Die Gesamtheit der Punkte einer Geraden. Im Raum dual zum *Ebenenbüschel*, in der Ebene zum *Strahlenbüschel*.

R

reziprok: Der reziproke Wert einer Zahl ist ihr *Kehrwert*.

S

Schar: Man spricht von einer Schar von Ebenen oder Geraden, wenn die Ebenen bzw. Geraden untereinander *parallel* sind.

Schein: Verbindung der Elemente mit einem festen Punkt oder einer festen Geraden. Dual zu *Schnitt*.

Segment: Zwei Punkte zerlegen eine Gerade als Punktreihe in zwei Teile, die Segmente. Dual ist im Raum *Winkelraum*, in der Ebene *Winkelfeld*.

selbstdual: Eine Aussage, die zu sich selbst dual ist.

Sphäre: Gewöhnliche euklidische Kugelfläche. Siehe e-Sphäre. Dual zu *d-Sphäre*.

Strahl: Dasselbe wie eine Gerade.

Strahläußeres: Die Gesamtheit der *äußeren Geraden*.

Strahlinneres: Die Gesamtheit der *inneren Geraden*.

Strahlenbündel: Im Raum die Gesamtheit der Strahlen (Geraden) durch einen Punkt, den *Träger* des Bündels. Im Raum dual zum *Strahlenfeld*.

Strahlenbüschel: Die Gesamtheit der Strahlen (Geraden), die in einer festen Ebene liegen und durch einen festen Punkt gehen. Der Punkt und die Ebene sind die *Träger* des Büschels. Im Raum und in der Ebene dual zu sich selbst.

Strahlenfeld: Die Gesamtheit der Strahlen (Geraden) in einer Ebene, dem *Träger* des Feldes. Im Raum dual zum *Strahlenbündel*, in der Ebene zum *Punktfeld*.

Strahlenraum: Die Gesamtheit aller Strahlen (Geraden) im Raum. Dual zu sich selbst.

T

Träger: Festes Element, mit dem die variablen inzidieren. Träger einer Punktreihe oder eines Ebenenbüschels ist die Gerade, in der die Punkte liegen bzw. durch welche die Ebenen gehen. Ein Strahlenbüschel hat zwei Träger: die Ebene, in der seine Strahlen liegen, und den Punkt, durch den sie gehen. Träger eines Strahlen- oder Ebenenbündels ist der Punkt, durch den die Strahlen bzw. Ebenen gehen. Träger eines Punkt- oder Strahlenfeldes ist die Ebene, in welcher die Punkte bzw. Geraden liegen.

U

u. E.: Abkürzung für die ausgezeichnete Ebene (*unendlichferne Ebene*) in der räumlichen Geometrie. Auch *Fernebene* genannt. Dual dazu ist der *absolute Mittelpunkt a. M.* (des Raumes).

u. G.: Abkürzung für die ausgezeichnete („unendlichferne") Gerade in der ebenen Geometrie. In der Ebene dual dazu ist der *absolute Mittelpunkt a. M.* (der Zeichenebene).

Ummesser eines d-Kreises: Punkt auf dem *Mittelstrahl* eines d-Kreises. Oder: Schnittpunkt der d-Kreisgeraden in zwei zentrierten d-Kreispunkten. Dual zu *Durchmesser* eines Kreises.

unendlichferne Ebene (u. E.): Die ausgezeichnete Ebene der PEG. Auch Fernebene genannt. Sie tritt schon in der vervollständigten, d. h. durch sie ergänzten euklidischen Geometrie auf. In der PEG dual zu *absoluter Mittelpunkt*.

unendlichferne Gerade (u. G.): Die ausgezeichnete Gerade der ebenen PEG. Auch Ferngerade genannt. Sie tritt schon in der vervollständigten, d. h. durch sie ergänzten ebenen euklidischen Geometrie auf. In der ebenen PEG dual zu *absoluter Mittelpunkt*.

W

windschief: Geraden im Raum sind windschief, wenn sie einander nicht schneiden.

Winkelfeld: Zwei seiner Geraden unterteilen ein Strahlenbüschel in zwei Bereiche, genannt Winkelfelder. Dual ist in der Ebene *Segment*.

Winkelhalbierende: Je nach Kontext die beiden *winkelhalbierenden Geraden* oder die beiden *winkelhalbierenden Punkte*.

winkelhalbierende Geraden: Zu jedem Paar nicht paralleler e-Geraden gibt es in der ebenen euklidischen und der polareuklidischen Geometrie ein Paar zueinander orthogonale Geraden, welche das erste Geradenpaar harmonisch trennt. Diese beiden Geraden heißen winkelhalbierende Geraden zu dem ersten Geradenpaar. Dual zu *winkelhalbierende Punkte*.

winkelhalbierende Punkte: Zu jedem Paar nicht zentrierter d-Punkte gibt es in der ebenen dualeuklidischen und der polareuklidischen Geometrie ein Paar zueinander orthogonale Punkte, welche das erste Punktepaar harmonisch trennt. Diese beiden Punkte heißen winkelhalbierende Punkte zu dem ersten Punktepaar. Dual zu *winkelhalbierende Geraden*.

Winkelraum: Zwei seiner Ebenen unterteilen ein Ebenenbüschel in zwei Teilbüschel, genannt Winkelräume. Dual im Raum ist *Segment*.

Z

zentriert: Zwei Punkte sind zentriert, wenn sie in einem gemeinsamen *Nahstrahl*, zwei Geraden, wenn sie in einer gemeinsamen *Nahebene* liegen. Statt *zentriert* steht manchmal auch *d-parallel*. Dual ist *parallel* bzw. *e-parallel*.

Zentrigramm: Ein vollständiges Viereck, dessen Gegenecken zentriert sind. Dual in der Ebene ist *Parallelogramm*.

GEGENÜBERSTELLUNG DUALER BEGRIFFE IM RAUM UND IN DER EBENE

Einige Bezeichnungen in den nachfolgenden Aufstellungen sind definitiv vorläufig. Der Autor freut sich über Verbesserungsvorschläge der Leser! Aufgenommen sind nicht nur Begriffe, die in diesem Buch vorkommen, sondern auch weitere, die von anderen Autoren verwendet werden.

DUALITÄT IM RAUM

absoluter Mittelpunkt (a. M.)	unendlichferne Ebene (u. E.)
d-Drehung (= Schabung)	e-Drehung (= Drehung)
d-Ebene	e-Punkt
d-Gerade	e-Gerade
Diagonale	Perihedrale
d-orthogonale Geraden	e-orthogonale Geraden
d-Punkt	e-Ebene
drehen (eine Ebene dreht sich in einer oder um eine Gerade)	durchlaufen (ein Punkt durchläuft eine Gerade)
Drehung (= e-Drehung)	Schabung (= d-Drehung)
Dreieck	Dreiflach
Dreiflach	Dreieck
Dreikant	Dreiseit
Dreiseit	Dreikant
d-Sphäre	e-Sphäre = Sphäre
durchlaufen (ein Punkt durchläuft eine Gerade)	drehen (eine Ebene dreht sich in einer oder um eine Gerade(n))
d-Verschiebung	e-Verschiebung (Parallelverschiebung
Ebene	Punkt
Ebenenbündel	Punktfeld
Ebenenbüschel	Punktreihe
Ebenenfächer	Strecke
e-Gerade	d-Gerade
e-orthogonale Geraden	d-orthogonale Geraden
e-Punkt	d-Ebene
e-Sphäre = Sphäre	d-Sphäre
e-Verschiebung (= Parallelverschiebung)	d-Verschiebung
Fernelement	Nahelement

Ferngerade	Nahstrahl
Fernpunkt	Nahebene
Gerade	Gerade
Hexaeder	Oktaeder
Leichtebene	Schwerpunkt
Lotdachebene	Lotfußpunkt
Lotfußpunkt	Lotdachebene
Mittelebene	Mittelpunkt
Mittelpunkt	Mittelebene
Nahebene	Fernpunkt
Nahelement	Fernelement
Nahstrahl	Ferngerade
Oktaeder	Hexaeder
Perihedrale	Diagonale
Pol	Polare
Polare	Pol
Punkt	Ebene
Punktfeld	Ebenenbündel
Punktraum	Ebenenraum
Schabung (= d-Drehung)	e-Drehung (= Drehung)
Schein	Schnitt
schneiden	verbinden
Schnitt	Schein
Schnittpunkt	Verbindungsebene
Schnittgerade	Verbindungsgerade
Schwerpunkt	Leichtebene
Segment (einer Punktreihe)	Winkelraum (eines Ebenenbüschels)
Sphäre (e-Sphäre)	d-Sphäre
Strahlenbündel	Strahlenfeld
Strahlenbüschel	Strahlenbüschel
Strahlenfeld	Strahlenbündel
Strahlenraum	Strahlenraum
Strecke	Ebenenfächer
Tetraeder	Tetraeder
verbinden	schneiden
Verbindungsgerade	Schnittgerade
Verbindungsebene	Schnittpunkt
Winkelraum (eines Ebenenbüschels)	Segment (einer Punktreihe)
winkelhalbierende Ebene	winkelhalbierender Punkt
winkelhalbierender Punkt	winkelhalbierende Ebene

DUALITÄT IN DER EBENE

absoluter Mittelpunkt (a. M.)
Brennpunkt (eines Kegelschnitts)
Diagonale (eines Parallelogramms)
Diasegmentale (eines Zentrigramms)
d-Drehung (Schabung)
d-Gerade
d-Kreis
d-parallel (= zentriert)
d-Punkt
d-Verschiebung

d-Quadrat
drehen (eine Gerade dreht sich
  in einem oder um einen Punkt)
Drehung (= e-Drehung)
Dreieck
Dreiseit
durchlaufen (ein Punkt durchläuft
  eine Gerade)
Durchmesser (beim e-Kreis)
d-Winkel (zwischen Punkten)
e-Drehung (Drehung)
e-Gerade
e-Kreis
Endpunkt
Endstrahl
e-parallel
e-Punkt
e-Quadrat = Quadrat
e-Verschiebung (= Parallelverschiebung
e-Winkel (zwischen Geraden)
Fächer = Strahlenfächer
Fernpunkt
Gegenecke
gehen durch
Gerade
Gerade eines Kegelschnitts
Halbpunkt

unendlichferne Gerade (u. G.)
Sammelstrahl (eines Kegelschnitts)
Diasegmentale (eines Zentrigramms)
Diagonale (eines Parallelogramms)
e-Drehung (Drehung)
e-Punkt
e-Kreis
e-parallel
e-Gerade
e-Verschiebung (= Parallelverschiebung)
e-Quadrat = Quadrat
durchlaufen (ein Punkt durchläuft
  eine Gerade)
Schabung (= d-Drehung)
Dreiseit
Dreieck
drehen (eine Gerade dreht sich
  in einem oder um einen Punkt)
Ummesser (beim d-Kreis)
e-Winkel (zwischen Geraden)
d-Drehung (Schabung)
d-Punkt
d-Kreis
Endstrahl
Endpunkt
d-parallel (= zentriert)
d-Gerade
d-Quadrat
d-Verschiebung

d-Winkel (zwischen Punkten)
Strecke
Nahstrahl
Gegenseite
liegen in
Punkt
Punkt eines Kegelschnitts
Halbstrahl

Halbstrahl	Halbpunkt
Klassenkurve	Ordnungskurve
koaxial	konzentrisch
konzentrisch	koaxial
Leichtgerade	Schwerpunkt
Leichtpunkt	Schwerelinie
Leitgerade	Leitpunkt
Leitpunkt	Leitgerade
Lotdachgerade	Lotfußpunkt
Lotfußpunkt	Lotdachgerade
Mittelpunkt	Mittelstrahl
Mittelstrahl	Mittelpunkt
Nahstrahl	Fernpunkt
Nebenecke	Nebenseite
Nebenseite	Nebenecke
Ordnungskurve	Klassenkurve
orthogonal	orthogonal
parallel = e-parallel	d-parallel = zentriert
Parallelogramm	Zentrigramm
Pol	Polare
Polare	Pol
Punkt	Gerade
Punkt eines Kegelschnitts	Gerade eines Kegelschnitts
Punktäußeres	Strahläußeres
Punktgebiet	Strahlenbereich
Punktinneres	Strahlinneres
Quadrat = e-Quadrat	d-Quadrat
Rechteck	Rechtseit
Rechtseit	Rechteck
Sammelstrahl (eines Kegelschnitts)	Brennpunkt (eines Kegelschnitts)
Schabung (= d-Drehung)	Drehung (= e-Drehung)
Schein	Schnitt
Scheitel(gerade)	Scheitel(punkt)
Scheitel(punkt)	Scheitel(gerade)
Schenkel(gerade)	Schenkel(punkt)
Schenkel(punkt)	Schenkel(gerade)
schneiden	verbinden
Schnitt	Schein
Schnittpunkt	Verbindungsgerade
Schwerelinie	Leichtpunkt

Schwerpunkt

Segment (einer Punktreihe)

Strahläußeres

Strahlenbereich

Strahlenbüschel

Strahlenfächer

Strahlinneres

Strecke

Stützpunkt eines Kegelschnitts

Tangente eines Kegelschnitts

Ummesser (beim d-Kreis)

verbinden

Verbindungsgerade

Viereck

Vierseit

Winkelfeld (eines Strahlenbüschels)

winkelhalbierende Gerade

winkelhalbierender Punkt

zentriert (= d-parallel)

Zentrigramm

Leichtgerade

Winkelfeld (eines Strahlenbüschels)

Punktäußeres

Punktgebiet

Punktreihe

Strecke

Punktinneres

Fächer = Strahlenfächer

Tangente eines Kegelschnitts

Stützpunkt eines Kegelschnitts

Durchmesser (beim e-Kreis)

schneiden

Schnittpunkt

Vierseit

Viereck

Segment (einer Punktreihe)

winkelhalbierender Punkt

winkelhalbierende Gerade

parallel (= e-parallel)

Parallelogramm

Verzeichnis mathematischer Symbole

$A, B, C, \ldots$	Punkte
$a, b, c, \ldots$	Geraden, mitunter auch Zahlen
$\mathsf{A}, \mathsf{B}, \mathsf{C}, \ldots$	Ebenen
$\alpha, \beta, \gamma, \ldots$	e- und d-Winkel
AB	Verbindungsgerade der Punkte A und B
ab	Schnittpunkt, im Raum auch Verbindungsebene, der Geraden a und b
AB	Schnittgerade der Ebenen A und B
$[AB]$	Strecke mit den Endpunkten A und B
$[ab]$	Fächer mit den Endstrahlen a und b
$\lvert AB\rvert, \lvert AB\rvert_e$	e-Abstand oder e-Entfernung zwischen den e-Punkten A, B
$\lvert ab\rvert, \lvert ab\rvert_d$	d-Abstand oder d-Entfernung zwischen den d-Geraden a, b
$\angle ABC$	e-Winkel mit Scheitelpunkt B und Schenkelgeraden (BA) und (BC)
$\angle abc$	d-Winkel mit Scheitelstrahl b und Schenkelpunkten (ba) und (bc)
$\lvert A\rvert, \lvert A\rvert_e$	e-Entfernung des e-Punktes A vom a. M.
$\lvert A\rvert_d$	d-Entfernung des d-Punktes A von der u. G. bzw. Nähe von A zum a. M.
$\lvert a\rvert, \lvert a\rvert_d$	d-Entfernung der d-Geraden a von der u. G.
$\lvert a\rvert_e$	e-Entfernung der e-Geraden a vom a. M.
P_0	absoluter Mittelpunkt a. M., Nahpunkt
g_∞	unendlichferne Gerade u. G., Ferngerade der ebenen PEG
E_∞	unendlichferne Ebene u. E., Fernebene der räumlichen PEG
$\pm$	Plus oder Minus, je nach den Umständen
$\perp$	orthogonal

LITERATUR

[1] George Adams Kaufmann. *Strahlende Weltgestaltung.* Mathematisch-Astronomische Sektion am Goetheanum, Dornach, 1934. George Adams, Philosophisch-Anthroposophischer Verlag, Goetheanum, Dornach, 2. Auflage, 1965.

[2] George Adams und Olive Whicher. *Die Pflanze in Raum und Gegenraum.* Verlag Freies Geistesleben, Stuttgart, 2. Auflage, 1979.

[3] Arnold Bernhard. *Projektive Geometrie* aus der Raumanschauung zeichnend entwickelt. Verlag Freies Geistesleben, Stuttgart, 1984.

[4] Josef Beyer. *Wir treiben das Wort in den Wahnsinn.* Neue Zürcher Zeitung vom 10.4.2019, S. 39.

[5] Rainer Burkhardt. *Elemente der euklidischen und polareuklidischen Geometrie. Heft 1: Einige Grundbegriffe.* Verlag Urachhaus, Stuttgart, 1986.

[6] Immo Diener. *Projektive Geometrie. Denken in Bewegung.* Pädagogische Forschungsstelle beim Bund der Freien Waldorfschulen, Stuttgart, 2017.

[7] Federigo Enriques. *Vorlesungen über Projektive Geometrie.* B. G. Teubner, Leipzig, 1903.

[8] M. Enders. *Die Dualität in der Geometrie des Maßes.* Zeitschrift für mathematischen und naturwissenschaftlichen Unterricht 62 (1931), 337–341.

[9] Friedrich Engel und Paul Stäckel. *Die Theorie der Parallellinien von Euklid bis auf Gauss. Eine Urkundensammlung.* B. G. Teubner, Leipzig, 1895. Als Nachdruck erschienen bei Hansebooks.

[10] Euklid von Alexandria. *Die Elemente.* Wissenschaftliche Buchgesellschaft, Darmstadt, 1975.

[11] C. F. A. Jacobi. *J. H. van Swinden's Elemente der Geometrie.* Aus dem Holländischen übersetzt von C. F. A. Jacobi, Jena, 1834. Im Internet unter der URL: `https://books.google.de/books?id=SAo3AAAAMAAJ` (abgerufen am 15.11.2020).

I. Diener, *Polareuklidische Geometrie,*
https://doi.org/10.1007/978-3-662-63300-4

[12] Martin Josefsson. *Characterizations of Orthodiagonal Quadrilaterals.* Forum Geometricorum, Volume 12 (2012), 13–25. URL: `https://forumgeom.fau.edu/FG2012volume12/FG201202.pdf` (abgerufen am 15.11.2020).

[13] Christian Juel. *Vorlesungen über projektive Geometrie.* Springer-Verlag, Berlin, Heidelberg, 1924.

[14] Felix Klein. *Vorlesungen über nicht-euklidische Geometrie.* Verlag von Julius Springer, Berlin, 1928.

[15] Gerhard Kowol. *Projektive Geometrie und Cayley-Klein Geometrien der Ebene.* Birkhäuser Verlag AG Basel, Boston, Berlin, 2009.

[16] Sidney Kung. *A Butterfly Theorem for Quadrilaterals.* Mathematics Magazine 78, Nr. 4 (Okt. 2005), 314–316.

[17] Louis Locher-Ernst. *Urphänomene der Geometrie.* Philosophisch-Anthroposophischer Verlag, Goetheanum, Dornach, 2. Auflage, 1980.

[18] Louis Locher-Ernst. *Projektive Geometrie.* Philosophisch-Anthroposophischer Verlag, Goetheanum, Dornach, 2. Auflage, 1980.

[19] Louis Locher-Ernst. *Raum und Gegenraum.* Philosophisch-Anthroposophischer Verlag, Goetheanum, Dornach, 2. Auflage, 1970.

[20] Louis Locher-Ernst. *Das Imaginäre in der Geometrie.* In: Louis Locher-Ernst: *Geometrische Metamorphosen,* Philosophisch-Anthroposophischer Verlag, Goetheanum, Dornach, 1970.

[21] Theodor Reye. *Die Geometrie der Lage.* Erste Abteilung, fünfte Auflage. Alfred Kröner Verlag, Stuttgart, 1909.

[22] Theodor Reye. *Die Geometrie der Lage.* Zweite Abteilung, vierte Auflage. Alfred Kröner Verlag, Stuttgart, 1907.

[23] Rudolf Steiner. *Einleitung zu Goethes naturwissenschaftlichen Schriften.* Rudolf Steiner Gesamtausgabe GA 1, XVI.5, Rudolf Steiner Verlag, Dornach, 1973.

[24] Johan Wästlund. *Summing inverse squares by eukledian geometry.* URL: `http://www.math.chalmers.se/~wastlund/Cosmic.pdf`, December 2010 (abgerufen am 2.4.2021).

INDEX

Seitenzahlen ab 296 bezeichnen Einträge im Glossar.

 **Springer**

springer.com

Willkommen zu den Springer Alerts

Unser Neuerscheinungs-Service für Sie:
aktuell | kostenlos | passgenau | flexibel

Mit dem Springer Alert-Service informieren wir Sie individuell und kostenlos über aktuelle Entwicklungen in Ihren Fachgebieten.

Jetzt anmelden!

Abonnieren Sie unseren Service und erhalten Sie per E-Mail frühzeitig Meldungen zu neuen Zeitschrifteninhalten, bevorstehenden Buchveröffentlichungen und speziellen Angeboten.

Sie können Ihr Springer Alerts-Profil individuell an Ihre Bedürfnisse anpassen. Wählen Sie aus über 500 Fachgebieten Ihre Interessensgebiete aus.

Bleiben Sie informiert mit den Springer Alerts.

Mehr Infos unter: springer.com/alert

Part of **SPRINGER NATURE**

Printed in the United States
by Baker & Taylor Publisher Services